高等学校教材

自动控制原理简明教程

○主　编　孙炳达

中国教育出版传媒集团
高等教育出版社·北京

内容提要

本书是在“广东省精品资源共享课程教材”《自动控制原理》（第 5 版）的基础上，经总结、提高及补充后编写的“简明版本”。

本书从工程实际应用出发，介绍和讨论“经典控制理论”的基本内容及其应用。第 1~6 章介绍线性连续控制系统；第 7 章介绍线性离散控制系统；第 8 章介绍非线性控制系统分析。

本书力求理论简明、重点突出、强调应用、定义准确、概念清晰、层次分明、通俗易懂。

本书适用于应用型本科院校电气类、自动化类、仪器类、机械类及计算机类相关专业本科生少学时课程的学习。未带“*”的内容也完全适合高等职业院校及继续教育学院相近专业的学生学习。

本书含有较丰富的教学资源（教学大纲、教与学重点及考核知识点、电子教案、主要习题参考答案等）。选用本教材的老师可向高等教育出版社免费获取相关资源。

图书在版编目（C I P）数据

自动控制原理简明教程 / 孙炳达主编. -- 北京 : 高等教育出版社，2024.3
ISBN 978-7-04-060813-7

Ⅰ. ①自… Ⅱ. ①孙… Ⅲ. ①自动控制理论-高等职业教育-教材 Ⅳ. ①TP13

中国国家版本馆 CIP 数据核字（2023）第 123500 号

Zidong Kongzhi Yuanli Jianming Jiaocheng

策划编辑 王 康　责任编辑 高云峰　封面设计 张申申 王 洋　版式设计 杨 树
责任绘图 邓 超　责任校对 刘娟娟　责任印制 存 怡

出版发行 高等教育出版社
社　　址 北京市西城区德外大街 4 号
邮政编码 100120
印　　刷 北京瑞禾彩色印刷有限公司
开　　本 787mm × 1092mm 1/16
印　　张 15.5
字　　数 370 千字
购书热线 010-58581118
咨询电话 400-810-0598
网　　址 http://www.hep.edu.cn
　　　　 http://www.hep.com.cn
网上订购 http://www.hepmall.com.cn
　　　　 http://www.hepmall.com
　　　　 http://www.hepmall.cn
版　　次 2024 年 3 月第 1 版
印　　次 2024 年 3 月第 1 次印刷
定　　价 32.70 元

物 料 号 60813-00

计算机访问:

1 计算机访问https://abooks.hep.com.cn/60813。
2 注册并登录，点击页面右上角的个人头像展开子菜单，进入“个人中心”，点击“绑定防伪码”按钮，输入图书封底防伪码（20位密码，刮开涂层可见），完成课程绑定。
3 在“个人中心”→“我的图书”中选择本书，开始学习。

手机访问:

1 手机微信扫描下方二维码。
2 注册并登录后，点击“扫码”按钮，使用“扫码绑图书”功能或者输入图书封底防伪码（20位密码，刮开涂层可见），完成课程绑定。
3 在“个人中心”→“我的图书”中选择本书，开始学习。

课程绑定后一年为数字课程使用有效期。受硬件限制，部分内容无法在手机端显示，请按提示通过计算机访问学习。

如有使用问题，请直接在页面点击答疑图标进行问题咨询。

http://abooks.hep.com.cn/60813

前　言

本书是在“广东省精品资源共享课程教材”《自动控制原理》(第 5 版)的基础上,经总结、提高及补充后编写的“简明版本”。

随着自动化技术的广泛应用,“自动控制原理”课程越来越受到高等工科院校各专业的重视。除了控制类相关专业外,还有非控制类的不少专业都开设了该课程,甚至国外的经济管理、社会科学等部分专业也有开设该课程的先例。

本书从控制工程的实际应用出发,介绍和讨论“经典控制理论”的基本内容及其应用,全书力求理论简明、重点突出、强调应用、定义准确、概念清晰、层次分明、通俗易懂。

本书为应用型本科院校电气类、自动化类、仪器类、机械类及计算机类相关专业的本科学生少学时“自动控制原理”课程的教学用书。未带“ * ”的内容也完全适合上述相近专业的高等职业院校及继续教育学院的学生学习,也可供从事自动化技术工作的工程技术人员自学与参考。

全书共 8 章。前 7 章为线性定常控制系统内容,第 8 章为非线性控制系统的内容。书中,第 1、2、3、5、6 章的内容(未带 * 号)为重点内容,其他带“ * ”章节的内容,对于非自动化类专业的学生可以少讲或选讲。对于高等职业院校或成人继续教育类的学生,可只学未带 * 号的部分内容。

本书由孙炳达主编。广东技术师范大学自动化学院的顾家蒨、罗国娟、康慧、刘珊、徐辰华、陈贞丰、李海生、曾庆猛、杨浩等老师,广东工业大学自动化学院的张祺、李明、龙德等老师参与编写大纲、章节内容的讨论。王中生、岑健两位教授和广东省医疗器械质量监督检验所的陈嘉晔高级工程师对本书的内容提出了宝贵的建议或修改意见。孔祥松教授、宋海鹰教授担任本书主审。

本书包含较丰富的教学资源,主要有教学大纲、教与学重点及考核知识点、电子教案、主要习题参考答案等。选用本教材的老师可向高等教育出版社免费获取相关资源。

本教材在编写过程中,参考或吸收了部分同类教材或参考书的内容。在此,向相关作者表示衷心的感谢!

由于编者水平有限,书中可能会有不足或错漏之处,殷切期望广大读者及同行批评指正。

编者邮箱:2772758976@ qq.com。

编者

2023 年 6 月于广州

目　录

第1章

自动控制系统的基本概念

控制技术在工程应用和科学研究中起着极其重要的作用,不但在工业、农业、军事、医学、航空航天、交通运输及日常生活等领域获得广泛应用,而且也进入了商业、金融、经济及社会管理等各个部门。

控制理论是控制技术的基础理论,专门研究控制技术的基本原理、结构和控制方法。当今控制理论中,应用得最广泛且最成熟,而且今后仍将继续发挥其理论指导作用的是"经典控制理论"(国内常称为"自动控制原理")。本书介绍经典控制理论最基本又最重要的内容。

1.1 自动控制系统的基本结构

一、概述

自动控制是在没有人直接参与的情况下,利用控制装置使某种设备、工作机械或生产过程的某些物理量或工作状态能自动地按照预定的规律或数值运行或变化。通常,被控制的设备或工作机械称为被控对象,被控对象内要求实现自动控制的物理量,称为被控量或系统输出量。

控制系统是由控制装置(含测量元件)和被控对象组成的整体。在控制系统中,把影响系统输出量的外界输入量称为系统的输入量。系统输入量通常包括给定输入量和干扰输入量两种。给定输入量 又常称为"参考输入量",它决定系统输出量的要求值或运动规律。"干扰输入量"又称为"扰动输入量",它是不希望但又客观存在的输入量,例如电源电压的波动、环境温度的变化、电动机负载的变化等,都是实际系统中存在的干扰输入量。干扰输入量影响给定输入量对系统输出量的控制。

二、控制系统基本结构及控制原理

控制系统的种类繁多,但从基本结构看,可分为三种。

1. 开环控制结构

系统输出端与输入端之间没有反馈回路的结构,属于开环控制的结构。

图 1-1(a)是直流电动机速度控制系统原理图。当电位器滑动端固定在某一位置时,其输出电压 u_g 经功率放大后施加在电动机电枢的两端。由于电动机具有恒定的励磁电流,电动机就以相应的转速带动生产机械运转。当改变电位器滑动端的位置时,就相应地改变了 u_g 的大小,电动机便以不同的转速带动生产机械运行,从而达到控制生产机械转速的目的。

可以看出,上述系统的输出端与输入端之间没有反馈回路,系统只是根据给定电压 u_g 进行控制。由定义可知,它属于开环控制系统,其结构框图可用图 1-1(b)表示。

生产机械是被控对象;直流电动机称为执行部件,也常称为"广义被控对象";转速 n 是系统的输出量;电压 u_g 是系统的给定输入量。

开环控制的抗干扰能力差。当出现外部干扰或内部扰动作用时,若没有人的直接干预,系统的输出量将不能按照给定输入量所对应的期望值或状态运行。例如,当输入量 u_g 不变时,若供电电压下降或电动机负载上升,电动机的转速都会下降。转速的下降使它偏离了给

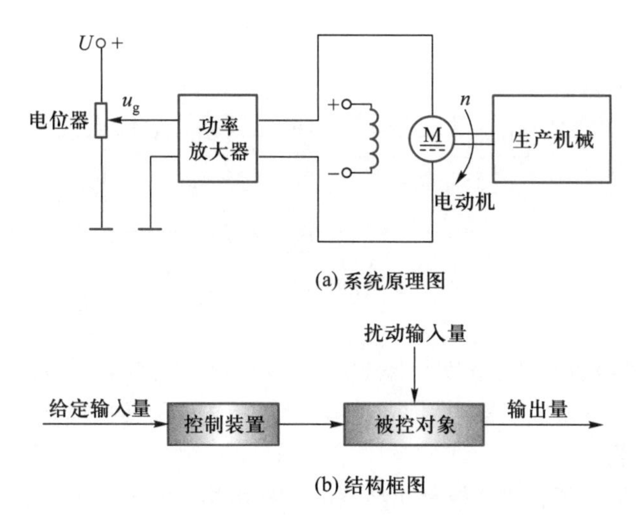

图 1-1 直流电动机速度控制系统

定输入量 u_g 对应的转速期望值。这时,若要维持原转速输出值,操作人员就必须重新调整电位器滑动端位置,增加给定输入的电压值。

2. 闭环控制结构

闭环控制结构是指系统输出端与输入端之间存在反馈回路的结构。

图 1-2 是直流电动机闭环调速系统原理图。测速发电机(TG)与电动机刚性连接。系统运行时,测速发电机检测电动机转速 n(也就是检测生产机械的转速),并把转速值转换成与电压 u_g 有相同物理量的反馈电压 u_f。u_f 与给定输入量 u_g 相减后(比较)产生偏差(误差)电压 Δu,再经电压和功率放大后去控制电动机的转速。

当电位器滑动端处在某一位置时,电动机就以一个相对应的转速期望值带动生产机械运转。当调节电位器滑动端的位置时,电动机便以不同的转速期望值带动生产机械运行。

从图 1-2 看出,系统的输出端与输入端之间有反馈回路,由定义可知,这属于闭环控制结构。闭环控制结构框图,可用图 1-3 表示。

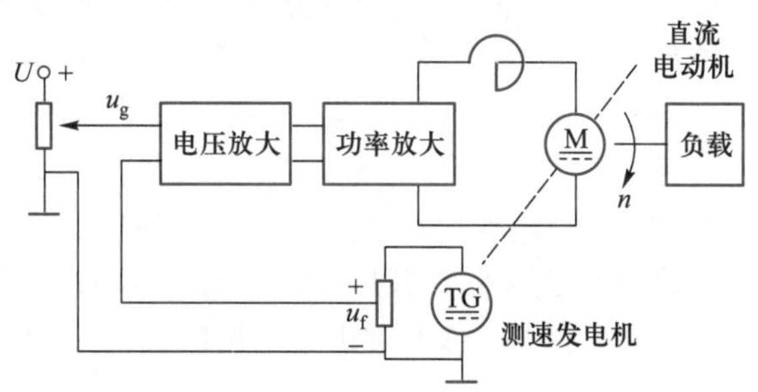

图 1-2 直流电动机闭环调速系统原理图

从上述分析看出,闭环控制实际上是根据负反馈原理,按偏差量(误差)进行控制的。

闭环控制结构具有较强的抗内、外干扰的能力。当出现外部干扰或内部扰动时,例如,供电电压突然下降或者电机负载突然增加,电动机转速就会立即下降,转速的变化使测速发电机的输出电压相应地立即下降,造成反馈电压 u_f 马上变小。因给定输入电压未变,于是

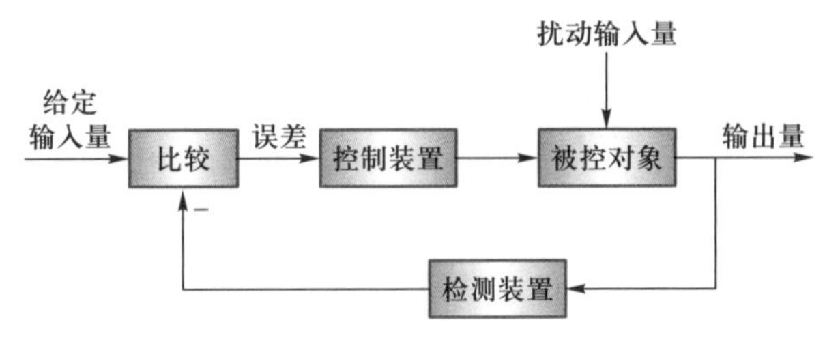

图 1-3 闭环控制结构框图

偏差电压值 Δu 就会立即增大,经放大器放大后,电动机的电枢电压增加,使转速迅速回升,从而减小或消除了由于系统外部或内部的各种扰动所造成的转速偏差。

3. 复合控制结构

复合控制结构是开环和闭环控制相结合的一种结构。它是在闭环控制结构的基础上再引入一条由给定输入信号或扰动作用所构成的顺馈通路,顺馈通路相当于开环控制。复合控制通常有两种典型结构,分别称为按输入补偿结构和按扰动补偿结构,其框图如图 1-4 所示。

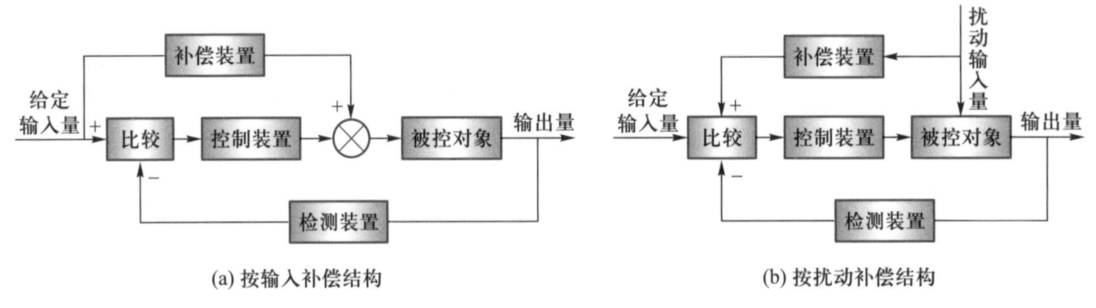

图 1-4 复合控制结构框图

按输入补偿的复合控制系统,其补偿装置提供了一个顺馈控制信号,此信号与原输入信号一起对被控对象进行控制,以提高系统跟踪输入信号的能力(精度)。

按扰动补偿的复合控制系统,其补偿装置利用干扰信号产生控制作用,以补偿或抵消干扰信号对被控量的影响,增强了系统的抗干扰能力。两种补偿的原理及设计方法详见第 3 章。

复合控制在数控机床、雷达跟踪、船舰舵控等系统中获得广泛应用。图 1-5 所示为温度复合控制系统。该系统的控制任务是要求热水供水池出口端的水温保持在恒定的给定值,但是当冷水流量波动较大时,会直接影响到出口水温的波动,冷水流量波动是系统的干扰量。

当冷水流量恒定时,系统不断地检测热水池出口端的水温,并作为反馈量。反馈量与给定值比较后产生控制信号去调节蒸气阀门的开口,确保出口端水温达到给定值且保持恒定。一旦冷水流量发生较大的变化,这种变化经流量测量仪检测后转换为反馈信号直接进入控制器,及时调整蒸气阀门的开口,从而消除或减少了因流量的大波动而引起的水温波动。

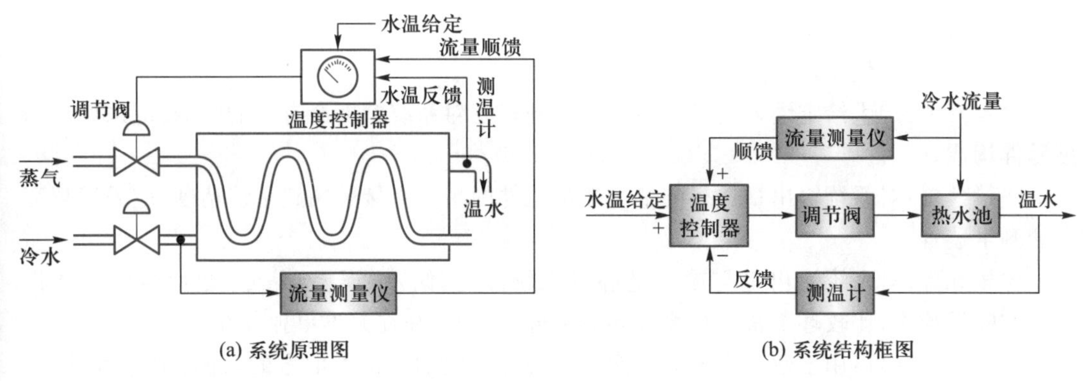

图 1-5 温度复合控制系统

三、结构比较

总的来说,开环控制结构简单,元器件数量少,成本也较低,系统调试比较容易,但控制性能较差,尤其抗干扰能力不强,只适用于性能要求不高的被控对象;闭环控制使用的元器件较多,系统调试比较麻烦,但控制性能好,尤其抗干扰能力较强,因此,绝大多数控制系统,甚至是复杂系统的基本结构都采用闭环控制结构。图 1-6 为大型火力发电的控制结构原理图。图中包含了由电流、电压、转速、压力等多个物理量的检测所构成的负反馈。若要实现更好的控制性能,需采用复合控制或其他新型的控制方法。

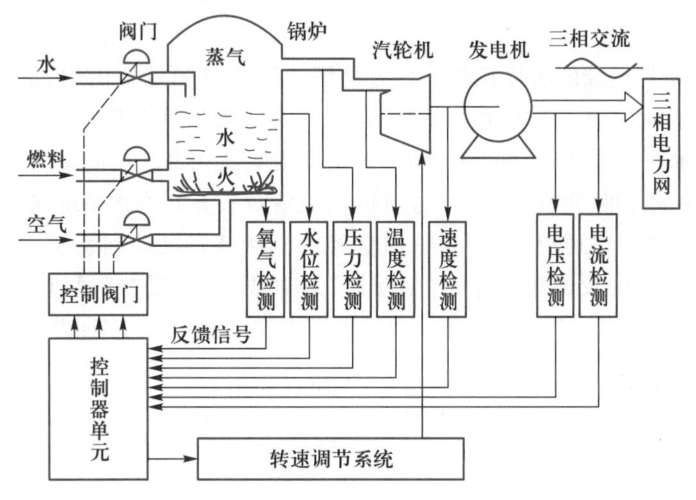

图 1-6 大型火力发电的控制结构原理图

1.2 闭环控制系统的基本组成

工程系统中,闭环控制获得广泛的应用。虽然不同种类的系统使用的元部件不同,但就其职能来看,均由以下基本环节组成。

被控对象:进行控制的设备或生产过程。

执行机构:直接驱动被控对象。

放大环节:对偏差信号进行放大。

给定环节:产生给定输入信号。给定环节的精度对系统精度会有大的影响,应采用高精度元件构成。

测量装置:对系统输出量进行测量。测量元件的精度直接影响到系统精度,应采用精度高的测量装置。

比较元件:对系统输出量与输入量进行比较,产生偏差(误差)信号,起信号的综合作用。实际系统中,比较环节常常和测量环节结合在一起,往往并不单独存在。

反馈校正装置:用于改善系统的性能。若校正装置加在偏差信号的后面,则称为“串联校正”。若校正装置加在某一局部反馈通道内,则称为“并联校正”或“反馈校正”。

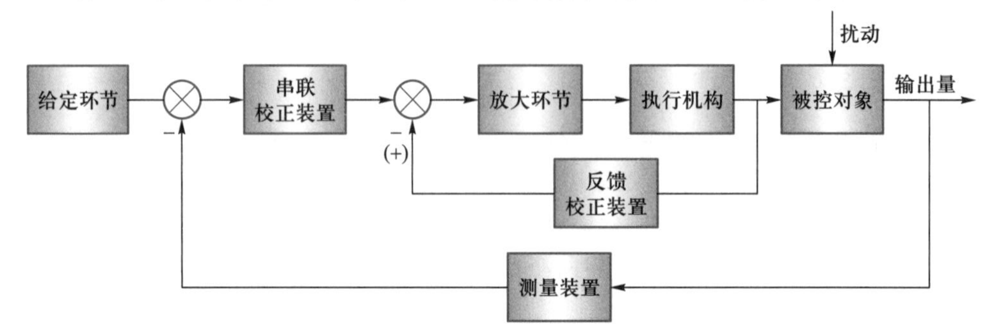

图 1-7 闭环控制系统方块图

由上述基本环节组成的闭环控制系统方块图如图 1-7 所示。图中,系统的基本元部件用“方框”表示。信号的传输方向用“箭头”表示。信号综合用带叉的小圆“⊗”表示。反馈线旁边的“+”表示两信号相加,即“正反馈”。正反馈只能在系统内的某局部环节之间使用。“-”表示两信号相减,即“负反馈”。信号从输入端沿箭头方向到达系统输出端的传输通道,称为“正向通道”或“前向通道”。系统输出量经由测量装置反馈到系统输入端的通道称为“主反馈”通道。其他的反馈通道称为“副反馈”通道或“局部反馈”通道。只有一个反馈通道的系统称为“单回路系统”。有两个以上反馈通道的系统称为“多回路”系统。

例 1-1 小功率直流调速控制系统原理图如图 1-8 所示。完成:

(1) 将 a、b 与 c、d 用线连接成负反馈控制方式。

(2) 画出系统方块图。

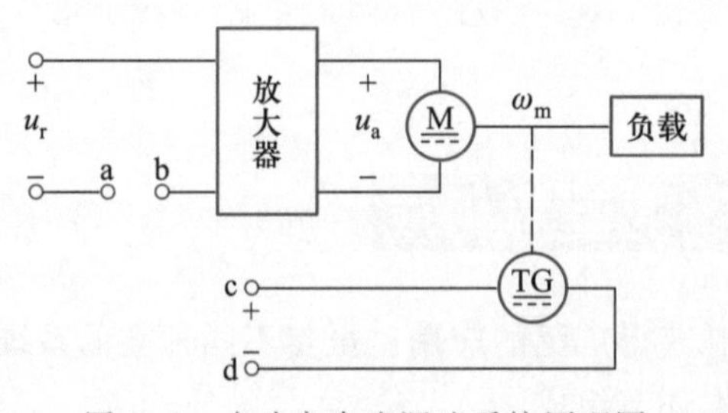

图 1-8 小功率直流调速系统原理图

解 (1) 按照基尔霍夫定律,负反馈的连接方式应为:a,d 相接;b,c 相接。

(2)首先,系统中的每个元部件各用一个方框表示。方框内写入该元部件的名称;然后,根据系统信号的流向,方框之间用带箭头的线连接,如图 1-9 所示。

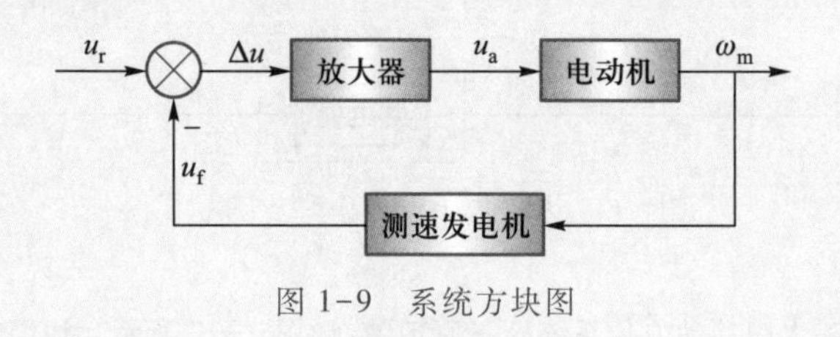

图 1-9 系统方块图

例 1-2 图 1-10 为工业炉温控制系统原理图。分析系统的工作原理,指出被控对象、被控量和给定量,并画出系统方块图。

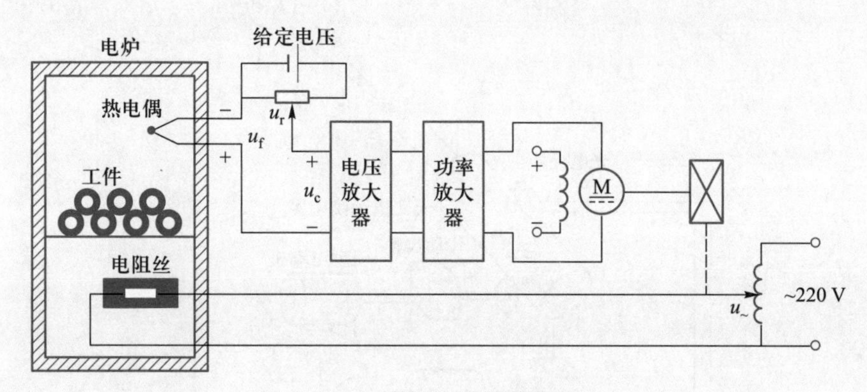

图 1-10 工业炉温控制系统原理图

解 电炉采用电加热方式工作。调压器输出电压 $u_\sim$ 增加,炉温就上升;反之,炉温就下降。$u_\sim$ 的高低与调压器滑动触点的位置有关,滑动触点由可逆转的直流电动机带动。

炉内温度用热电偶测量,其输出经放大后作为反馈电压 u_f。u_f 与给定电压 u_r 比较后产生偏差电压 u_e,再经电压、功率放大后,作为电动机的电枢电压驱动电动机转动。

当炉温等于某个给定电压相对应的期望温度值(T)时,反馈电压 u_f 等于给定电压 u_r,此时,偏差电压 $u_e=0$,电动机的电枢电压也为 0,可逆电动机不转动。这时,电炉散失的热量正好等于从加热器吸取的热量,形成稳定的热平衡状态,炉温就保持在与给定电压 u_r 对应的期望温度值(T) 上。

当炉温由于某种原因突然下降(例如炉门打开造成的热量流失)时,反馈电压 u_f 也会跟着下降。由于给定电压 u_r 不变,此时偏差电压不为 0,电动机的电枢电压也不为 0,电动机转动带动滑动触点上移,电压 $u_\sim$ 变大,使炉温回升,直至炉温的实际值等于或接近期望温度值(T)为止。

系统中,电炉是被控对象;炉温是被控量;给定量是由给定电位器设定的电压 u_r(表征炉温的期望值)。

系统中的每个部件各用一个方框表示,各方框内写入该部件的名称,根据系统的信号流向,方框之间用带箭头的线段连接。工业炉温控制系统方块图如图 1-11 所示。

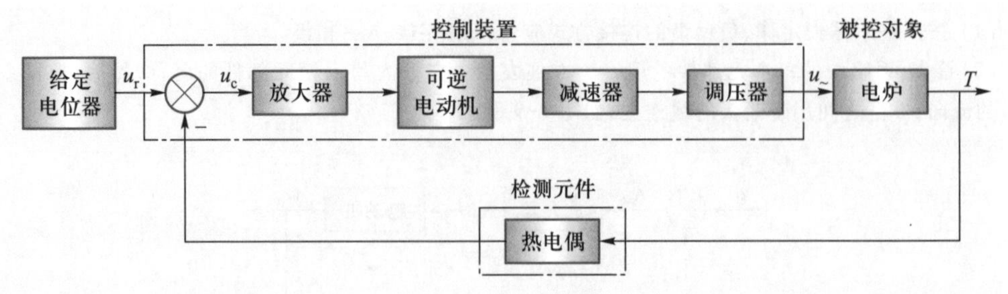

图 1-11 工业炉温控制系统方块图

例 1-3 天文望远镜跟踪太阳移动方位系统控制原理图,如图 1-12 所示。请简述工作原理,并绘出组成系统方块图。

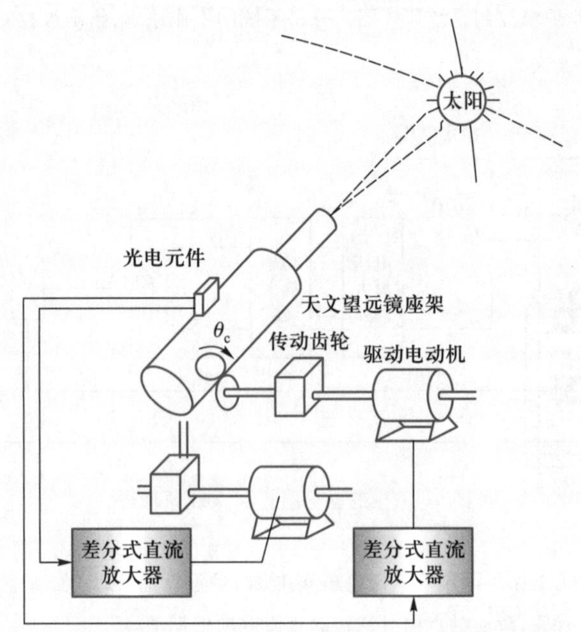

图 1-12 跟踪太阳移动方位系统控制原理图

解 天文望远镜跟踪太阳移动,须由左右(水平)和上下(垂直)两套驱动系统组成。两对(4 只)平行反向连接的光电检测元件分别安装在天文望远镜座架中心轴线的左右和上下两边。

当天文望远镜跟踪太阳水平方向有偏差时,在水平位置上的两个光电检测元件中,落在其中一个光电检测元件上的太阳光就会比落在另一个元件的多,从而输出与左右方位偏差有关的信号,经放大后加在水平方向驱动电动机电枢的两端,带动水平方向的传动齿轮,及时调整望远镜座架在水平方向上的偏离位置。对于垂直方向,原理同上。图 1-13 为跟踪太阳移动方位控制系统方块图。

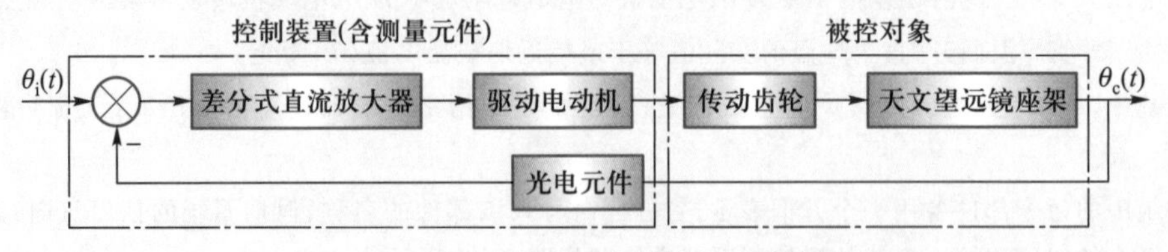

图 1-13 跟踪太阳移动方位控制系统方块图

1.3 自动控制系统的分类

自动控制系统种类繁多,功能不一,分类方法各异,常见的分类方法有如下四种。

一、按元部件的性质分类

1. 线性系统

系统全由线性元部件组成。其中,若元部件参数不随时间变化,则称为线性定常系统。线性定常系统由常系数线性微分方程表示,且信号具有“叠加性”和“齐次性”,否则称为线性时变系统。

2. 非线性系统

系统中含有一个非线性元部件以上的系统称为非线性系统。

二、按给定信号分类

1. 恒值控制系统

该类系统的给定值不变或很少变动,要求系统输出量以一定的精度接近希望值,如直流调速系统。

2. 随动控制系统

该类系统的给定值按未知时间函数变化,要求输出跟随给定值的变化而变化,如雷达跟踪系统。

3. 程序控制系统

该类系统的给定值按一定的时间函数(工序)变化,如数字车床控制系统。

三、按流通信号的性质分类

1. 连续系统

系统中流通的信号均为时间 t 的连续函数(模拟量),如由运算放大器构成的速度控制系统。

2. 离散系统

系统中某一处或几处的信号以脉冲系列或数码的形式传递,如计算机控制系统。

四、按系统功能分类

这种分类方法是按照被控制量的性质,如调速系统、调压系统、调温系统等分类。

1.4 对控制系统的基本要求

对任何控制系统的基本要求都体现在系统性能的“稳定性”“动态性能”和“稳态性能”三个方面,简称“稳”“快”和“准”。

一、稳定性

稳定性是控制系统能否正常运行的前提条件，是对系统最起码的要求，而且往往还要求有一定的稳定裕度。

直观上看，当系统受到输入信号作用后，输出会有一个稳定值相对应，如图 1-14(a)所示的系统就是稳定的，否则系统就是不稳定的，如图 1-14(b)所示。

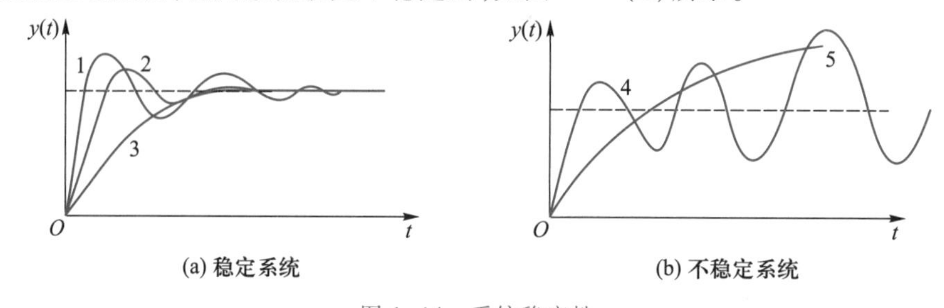

图 1-14 系统稳定性

二、动态性能

稳定的控制系统受到阶跃输入信号作用后，由于系统内部机械部件的质量和惯性的作用，以及受内部电路中电容、电感等储能元件影响，系统的输出要经历一个过程才能达到某一稳定值。

系统输出随时间 t 变化的整个过程称为系统的“响应过程”。响应过程以“过渡过程时间”(又常称为“调节时间”) t_s 为界，分为“动态过程”(瞬态过程)和“稳态过程”(静态过程)，如图 1-15 所示。动态性能就是反映系统在过渡过程中，系统跟踪输入或抑制干扰的能力，详见第 3 章。

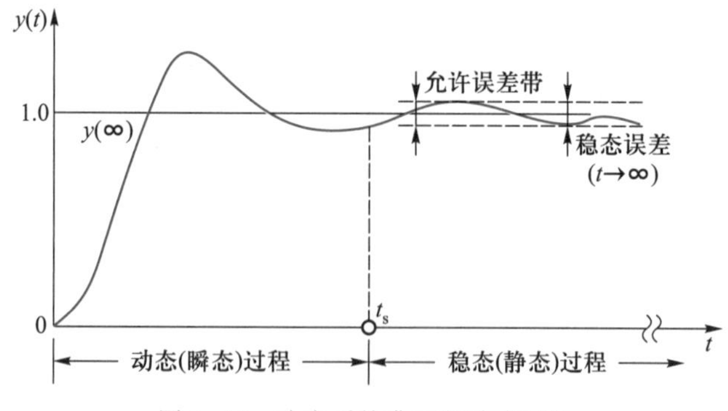

图 1-15 稳定系统典型的响应过程

三、稳态性能

控制理论与控制工程认为，系统经过调节时间 t_s 后便进入稳态。稳态的输出值与系统期望值的差值用“稳态误差”来描述。稳态误差也反映了系统的控制精度。稳态误差越小，稳态特性越好，系统的控制精度就越高，详见第 3 章。

值得注意的是，一个稳定系统对“动态性能”和“稳态性能”的要求往往是互相制约的。希望提高系统的快速性，可能会引起系统的强烈振动；希望系统要有好的平稳性，又可能会使动态过程的时间延长、反应迟缓以及精度变差；为了提高系统的精度，可能又会引起动态性能变差。分析和解决系统性能之间的这些矛盾，将是本书讨论的重要内容。

本章要点

自动控制是通过控制装置使被控对象能自动地按照预定的规律或数值运行的工程应用技术。控制系统是由控制装置（含测量部件）和被控对象两大部分组成的统一体。

闭环控制（负反馈）结构获得了最广泛的应用，其基本的控制原理是，利用输入-输出之间的偏差（误差），通过控制器去减小或消除输出量的偏差，从而使系统的输出量达到输入量的期望值。

对控制系统性能的基本要求是“稳、快、准”，但性能之间是相互制约的。

思考练习题

1.1 试列举日常生活中使用或看到过的自动控制系统的例子，简述其操作过程或说明其工作原理。

1.2 正反馈和负反馈有什么不同？

1.3 为什么闭环系统的主反馈都要采用负反馈的控制方式？

1.4 控制系统的性能若不能满足要求，可采用什么方法改善？

1.5 系统性能包含哪几类？具体有哪些？

1.6 水位控制装置如图 1-16(a)和(b)所示，H_1 是要求的水位高度。试分析该系统是开环结构还是闭环结构？简述系统的控制原理，说出系统的被控对象、被控量、给定输入量及扰动输入量是什么？绘制出系统方块图。

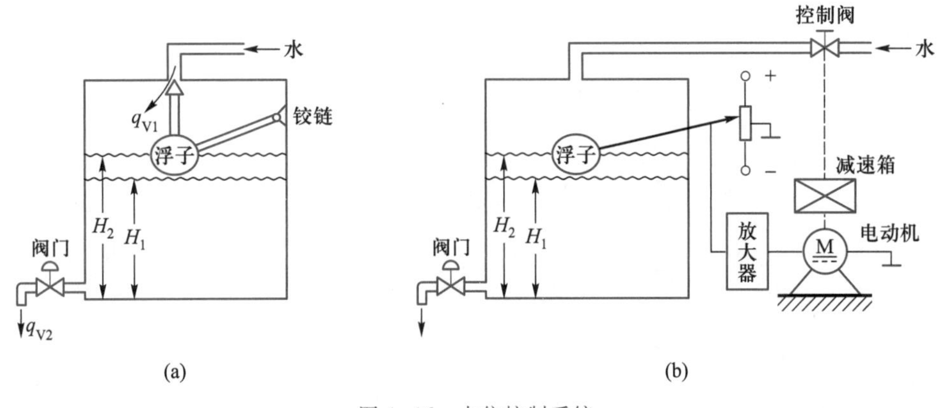

图 1-16 水位控制系统

1.7 直流调速系统如图1-17所示。在图中标出速度负反馈和电流正反馈的极性,并画出系统方块图。

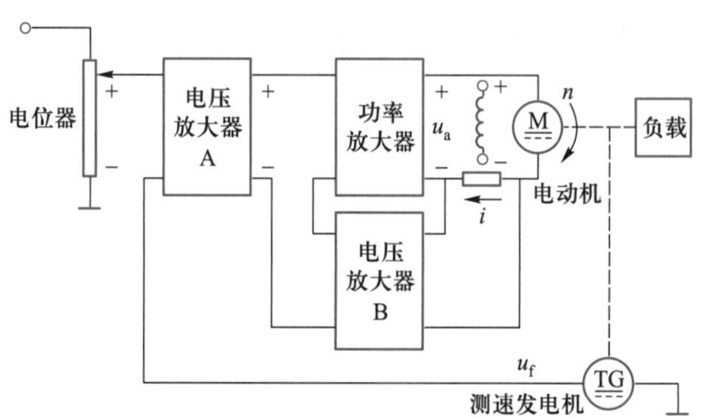

图1-17 直流调速系统

1.8 图1-18为晶闸管直流调压的温度控制系统原理图,简述其工作原理,并说出给定输入量、干扰输入量、系统输出量、被控对象分别是什么。画出系统方块图。

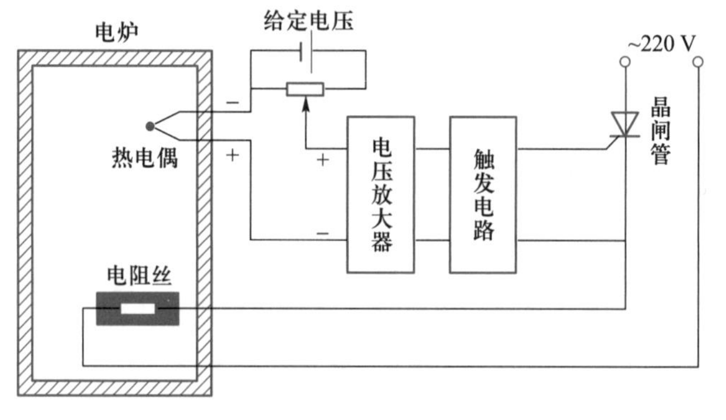

图1-18 晶闸管直流调压的温度控制系统原理图

第2章

线性连续系统的数学模型

为了从理论上对控制系统进行分析研究,必须首先建立系统的数学模型。

经典控制理论中,数学模型是描述系统输出量与输入量之间关系的数学表达式或图形,有微分方程、传递函数、动态结构图、信号流图和频率特性等。同一个系统可用不同形式的数学模型去描述,不同形式的数学模型可以相互转换。

有两种方法建立系统的数学模型:一是机理分析法,即根据系统中的信号(又称变量)所遵循的物理或化学等相关定律,在忽略一些次要因素的情况下,进行分析和理论推导;二是实验方法,使用某种仪器进行实验,根据实验所获取的信息或数据求出系统输入量与输出量之间的关系。

机理分析是基本方法,本章将重点讨论。实验方法有多种,其中一种将在第5章介绍。

2.1 微分方程的编写

微分方程是最初的数学模型,也是求其他数学模型的基础。

由于工程上的系统往往比较复杂,组成系统的环节(又称为元部件)较多,难以直接求出系统输出量与输入量之间的关系式,因此,常要先把系统划分为若干个环节,并分别求出每个环节的微分方程,然后综合各环节的微分方程,才可求得整个系统的微分方程。下面先讨论求取环节微分方程的方法。

一、环节微分方程

分析了环节的组成及工作原理后,可按下面的方法、步骤列写微分方程:

1. 确定输入量和输出量。

2. 列写方程组。根据环节中的变量(即信号)所遵循的物理或化学等有关定理,列出相关方程。在工程允许的条件下,应忽略一些次要因素以简化方程。

3. 消去中间变量。第2步中列出的相关方程,除含有环节的输入量和输出量外,还会有其他的变量(信号),这些变量称为“中间变量”。用“代入法”从方程组中把这些中间变量消去,便可得到描述该环节的输出量与输入量之间的微分方程。

4. 整理。把与输入量和输出量有关的各项分别列写在等号的两边;各导数项按降阶排列等。

例2-1 求图2-1所示电路的微分方程。

解 电路由电阻、电感及电容组成。在突然施加直流电压的作用下,电路中会产生动态电流,在元件的两端会产生电压降。电压降的数值遵循欧姆定律,相互关系则遵循基尔霍夫定律。

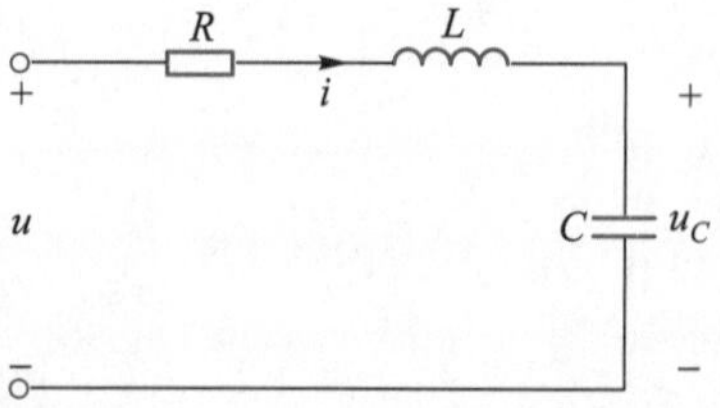

(1) u 为输入量,取电容两端的电压 u_C 为输出量。

(2) 列写方程组。根据基尔霍夫定律,可得

$$u=Ri+L\frac{\mathrm{d}i}{\mathrm{d}t}+u_C \tag{2-1}$$

图2-1 例2-1的电路

电容两端电压与流过电流之间关系为

$$i=C\frac{\mathrm{d}u_C}{\mathrm{d}t} \tag{2-2}$$

（3）消去中间变量。上两式中有3个变量（信号）u、i 及 u_C，其中，u 和 u_C 是输入及输出信号，电流 i 是中间变量，须消去。将式（2-2）代入式（2-1），消去电流 i，可得

$$u=RC\frac{\mathrm{d}u_C}{\mathrm{d}t}+LC\frac{\mathrm{d}^2u_C}{\mathrm{d}t^2}+u_C \tag{2-3}$$

（4）整理。按降阶排列，可得

$$LC\frac{\mathrm{d}^2u_C}{\mathrm{d}t^2}+RC\frac{\mathrm{d}u_C}{\mathrm{d}t}+u_C=u \tag{2-4}$$

式（2-4）是描述图2-1电路中，当 u 为输入量，电容两端的电压 u_C 为输出量时的数学模型，是一个二阶线性常系数微分方程。

例2-2 图2-2为弹簧阻尼减振部件。质量为 m 的物体受到推力 F 作用后产生位移 y。求该部件以 F 为输入量，y 为输出量的微分方程。

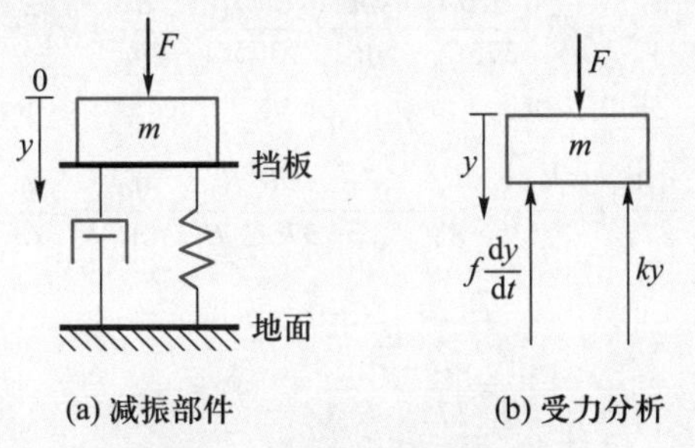

图2-2 弹簧阻尼减振部件

解 （1）输入量为 F、输出量为 y。

（2）列方程组。物体在外力 F 的作用下，克服阻力后产生位移 y，根据牛顿运动定理，有

$$F-F_s-F_f=ma \tag{2-5}$$

式中，F_s 为弹簧反作用力，与位移成正比；F_f 为阻尼器的黏性摩擦阻力，与速度即位移的一阶导数成正比；a 为物体运动时的加速度，是位移的二阶导数。以上各物理量用公式表示为

$$F_s=ky;\quad F_f=f\frac{\mathrm{d}y}{\mathrm{d}t};\quad a=\frac{\mathrm{d}^2y}{\mathrm{d}t^2} \tag{2-6}$$

（3）消去中间变量。将式（2-6）代入式（2-5），消去中间变量 F_s、F_f 和 a，可得

$$F-ky-f\frac{\mathrm{d}y}{\mathrm{d}t}=m\frac{\mathrm{d}^2y}{\mathrm{d}t^2} \tag{2-7}$$

（4）整理。

$$m\frac{\mathrm{d}^2y}{\mathrm{d}t^2}+f\frac{\mathrm{d}y}{\mathrm{d}t}+ky=F \tag{2-8}$$

式（2-8）是描述图2-2弹簧阻尼减振部件受到推力 F 的作用后产生位移 y 的数学模型，是一个二阶线性常系数微分方程。

例2-3 列写电枢控制的他励直流电动机的微分方程。

解 如图2-3所示，当直流电动机的电枢两端加入直流电压后，在电枢回路产生的电流与磁通相互作用，

产生电磁力和转矩，带动生产机械运行。

(1) 输入量为 u_d、输出量为 n。

(2) 列方程组。电枢回路方程为

$$e_d+i_dR_d+L_d\frac{di_d}{dt}=u_d \tag{2-9}$$

$$e_d=C_en \tag{2-10}$$

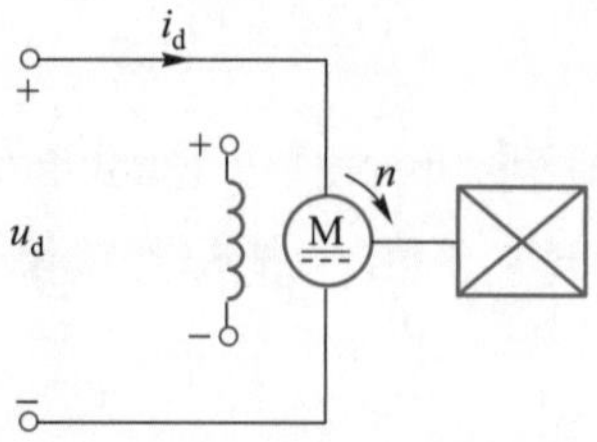

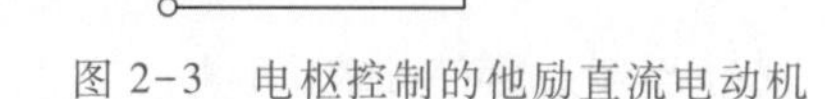

图 2-3 电枢控制的他励直流电动机

根据负载转矩为零时的电动机转矩平衡原理可得

$$M=\frac{GD^2}{375}\cdot\frac{dn}{dt},\quad M_z=0 \tag{2-11}$$

$$M=C_mi_d \tag{2-12}$$

M 为电动机驱动转矩，M_z 为负载转矩。

(3) 消去中间变量。e_d、i_d、M 是中间变量。将式(2-10)代入式(2-9)，消去反电动势 e_d；将式(2-12)代入式(2-11)，消去 M 得到 i_d 后，代入式(2-9)，有

$$C_en+R_d\frac{GD^2}{375C_m}\cdot\frac{dn}{dt}+L_d\frac{GD^2}{375C_m}\cdot\frac{d^2n}{dt^2}=u_d \tag{2-13}$$

(4) 整理。

$$\frac{GD^2}{375}\cdot\frac{R_d}{C_mC_e}\cdot\frac{L_d}{R_d}\cdot\frac{d^2n}{dt^2}+\frac{GD^2R_d}{375C_mC_e}\cdot\frac{dn}{dt}+n=\frac{u_d}{C_e} \tag{2-14}$$

令

$$T_m=\frac{GD^2}{375}\cdot\frac{R_d}{C_mC_e},\quad T_d=\frac{L_d}{R_d}$$

T_m 为机电时间常数，T_d 为电磁时间常数。式(2-14)又可写成

$$T_mT_d\frac{d^2n}{dt^2}+T_m\frac{dn}{dt}+n=\frac{u_d}{C_e} \tag{2-15}$$

式(2-15)是描述他励直流电动机电枢电压与转速间的数学模型，是一个二阶线性常系数微分方程。

注：对于中、小型电动机，由于电枢线圈的 L_d 比 R_d 要小得多，常可认为 $T_d=0$。

二、系统微分方程

系统微分方程的编写方法与环节微分方程类似。

(1) 确定系统输入量、输出量。

(2) 从输入端开始，将系统划分为若干个环节，列写各环节的微分方程。

(3) 消去中间变量。

(4) 整理。

例 2-4 直流调速系统的原理图如图 2-4 所示，试列写微分方程。

解 第 1 章简述过直流调速系统的工作原理，下面求其数学模型。

(1) 系统输入量为电压 U_g、输出量为转速 n。

(2) 列各环节微分方程。把系统划分为 5 个环节，如图 2-5 所示。

比较环节：

$$u_g-u_f=\Delta u \tag{2-16}$$

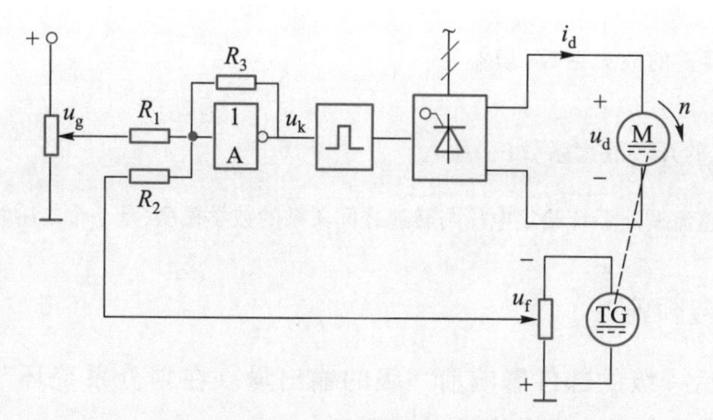

图 2-4 直流调速系统原理图

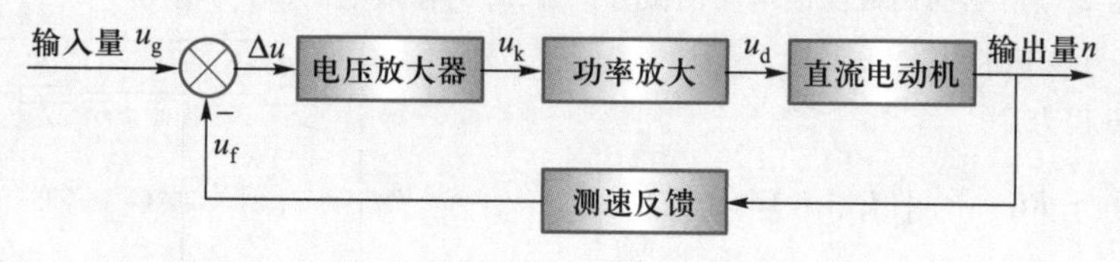

图 2-5 直流调速系统方块图

电压放大器环节：

$$k_1\Delta u=u_k \tag{2-17}$$

式中，$k_1=\dfrac{R_3}{R_1}$，为电压放大系数。

功率放大环节：

$$k_s u_k=u_d \tag{2-18}$$

式中，$k_s\approx\dfrac{u_d}{u_k}$，为功率放大系数。

直流电动机环节：

由式(2-15)可得

$$T_d T_m\frac{d^2 n}{dt^2}+T_m\frac{dn}{dt}+n=\frac{u_g}{C_e},\quad T_d=\frac{L_s+L_d}{R_s+R_d} \tag{2-19}$$

式中，L_s、R_s 分别为晶闸管整流回路的总电感、总电阻值。

测速反馈环节：

$$k_f n=u_f \tag{2-20}$$

式中，k_f 为速度反馈系数。

(3) 消去中间变量

用代入法求解式(2-16)至式(2-20)，消去中间变量 $\Delta u, u_k, u_d, u_f$ 后，可得

$$T_d T_m\frac{d^2 n}{dt^2}+T_m\frac{dn}{dt}+n=\frac{(u_g-k_f n)k_1 k_s}{C_e} \tag{2-21}$$

(4) 整理。把系统输出量、输入量各归等号一边，并按降阶排列，可得

$$\frac{T_d T_m}{1+K_k}\cdot\frac{d^2 n}{dt^2}+\frac{T_m}{1+K_k}\cdot\frac{dn}{dt}+n=\frac{K}{1+K_k}u_g \tag{2-22}$$

式中，$K=\dfrac{k_1k_s}{C_e}$为正向通道的放大系数（增益）。

$K_k=\dfrac{k_1k_sk_f}{C_e}$为系统的开环放大系数（增益）。

式(2-22)是描述直流调速系统给定电压与转速之间关系的数学模型，是一个二阶线性常系数微分方程。

三、负载效应与相似性

负载效应是指后一级的部件影响前一级的输出量。在划分系统环节时，若不考虑负载效应（耦合关系），可能会影响微分方程的准确性。

例 2-5 列写图 2-6 所示的两级滤波电路的微分方程，u_i 为输入电压，u_o 为输出

方法一：视为一个环节。

列写回路方程为

$$u_i - Ri_1 - \frac{1}{C}\int (i_1 - i_2)\,dt = 0$$

$$\frac{1}{C}\int (i_1 - i_2)\,dt - Ri_2 - \frac{1}{C}\int i_2\,dt = 0$$

$$\frac{1}{C}\int i_2\,dt = u_o$$

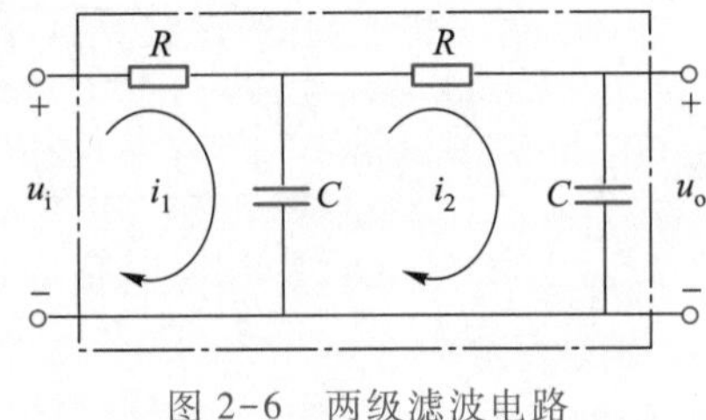

图 2-6 两级滤波电路

解上面方程组，或用拉氏变换方法，先转变为代数方程组，消去中间变量后，再进行拉氏反变换，解得

$$(RC)^2\frac{d^2u_o}{dt^2}+3RC\frac{du_o}{dt}+u_o=u_i \tag{2-23}$$

方法二：视为两个环节串联。

如图 2-7 所示，列出方程。第一个电阻、电容环节，有

$$RC\frac{du_{o1}}{dt}+u_{o1}=u_i$$

第二个电阻、电容环节，有

$$RC\frac{du_o}{dt}+u_o=u_{o1}$$

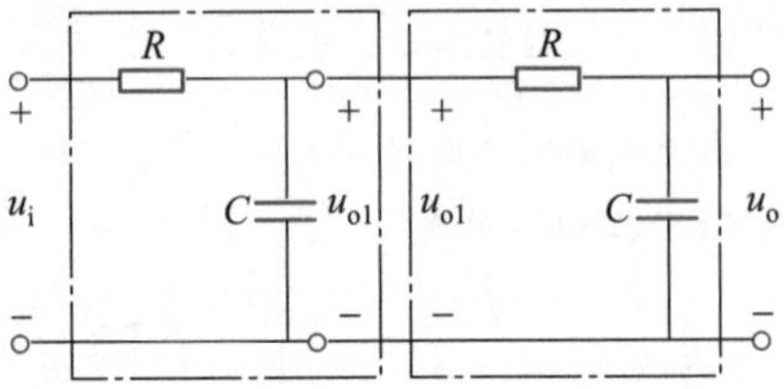

图 2-7 两个环节串联

消去中间变量 u_{o1}，有

$$(RC)^2\frac{d^2u_o}{dt^2}+2RC\frac{du_o}{dt}+u_o=u_i \tag{2-24}$$

比较式(2-23)和式(2-24)可知，描述同一电路的微分方程其参数不完全相等。方法一的结果是准确的。方法二由于没有考虑环节之间存在负载效应（耦合），因而参数有误差。

为了消除两个环节之间的负载效应，可在环节之间串入隔离放大器，如图 2-8。

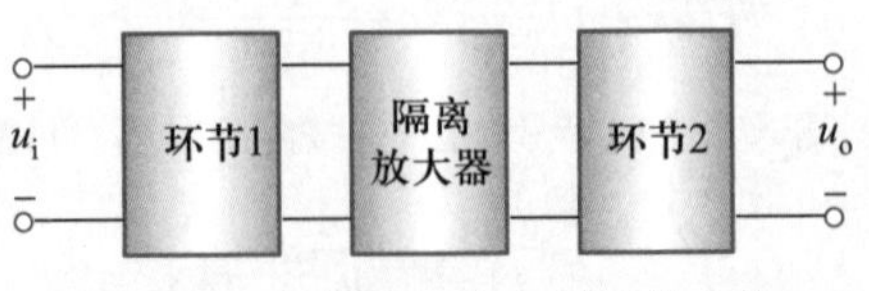

图 2-8 环节之间串入隔离放大器

相似性是指物理部件的种类不同,但数学模型相似(相同)。

例 2-1 至例 2-4 中,物理部件(环节)完全不同,但其数学模型都是二阶线性微分方程(类同),若调整参数,则方程可以完全相同。这些具有相似(或相同)数学模型的不同物理系统称为相似系统。

不同的物理系统具有相同形式的数学模型,不但使控制理论能应用于多种不同学科的分析研究,而且给系统的仿真技术创造了条件。

*2.2 非线性微分方程的线性化

严格来说,实际的控制系统都具有不同程度的非线性特性,因此,描述系统的都是非线性微分方程。由于求解三阶以上的非线性微分方程非常困难且与初始条件有关,而对线性微分方程的求解不但容易,而且相当成熟。因此,在工程允许范围内,对系统进行线性化处理将给系统的分析研究带来极大方便。

用线性微分方程替代非线性微分方程的方法,称为非线性微分方程的“线性化”。

工程上常用的线性化方法主要有 3 种:一是对于非线性特性很弱的元部件,可“直接”视为是线性的,例如 R、L、C 元件及其组成的电路;二是“局部”线性化方法,例如比例放大器,若从整体输入输出特性看,是非线性的,但从非饱和的一段特性看,是线性的;三是“小偏差”方法,它是将非线性方程在工作点附近泰勒级数展开,忽略二次以上的高次无穷项后,得到近似的线性方程去代替原来的非线性方程。

设非线性方程为 $y=f(r)$,工作点为 $y_0=f(r_0)$,其各阶导数均存在,则可在工作点附近展开成泰勒级数为

$$y=f(r_0)+\left[\frac{\mathrm{d}f(r)}{\mathrm{d}r}\right]_{r_0}(r-r_0)+\frac{1}{2!}\left[\frac{\mathrm{d}^2f(r)}{\mathrm{d}r^2}\right]_{r_0}(r-r_0)^2+\cdots \tag{2-25}$$

当 $r-r_0$ 较小时,可忽略二次以上导数项,即

$$y=f(r_0)+\left[\frac{\mathrm{d}f(r)}{\mathrm{d}r}\right]_{r_0}(r-r_0) \tag{2-26}$$

$$\Downarrow$$

$$y-y_0=k(r-r_0)$$

$$\Downarrow$$

$$\Delta y=k\Delta r \tag{2-27}$$

式中,常数 $k=\left[\frac{\mathrm{d}f(r)}{\mathrm{d}r}\right]_{r_0}$。

为了书写方便,常省略式(2-27)中的符号 Δ,即

$$y=kr \tag{2-28}$$

式(2-28)就是非线性 $y=f(r)$ 方程的线性化方程。

例 2-6 晶闸管三相整流电路如图 2-9(a)所示。试求触发脉冲的移相角与整流输出电压的数学模型。

解 对于晶闸管三相整流桥,其输入量触发移相角 α 与输出电压 u_d 关系为

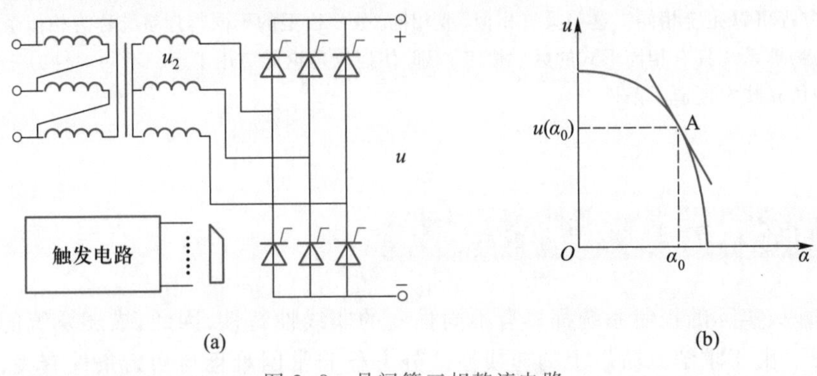

图 2-9 晶闸管三相整流电路

$$u \approx 2.34 u_2 \cos \alpha = u(0) \cos \alpha \tag{2-29}$$

式中,u_2 为变压器二次侧相电压的有效值。$u(0)$ 为 $\alpha=0$ 时的整流电压值。可见,式(2-29)是非线性方程。

设工作点为“A”,对应的移相角为 α_0,输出电压 $u(\alpha_0)$,即 $x_0=\alpha_0$,$y_0=u(0)\cos\alpha_0$。当触发移相角在小范围移相时,在 A 点附近对式(2-29)展开成泰勒级数,并忽略二次以上的高次无穷项后,有

$$u = u(0)\cos\alpha_0 + \left(\frac{\mathrm{d}u}{\mathrm{d}\alpha}\right)_{\alpha_0} \cdot (\alpha - \alpha_0)$$

$$\Downarrow$$

$$u - u(0)\cos\alpha_0 = \left(\frac{\mathrm{d}u}{\mathrm{d}\alpha}\right)_{\alpha_0} \cdot (\alpha - \alpha_0)$$

$$\Downarrow$$

$$\Delta u = \left(\frac{\mathrm{d}u}{\mathrm{d}\alpha}\right)_{\alpha_0} \Delta\alpha \tag{2-30}$$

为了书写方便,将上式中“Δ”符号省略,式(2-30)可简写为

$$u = k\alpha \tag{2-31}$$

式中

$$k = \left(\frac{\mathrm{d}u}{\mathrm{d}\alpha}\right)_{\alpha_0} = u(0)\sin\alpha_0$$

式(2-31)就是非线性方程(2-29)的线性化方程。

从图 2-9(b)所示的几何图形上看,线性化方程实际上就是过工作点 A 的一条短切线,以“切线替代该段曲线”。

注意:(1) 非线性方程必须是连续可微的,否则不能进行级数展开;(2) k 值与工作点的位置有关;(3) 增量 Δx 应较小,其值越小,方程的线性化程度越高。

非线性特性比较严重的系统称为“本质非线性”系统。本质非线性不能采用线性化方法处理。常见的本质非线性元件及系统的分析,将在第 8 章专门讨论。

2.3 传递函数

经典控制理论中,传递函数是重要且使用最多的数学模型。

一、传递函数的定义

初始条件为零时,线性定常系统(或环节)输出量的拉普拉斯变换与输入量的拉普拉斯变换之比,称为线性定常系统(或环节)的传递函数("拉普拉斯变换"简称"拉氏变换"),常用 $G(s)$ 或 $\Phi(s)$ 等符号表示,即

$$G(s)=\frac{Y(s)}{R(s)} \tag{2-32}$$

式中,$Y(s)$、$R(s)$ 分别为输出量 $y(t)$、输入量 $r(t)$ 的拉氏变换。

二、传递函数的求法

首先求出系统(或环节)输出量与输入量之间的微分方程;然后对该微分方程在零初始条件下取拉氏变换;最后找出输出量与输入量的拉氏变换之比。

设某线性定常系统(或环节)的微分方程为

$$\begin{aligned}&a_n\frac{\mathrm{d}^n y(t)}{\mathrm{d}t^n}+a_{n-1}\frac{\mathrm{d}^{n-1}y(t)}{\mathrm{d}t^{n-1}}+\cdots+a_1\frac{\mathrm{d}y(t)}{\mathrm{d}t}+a_0y(t)\\&=b_m\frac{\mathrm{d}^m r(t)}{\mathrm{d}t^m}+b_{m-1}\frac{\mathrm{d}^{m-1}r(t)}{\mathrm{d}^{m-1}t}+\cdots+b_1\frac{\mathrm{d}r(t)}{\mathrm{d}t}+b_0r(t)\end{aligned} \tag{2-33}$$

式中,$y(t)$ 为输出量,$r(t)$ 为输入量;n、m 为阶数,实际系统中,$n\geqslant m$。

令初始条件为零,对式(2-33)两边进行拉氏变换,并提取出 $R(s)$、$Y(s)$ 的公因子,有

$$(a_ns^n+a_{n-1}s^{n-1}+\cdots+a_1s+a_0)Y(s)=(b_ms^m+b_{m-1}s^{m-1}+\cdots+b_1s+b_0)R(s)$$

由传递函数定义,输出量与输入量的拉氏变换之比为

$$G(s)=\frac{Y(s)}{R(s)}=\frac{b_ms^m+b_{m-1}s^{m-1}+\cdots+b_1s+b_0}{a_ns^n+a_{n-1}s^{n-1}+\cdots+a_1s+a_0}\quad(n\geqslant m) \tag{2-34}$$

传递函数与输入、输出拉氏变换式之间的关系,可用图 2-10 表示。由式(2-32)或图 2-10,可得输出量的拉氏变换为

$$Y(s)=R(s)G(s) \tag{2-35}$$

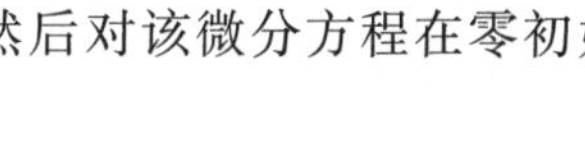

图 2-10 传递函数的结构图

例 2-7 求例 2-3 他励直流电动机的传递函数。

解 以电枢电压 u_d 为输入量,转速 n 为输出量的微分方程已由式(2-15)给出,即

$$T_dT_m\frac{\mathrm{d}^2n}{\mathrm{d}t^2}+T_m\frac{\mathrm{d}n}{\mathrm{d}t}+n=\frac{u_d}{C_e}$$

初始条件为零时,对上式进行拉氏变换,有

$$(T_dT_ms^2+T_ms+1)N(s)=\frac{U_d(s)}{C_e}$$

式中,$N(s)$、$U_d(s)$分别为$n(t)$、$u_d(t)$的拉氏变换。由此可求得他励直流电动机的传递函数为

$$G(s)=\frac{N(s)}{U_d(s)}=\frac{1}{C_e(T_dT_ms^2+T_ms+1)}$$

例 2-8 图 2-11 为集成元件和由 R、C 组成的运算放大器,求其传递函数。

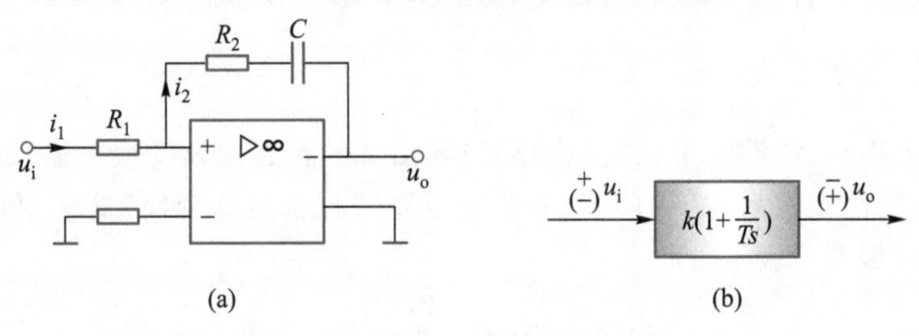

图 2-11 例 2-8 的电路及结构图

解 求运算放大器(P、PI、PID 等)传递函数有两种方法。

方法一:普通法。根据运算放大器的"虚断""虚短"规则和基尔霍夫定律,可列出如下方程:

$$i_1=i_2,\quad i_1=u_i/R_1,\quad -u_o=R_2i_2+\frac{1}{C}\int i_2\mathrm{d}t$$

消去中间变量 i_1、i_2,有

$$\frac{\mathrm{d}u_o}{\mathrm{d}t}=-\left(\frac{R_2}{R_1}\cdot\frac{\mathrm{d}u_i}{\mathrm{d}t}+\frac{1}{R_1C}u_i\right)$$

初始值为零,对上式进行拉氏变换,经整理得

$$\frac{u_o(s)}{u_i(s)}=-\frac{R_2}{R_1}\left(\frac{R_2Cs+1}{R_2Cs}\right)=-k\cdot\frac{Ts+1}{Ts}=-k\left(1+\frac{1}{Ts}\right)$$

注意:(1) 式中的"负号"表示电路的输入-输出极性是相反的,不能认为是"负的传递函数"。若在同相端输入信号,则不会出现"负号"。

(2) 由传递函数式可知,它是比例-积分(PI)调节器,其中,$k=R_2/R_1$ 为比例系数;$T=R_2C$ 为积分时间常数,电路的动态结构图(简称结构图)如图 2-11(b)所示。若同相端输入信号,则传递函数不同。

方法二:复阻抗法。令 $R\to R$,$C=1/Cs$,用串、并联法则求出输入端和反馈回路的总阻抗 Z_1 和 Z_2,两阻抗的比即为传递函数。本例题中

$$z_1=R_1,\quad z_2=R_2+1/Cs$$

于是有

$$G(s)=\frac{u_o(s)}{u_i(s)}=\frac{z_2}{z_1}=\frac{R_2+1/Cs}{R_1}=\frac{R_2}{R_1}\left(1+\frac{1}{R_2Cs}\right)=k\left(1+\frac{1}{Ts}\right)$$

例 2-9 图 2-12 是单闭环直流调速系统原理图,求系统的传递函数。

解 式(2-22)已求出该系统的微分方程式为

$$\frac{T_dT_m}{1+K_k}\cdot\frac{\mathrm{d}^2n}{\mathrm{d}t^2}+\frac{T_m}{1+K_k}\cdot\frac{\mathrm{d}n}{\mathrm{d}t}+n=\frac{K}{1+K_k}u_g$$

初始状态为零的条件下,对上式两边取拉氏变换,有

$$\frac{T_dT_m}{1+K_k}s^2n(s)+\frac{T_m}{1+K_k}sn(s)+n(s)=\frac{K}{1+K_k}u_g(s)$$

或

$$\left(\frac{T_dT_m}{1+K_k}s^2+\frac{T_m}{1+K_k}s+1\right)n(s)=\frac{K}{1+K_k}u_g(s)$$

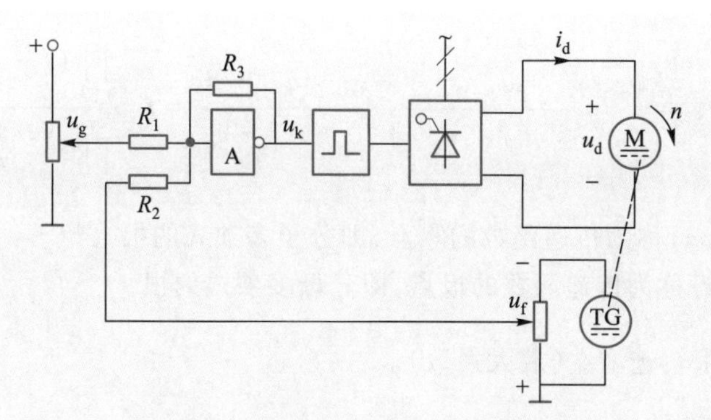

图 2-12 单闭环直流调速系统原理图

由传递函数定义,系统输入量为控制电压 u_g,输出量为电动机转速 n 时,系统的传递函数为

$$\Phi(s)=\frac{n(s)}{u_g(s)}=\frac{K}{T_d T_m s^2+T_m s+(1+K_k)}$$

三、传递函数的主要性质

1. 传递函数只适用于初始为零的线性定常部件和系统。它包含了系统(或环节)的全部信息,只与系统的结构和参数有关,而与输入量(形式或幅值)等无关。

2. 传递函数是线性定常环节(系统)的一种数学模型,应取正号。当求出的传函有"负"号时,应理解为该环节(系统)的输入-输出极性是相反的。例如,直流调速系统的4种闭环传递函数,其中,干扰对误差的传函会出现"负"号,这表明干扰的作用与误差的方向是相反的。干扰量上升(+),电动机转速必然下降,误差反方向增大,这与物理现象完全相符。

3. 同一元部件,输入输出的位置不同,传递函数也不同。

四、传递函数的表达形式

传递函数有三种表达形式。

1. 有理分式形式

式(2-34)为有理分式形式,重写如下:

$$G(s)=\frac{b_m s^m+b_{m-1}s^{m-1}+\cdots+b_1 s+b_0}{a_n s^n+a_{n-1}s^{n-1}+\cdots+a_1 s+a_0}=\frac{\sum_{i=0}^{m} b_i s^i}{\sum_{j=0}^{n} a_j s^j} \tag{2-36}$$

注意:式(2-36)的分母多项式为零时,称为"特征方程",即

$$a_n s^n+a_{n-1}s^{n-1}+\cdots+a_1 s+a_0=0 \tag{2-37}$$

方程的根称为"特征根",又常称为"极点"。

2. 零、极点形式

将式(2-36)中 a_n、b_m 系数提出后,分子和分母分解因式,即可得到传递函数的零、极点形式(s 的系数均为 1)为

$$G(s)=\frac{b_m}{a_n}\cdot\frac{s^m+d_{m-1}s^{m-1}+\cdots+d_1s+d_0}{s^n+c_{n-1}s^{n-1}+\cdots+c_1s+c_0}=K_g\frac{\prod_{i=1}^{m}(s-z_i)}{\prod_{j=1}^{n}(s-p_j)} \tag{2-38}$$

式中，$z_i(i=1,2,\cdots,m)$称为传递函数的零点，即分子多项式的根

$p_j(j=1,2,\cdots,n)$称为传递函数的极点，即分母多项式的根

$K_g=\frac{b_m}{a_n}$常称为根轨迹增益（放大系数）。

3. 时间常数形式

将式（2-36）中的a_0、b_0系数提出后，分子和分母再分解因式，可得传递函数的时间常数形式（常数项均为 1）为

$$G(s)=K\frac{(\tau_1s\pm1)(\tau_2s\pm1)\cdots(\tau_ms\pm1)}{(T_1s\pm1)(T_2s\pm1)\cdots(T_ns\pm1)}=K\frac{\prod_{i=1}^{m}(\tau_is\pm1)}{\prod_{j=1}^{n}(T_js\pm1)} \tag{2-39}$$

式中，$\tau_i(i=1,2,\cdots,m)$为分子各因子的（微分）时间常数；

$T_j(j=1,2,\cdots,n)$为分母各因子的时间常数；

$K=\frac{b_0}{a_0}$通常称为放大系数（增益）。

式（2-38）、式（2-39）各参数之间的关系为

$$\tau_i=\frac{1}{z_i},T_j=\frac{1}{p_j},K=K_g\frac{\prod_{i=1}^{m}z_i}{\prod_{j=1}^{n}p_j}$$

传递函数具有共轭复数零、极点时，式（2-38）和（2-39）可分别表示为

$$G(s)=\frac{K_g}{s^\nu}\cdot\frac{\prod_{i=1}^{m_1}(s-z_i)\prod_{l=1}^{m_2}(s^2\pm2\zeta_l\omega_ls+\omega_l^2)}{\prod_{j=1}^{n_1}(s-p_j)\prod_{k=1}^{n_2}(s^2\pm2\zeta_k\omega_ks+\omega_k^2)} \tag{2-40}$$

$$G(s)=\frac{K}{s^\nu}\cdot\frac{\prod_{i=1}^{m_1}(\tau_is\pm1)\prod_{l=1}^{m_2}(\tau_l^2s^2\pm2\zeta_l\tau_ls+1)}{\prod_{j=1}^{n_1}(T_js\pm1)\prod_{k=1}^{n_2}(T_k^2s^2\pm2\zeta_kT_ks+1)} \tag{2-41}$$

式中，$m_1+m_2=m$，$\nu+n_1+n_2=n$。

例 2-10 已知系统的传递函数为

$$G(s)=\frac{4s+1}{12s^2+10s+2}$$

求对应的零、极点表达式和时间常数表达式。

解 零、极点表达式为

$$G(s)=\frac{4s+1}{12s^2+10s+2}=\frac{4\left(s+\frac{1}{4}\right)}{12\left(s^2+\frac{5}{6}s+\frac{1}{6}\right)}=\frac{1}{3}\frac{\left(s+\frac{1}{4}\right)}{\left(s+\frac{1}{3}\right)\left(s+\frac{1}{2}\right)}$$

由上式可知,零点(分子的根)$z=-\frac{1}{4}$;极点(分母的根)$p_1=-\frac{1}{3}$,$p_2=-\frac{1}{2}$

时间常数表达式为

$$G(s)=\frac{4s+1}{12s^2+10s+2}=\frac{4s+1}{2(6s^2+5s+1)}=0.5\frac{4s+1}{(2s+1)(3s+1)}$$

五、典型环节及其传递函数

控制理论中,线性连续定常系统的传递函数都可以分解成一些基本因子的乘积;工程系统中,不同系统往往也由具有相同或相似特性的一些基本元部件组合而成。通常称这些基本元部件称为“典型环节”,常见的典型环节有 6 种。

1. 比例环节

比例环节又称为放大环节或无惯性环节。由集成放大器构成的典型比例环节如图 2-13 所示。

比例环节的输出量与输入量成正比关系,在时域中的表达式为

$$y(t)=Kr(t)$$

由传递函数的定义,有

$$G(s)=\frac{Y(s)}{R(s)}=K \tag{2-42}$$

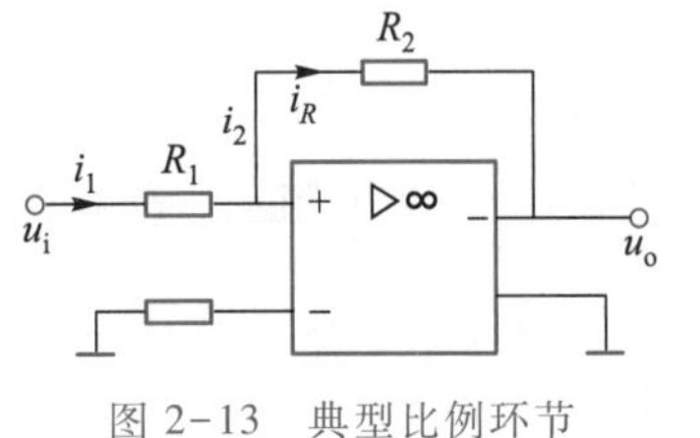

图 2-13 典型比例环节

式中,K 称为比例(或放大)系数。

常见的比例环节还有分压器、测速发电机、杠杆、无间隙的传动齿轮等。

2. 惯性环节

惯性环节的输出量与输入量之间的关系为一阶微分方程,即

$$T\frac{\mathrm{d}y(t)}{\mathrm{d}t}+y(t)=r(t)$$

传递函数为

$$G(s)=\frac{Y(s)}{R(s)}=\frac{1}{Ts+1} \tag{2-43}$$

式中,T 为时间常数。

惯性环节的输出量不能立即跟随输入量变化,而是存在着惯性,时间常数 T 越大,惯性越大。

惯性环节的实例比较常见,图 2-14 就是典型惯性环节。加热炉、发电机的励磁回路等都可视为惯性环节。

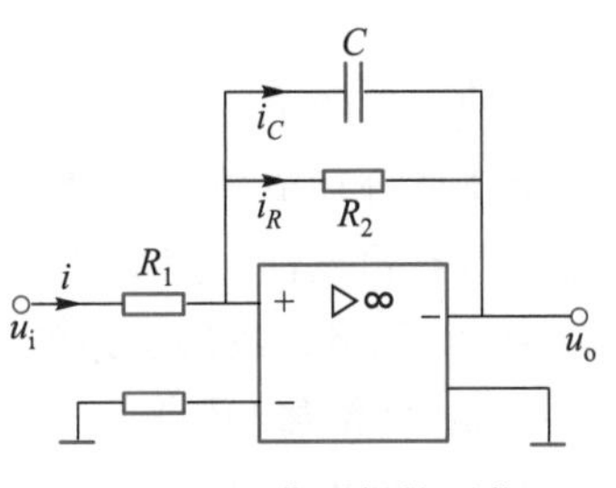

图 2-14 典型惯性环节

3. 积分环节

积分环节的输出量与输入量之间的关系：

微分方程为

$$y(t)=\int r(t)\mathrm{d}t$$

传递函数为

$$G(s)=\frac{Y(s)}{R(s)}=\frac{1}{s} \tag{2-44}$$

当积分环节的输入端加入阶跃信号时，其输出随时间直线上升，当输入变为零时，积分作用停止，输出维持不变，具有记忆功能。图2-15就是典型积分环节。

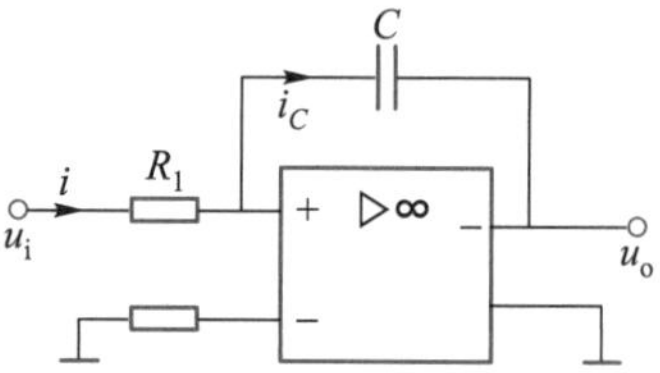

图2-15 典型积分环节

4. 振荡环节

振荡环节的输出量与输入量之间的关系为：

微分方程为

$$T^2\frac{\mathrm{d}^2y(t)}{\mathrm{d}t}+2\zeta T\frac{\mathrm{d}y(t)}{\mathrm{d}t}+y(t)=r(t)$$

传递函数为

$$G(s)=\frac{Y(s)}{R(s)}=\frac{1}{T^2s^2+2\zeta Ts+1} \tag{2-45}$$

式中，T为时间常数，ζ为阻尼系数。

振荡环节传递函数也可改写为

$$G(s)=\frac{\omega_n^2}{s^2+2\zeta\omega_n s+\omega_n^2} \tag{2-46}$$

式中，$\omega_n=\frac{1}{T}$为无阻尼自然振荡频率。

本章第1节中的弹簧阻尼部件、他励直流电动机和RLC串联电路都是振荡环节的实例。

5. 微分环节

微分环节主要有2种：一阶微分环节和二阶微分环节，方程分别为

$$y(t)=\left[\tau\frac{\mathrm{d}r(t)}{\mathrm{d}t}+r(t)\right]\quad(t\geqslant 0)$$

$$y(t)=\left[\tau^2\frac{\mathrm{d}^2r(t)}{\mathrm{d}t^2}+2\zeta\tau\frac{\mathrm{d}r(t)}{\mathrm{d}t}+r(t)\right]\quad(0<\zeta<1,t\geqslant 0)$$

传递函数分别为：

一阶微分环节：

$$G(s)=(\tau s+1) \tag{2-47}$$

二阶微分环节：

$$G(s)=(\tau^2s^2+2\zeta\tau s+1)\quad(0<\zeta<1) \tag{2-48}$$

由于微分环节的输出量与输入量有微分关系，因此它能预示输入信号的变化趋势，使控制过程具有预见性。图2-16(a)为由RC元件组成的无源微分环节，图2-16(b)为由集成元件和RC网络组成的有源的一阶微分环节。

6. 延迟(滞后)环节

延迟环节的输出信号经过一个延迟时间τ后，完全复现输入信号，方程表示为

$$y(t)=r(t-\tau)$$

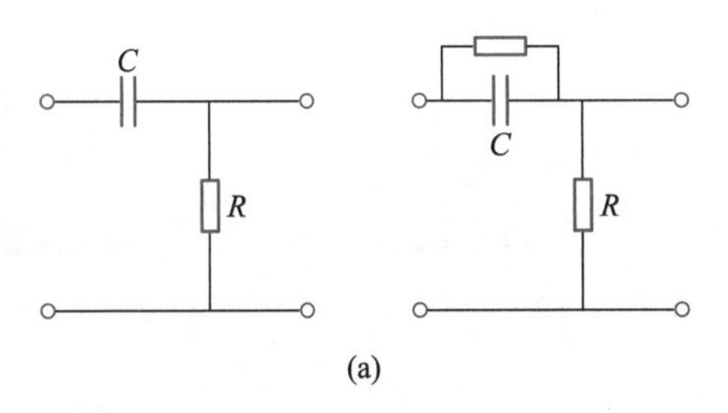

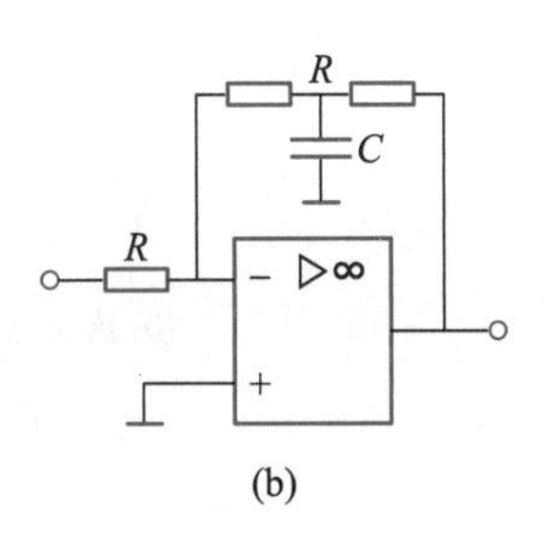

图 2-16 微分环节

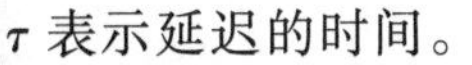

τ 表示延迟的时间。

当输入为单位阶跃信号时[图 2-17(a)],延迟环节的输出如图 2-17(b)所示。

根据拉氏变换的延迟定理,延迟环节的传递函数为

$$G(s)=\frac{Y(s)}{R(s)}=\mathrm{e}^{-\tau s} \tag{2-49}$$

生产实际中的液压、气动、皮带输送过程、管道输送过程、机械传动系统等都有不同程度的延迟现象,如图 2-18 所示。

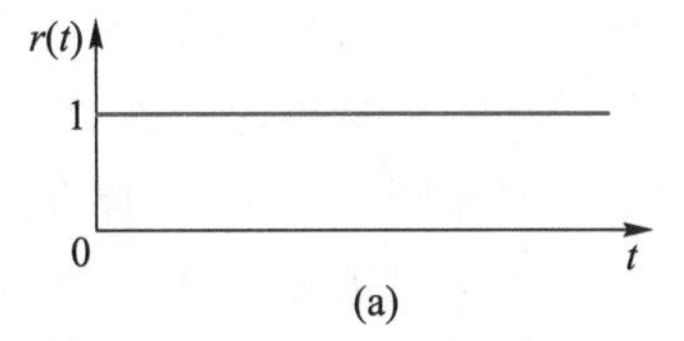

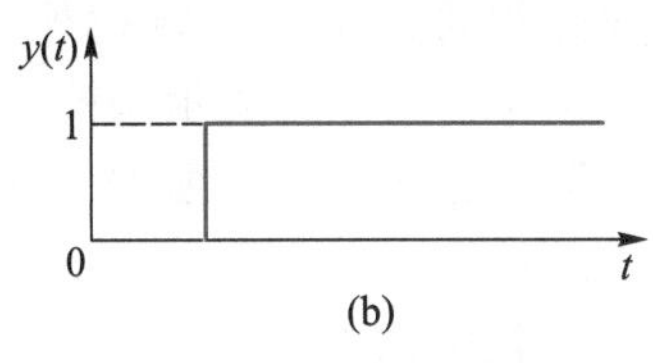

图 2-17 延迟环节的单位阶跃响应

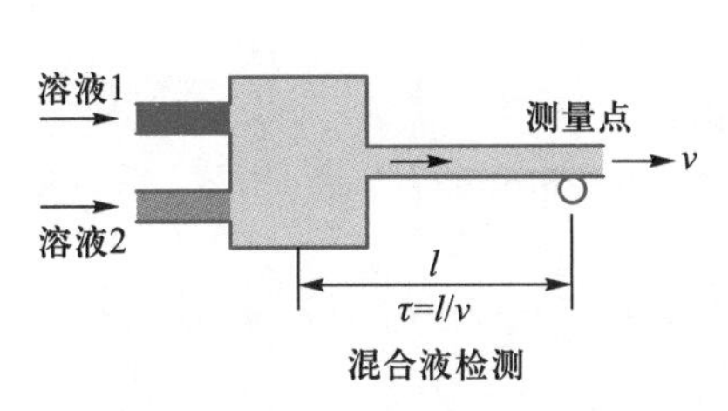

M
v
测量点
l
τ=l/v
带钢厚度检测

图 2-18 延迟环节

当延迟部件的时间较小时,可近似为惯性部件,即

$$\mathrm{e}^{-\tau s}=\frac{1}{\mathrm{e}^{\tau s}}=\frac{1}{1+\tau s+\frac{\tau^{2}}{2!}s^{2}+\frac{\tau^{3}}{3!}s^{3}+\cdots}\approx\frac{1}{1+\tau s} \tag{2-50}$$

2.4 系统结构图

“结构图”是“动态结构图”的简称,是将系统中各部件的传递函数及其相互关系用图形表示,所以,它是一种图形化的数学模型。

一、结构图的组成要素及绘制方法

1. 组成要素

结构图由 4 种基本图形组成,如图 2-19 所示。

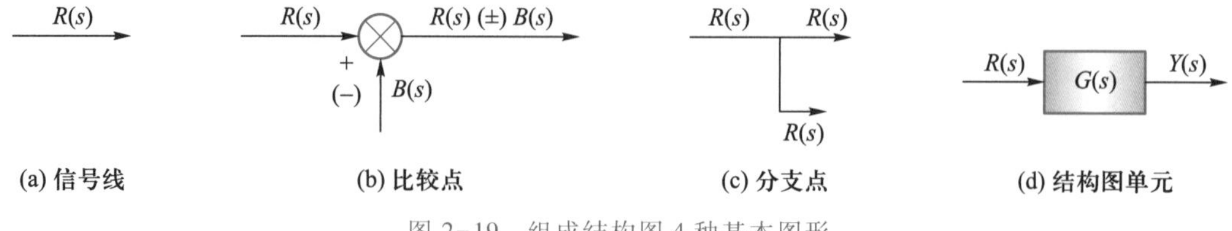

图 2-19　组成结构图 4 种基本图形

(1) 信号线是带箭头的有向直线，表示信号的传递方向。通常在信号线的上方或下方标注该信号的拉氏变换式，如图 2-19(a)所示。

(2) 比较点又称综合点，用小圆(或带叉)符号表示两个以上信号的代数和。被比较的信号要具有相同的量纲，如图 2-19(b)所示。

(3) 引出点也称分支点，表示信号由该处引出。从某个位置引出的所有信号，其数值和性质完全相同，如图 2-19(c)所示。

(4) 结构图单元表示系统中的环节(或元部件内)信号传递关系，方框内写入该环节的传递函数。进入函数方框的信号线表示输入信号，方框出来的信号线表示输出信号，如图 2-19(d)所示。

2. 绘制方法

绘制结构图时，先列出各环节的微分方程，经拉氏变换后求出各环节传递函数；然后绘制出各环节的"结构图"；最后，根据信号流通方向，将各环节的"结构图"连接起来，便得到系统的结构图。

例 2-11　绘制图 2-4 所示的直流调速系统的结构图。

解　根据例 2-4，已从输入端开始将系统划分为 5 个环节及相关方程。

比较和电压放大器环节：

$$u_k=k_1(u_g-u_f) \quad \Rightarrow \quad U_k(s)=k_1[U_g(s)-U_f(s)]$$

于是有

$$\frac{U_k(s)}{U_g(s)-U_f(s)}=k_1 \tag{2-51}$$

功率放大环节：

$$u_d=k_s u_k \quad \Rightarrow \quad U_d(s)=k_s U_k(s)$$

于是有

$$\frac{U_d(s)}{U_k(s)}=k_s \tag{2-52}$$

直流电动机环节：

$$T_d T_m \frac{d^2 n}{dt^2}+T_m \frac{dn}{dt}+n=\frac{u_d}{C_e} \quad \Rightarrow \quad (T_d T_m s^2+T_m s+1)N(s)=\frac{1}{C_e}U_d(s)$$

于是有

$$\frac{N(s)}{U_d(s)}=\frac{1}{C_e(T_d T_m s^2+T_m s+1)} \tag{2-53}$$

测速反馈环节：

$$u_f=\alpha n \quad \Rightarrow \quad U_f(s)=k_f N(s)$$

于是有

$$\frac{U_{\mathrm{f}}(s)}{N(s)}=k_{\mathrm{f}} \tag{2-54}$$

依式(2-51)~式(2-54)绘制出各个基本环节的结构图单元,如图 2-20 所示。

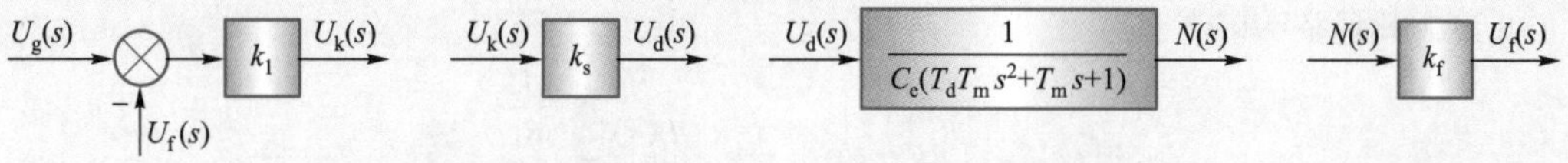

$U_g(s)$
k_1
$U_k(s)$
$-$
$U_f(s)$
$U_k(s)$
k_s
$U_d(s)$
$U_d(s)$
$\frac{1}{C_e(T_dT_m s^2+T_m s+1)}$
$N(s)$
$N(s)$
k_f
$U_f(s)$

(a) 比较和电压放大环节　**(b) 功率放大环节**　**(c) 直流电动机环节**　**(d) 测速反馈环节**

图 2-20　直流调速系统各个基本环节的函数方框图

用信号线将上述各个环节的结构图依次连接起来,便得到系统结构图,如图 2-21。

$U_g(s)$
$-$
k_1
$U_k(s)$
k_s
$U_d(s)$
$\frac{1}{C_e(T_dT_m s^2+T_m s+1)}$
$N(s)$
$U_f(s)$
k_f
$N(s)$

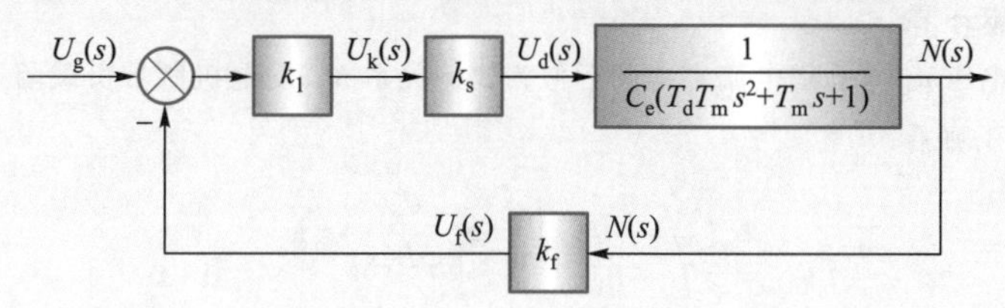

图 2-21　例 2-11 的系统结构图

例 2-12　绘制图 2-22 所示的三相交流同步发电机励磁控制系统结构图。

原动机
同步发电机
ω
$u_\sim$
负载
电压互感器
i_f
+
整流器
+
u_i
−
Δu
放大器
R
−
−
u_f
+

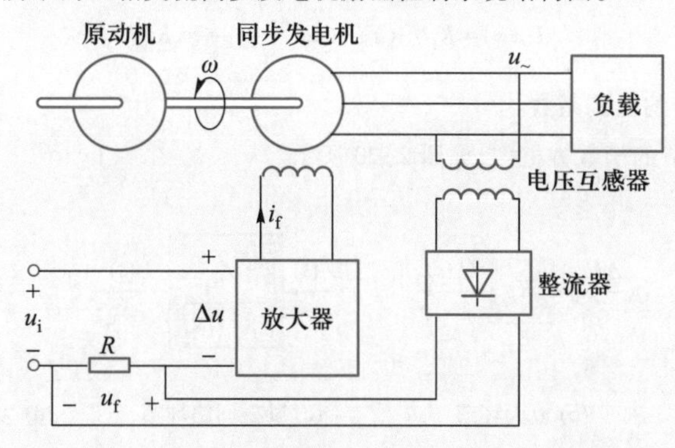

图 2-22　三相交流同步发电机励磁控制系统

解　三相交流同步发电机由原动机带动做恒速旋转,在励磁电流的作用下发出电能,向负载供电。励磁电流的大小由放大器输入端的励磁电压 u_{i} 决定。系统运行时,电压互感器实时检测发电机端电压 $u_{\sim}$,经整流后获得与发电机端电压 $u_{\sim}$ 成比例的直流反馈电压 u_{f}。u_{i} 与 u_{f} 相减后产生偏差电压 Δu,经放大器放大后去调节励磁电流,从而确保发电机端电压在系统受到各种干扰时(例如负载波动)都能维持在励磁电压 u_{i} 对应的期望值上。

励磁直流电压 u_{i} 是系统的给定输入量;发电机端电压 $u_{\sim}$ 是系统的输出量。电压互感器是测量元件。

发电机励磁控制系统可认为是由 5 个环节组成:比较环节、放大环节、励磁回路环节、发电机电枢环节和反馈环节。分别求出这些环节的微分方程,并在零初始条件下进行拉氏变换,即可求出各环节的传递函数。

(1) 比较环节

$$\Delta U(s)=U_{\mathrm{i}}(s)-U_{\mathrm{f}}(s)$$

（2）放大环节

$$U_c(s)=K_p\Delta U(s) \quad \Rightarrow \quad \frac{U_c(s)}{\Delta U(s)}=K_p$$

（3）励磁回路环节

$$I_f(s)=\frac{\frac{1}{R_f}}{1+T_f s}U_c(s) \quad \Rightarrow \quad \frac{I_f(s)}{U_c(s)}=\frac{\frac{1}{R_f}}{1+T_f s}$$

式中，U_c 是励磁电压，$T_f=\frac{L_f}{R_f}$为励磁回路的时间常数。

（4）发电机电枢环节

发电机发出的电压 u_g 与励磁电流 i_f 之间近似为比例关系 K_g，发电机所带负载阻抗为 Z_l，负载电流为 I_l，机端电压为 $u_\sim$，则有

$$U_g(s)=K_g I_f(s) \quad \Rightarrow \quad \frac{U_g(s)}{I_f(s)}=K_g$$

于是有

$$U_\sim(s)=U_g-Z_l I_l(s)$$

（5）反馈环节

$$U_f(s)=K_f U_\sim(s) \quad \Rightarrow \quad \frac{U_f(s)}{U_\sim(s)}=K_f$$

式中，K_f 是电压检测环节的比例系数。

绘制出各个基本环节的函数方框图，如图 2-23 所示。

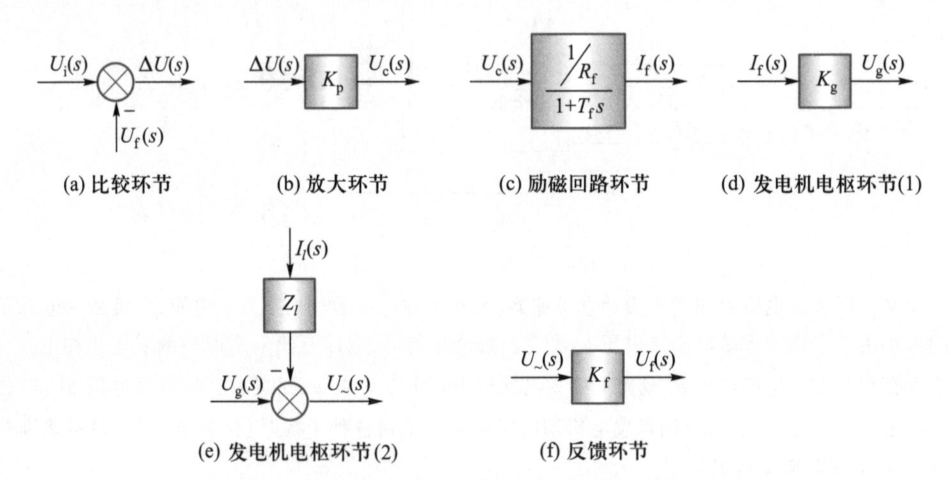

图 2-23 发电机励磁控制系统各个基本环节的结构图

用信号线按信号流向将上述5个环节的结构图依次连接起来，便得到发电机励磁控制系统的结构图，如图 2-24 所示。

强调指出：同一个系统，划分的环节不同，结构图也会不同。也就是说，对于同一个系统，结构图并不是唯一的，但系统输入信号与输出信号之间的传递关系，即系统的传递函数，一定是相同的。

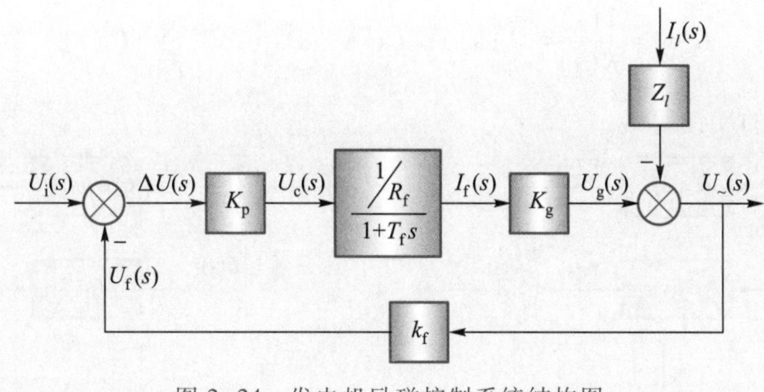

图 2-24 发电机励磁控制系统结构图

二、结构图的等效变换

按系统原理图绘出的结构图都是比较复杂的。为了便于分析系统,要对结构图进行等效变换。等效变换所遵循的原则是,变换前后其输入-输出变量之间的传递关系必须保持不变。下面介绍常用的变换法则。

法则 1:环节的串联等效。

两个以上的环节串联,前一个环节的输出信号为后一个环节的输入信号。图 2-25 为串联环节的等效变换。

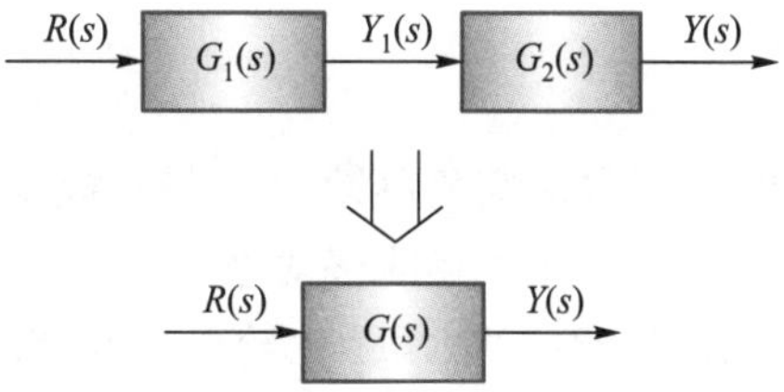

对于每一个环节,有

$$G_1(s)=\frac{Y_1(s)}{R(s)},G_2(s)=\frac{Y(s)}{Y_1(s)}$$

则两个环节串联后有

$$G(s)=\frac{Y_1(s)}{R(s)}\cdot\frac{Y(s)}{Y_1(s)}=G_1(s)G_2(s)=\frac{Y(s)}{R(s)} \tag{2-55}$$

图 2-25 串联环节的等效变换

由此可见,两个环节串联可等效为一个环节,等效环节的传递函数为两个环节传递函数的乘积。

此结论可推广到 n 个环节串联连接的情况,其等效传递函数为 n 个传递函数的积,即

$$G(s)=G_1(s)G_2(s)\cdots G_n(s)=\prod_{i=1}^{n}G_i(s) \tag{2-56}$$

法则 2:环节的并联等效。

环节并联的连接特点是各环节的输入信号相同,输出信号相加(或相减),如图 2-26 所示。由图 2-26,可列出如下方程:

$$Y(s)=Y_1(s)\pm Y_2(s)=G_1(s)R(s)\pm G_2(s)R(s)=[G_1(s)\pm G_2(s)]R(s)=G(s)R(s) \tag{2-57}$$

由此可见,两个并联环节的等效传递函数,为各并联环节传递函数的代数和。此结论可推广到 n 个环节并联连接的情况,其等效传递函数为

$$G(s)=\frac{Y(s)}{R(s)}=G_1(s)\pm G_2(s)\pm\cdots\pm G_n(s)=\sum_{i=1}^{n}G_i(s) \quad (2-58)$$

法则 3:环节的反馈等效。

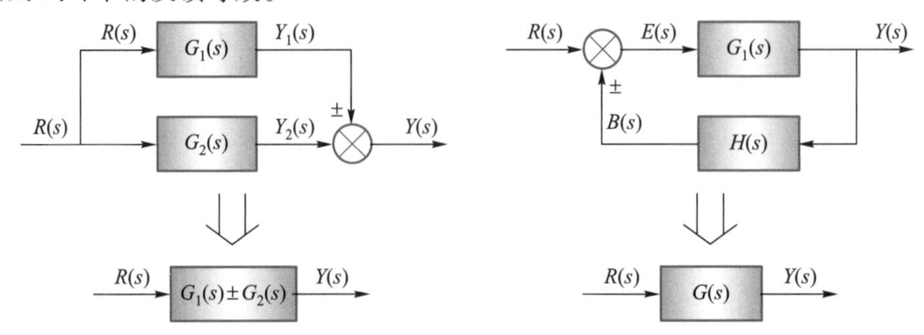

图 2-26 并联环节的等效变换

图 2-27 反馈连接的等效变换

设传递函数分别为 $G_1(s)$ 和 $H(s)$ 的两个环节,以图 2-27 的形式连接,称为环节的反馈连接。"-"号为负反馈,表示输入信号与反馈信号相减;"+"号为正反馈,表示输入信号与反馈信号相加。由图 2-27 可列出如下方程:

$$E(s)=R(s)-B(s),Y(s)=G_1(s)E(s),B(s)=H(s)Y(s)$$

消去中间变量 $E(s)$ 和 $B(s)$,可得

$$G(s)=\frac{Y(s)}{R(s)}=\frac{G_1(s)}{1\pm G_1(s)H(s)} \quad (2-59)$$

式中,"+"号对应负反馈,"-"号对应正反馈。

法则 4:比较点的移动等效。

图 2-28(a)表示了比较点从环节之前移动到环节之后的情况。比较点移动前,输入-输出之间的关系为

$$Y(s)=R_1(s)G(s)\pm R_2(s)G(s)$$

当比较点移动到环节之后时,输出信号 $Y(s)$ 与输入之间的关系和比较点移动前是相同的。

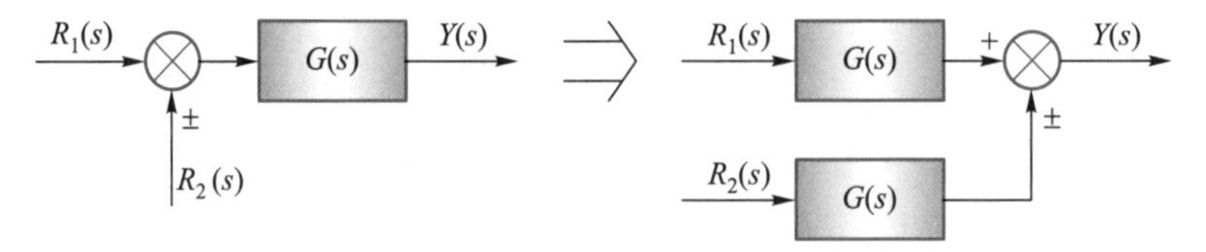

(a) 比较点后移

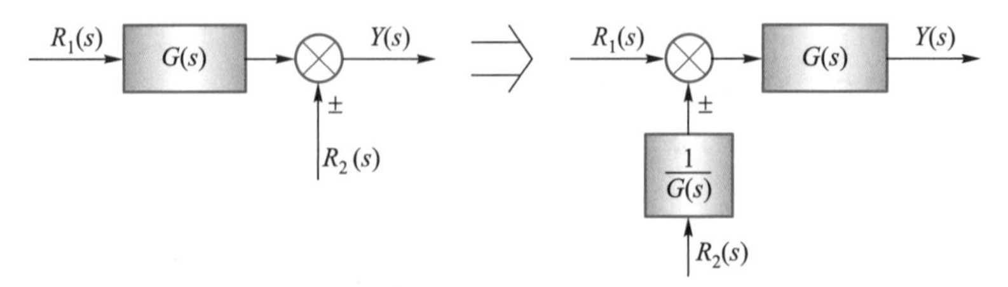

(b) 比较点前移

图 2-28 比较点移动的等效变换

图 2-28(b)表示了比较点从环节之后移动到环节之前的情况。容易证明它们是等效的。由此,具体的方法为:

比较点后移,在移动的支路中串入移过的传递函数。

比较点前移,在移动的支路中串入移过传递函数的倒数。

法则 5:引出点的移动等效。

图 2-29 表示了引出点从环节之前移位到环节之后和从环节之后移位到环节之前的情况。容易证明,它们都是等效的。

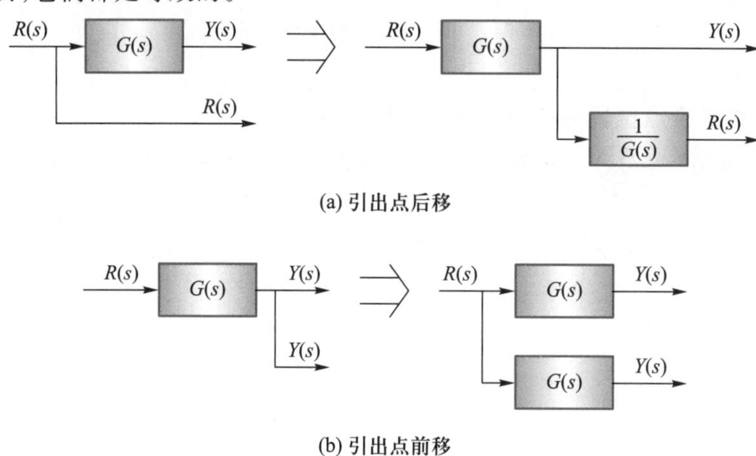

图 2-29 引出点移动的等效变换

引出点后移,必须在移动的支路中串入移过的传递函数的倒数。

引出点前移,必须在移动的支路中串入移过的传递函数。

法则 6:引出点之间、比较点之间的位置互换等效,法则如图 2-30 所示。

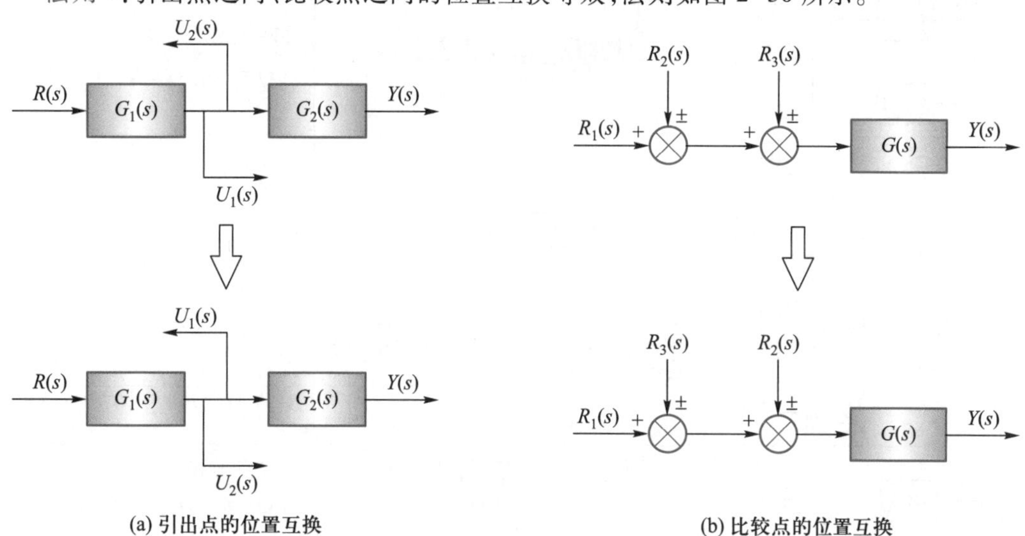

图 2-30 引出点和比较点的位置互换法则

引出点之间位置可以互换,比较点之间位置可以互换。引出点和比较点之间绝对不能直接互换位置。

法则 7:非单位与单位反馈的等效,如图 2-31 所示。

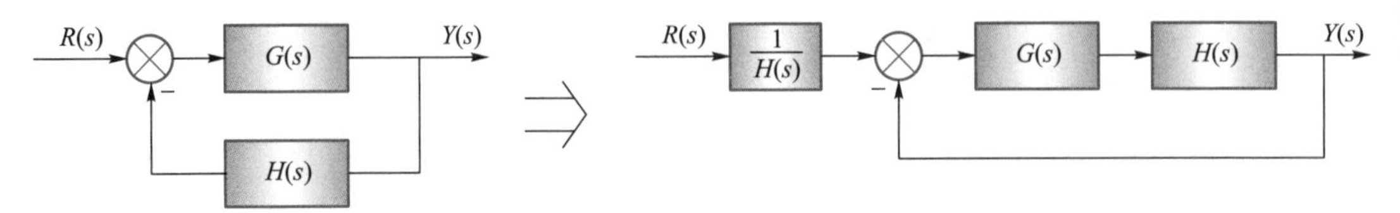

图 2-31 非单位与单位反馈的等效

法则 8:反馈综合点位置的转换,如图 2-32 所示。

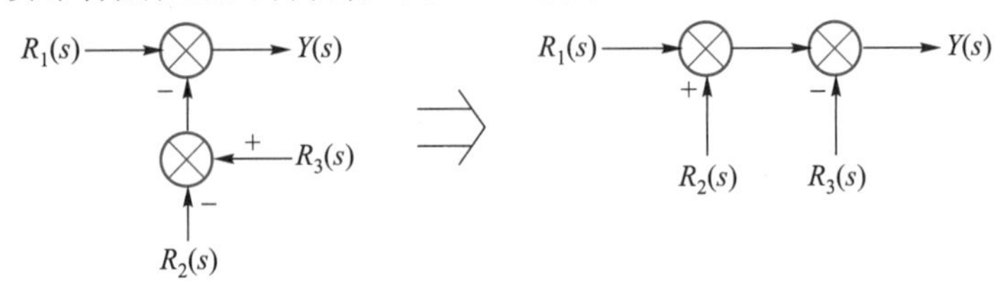

图 2-32 反馈综合点位置的转换

表 2-1 列出了结构图等效变换的基本法则。

表 2-1 结构图等效变换的基本法则

序号	原结构图	等效结构图	输入-输出关系
1	R(s) G1(s) G2(s) Y(s)	R(s) G1(s)G2(s) Y(s)	串联等效 $Y(s)=G_1(s)G_2(s)R(s)$
2	R(s) G1(s) Y(s) ± G2(s)	R(s) G1(s)±G2(s) Y(s)	并联等效 $Y(s)=[G_1(s)\pm G_2(s)]\cdot R(s)$
3	R(s) G1(s) Y(s) ± G2(s)	R(s) G1(s)/(1∓G1(s)G2(s)) Y(s)	反馈等效 $Y(s)=\dfrac{G_1(s)R(s)}{1\mp G_1(s)G_2(s)}$
4	R(s) G1(s) Y(s) − G2(s)	R(s) 1/G2(s) G2(s) G1(s) Y(s) −	等效单位反馈 $\dfrac{Y(s)}{R(s)}=\dfrac{1}{G_2(s)}\cdot\dfrac{G_1(s)G_2(s)}{1+G_1(s)G_2(s)}$
5	R(s) G(s) Y(s) ± Y1(s)	R(s) G(s) Y(s) ± 1/G(s) Y1(s)	比较点前移 $Y(s)=R(s)G(s)\pm Y_1(s)$ $=\left[R(s)\pm\dfrac{Y_1(s)}{G(s)}\right]\cdot G(s)$

续表

序号	原结构图	等效结构图	输入-输出关系
6	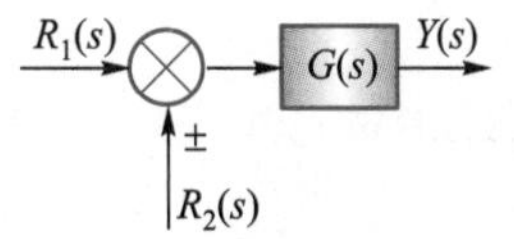 $R_1(s)$ ± $R_2(s)$ $G(s)$ $Y(s)$	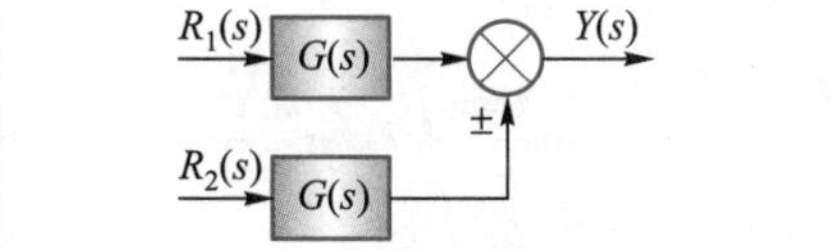 $R_1(s)$ $G(s)$ $R_2(s)$ $G(s)$ ± $Y(s)$	比较点后移 $Y(s)=[R_1(s)\pm R_2(s)]\cdot G(s)$ $=R_1(s)G(s)\pm R_2(s)G(s)$
7	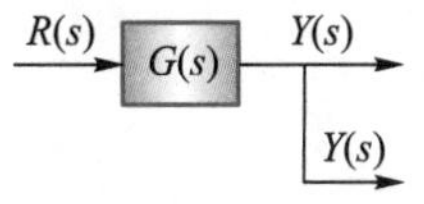 $R(s)$ $G(s)$ $Y(s)$ $Y(s)$	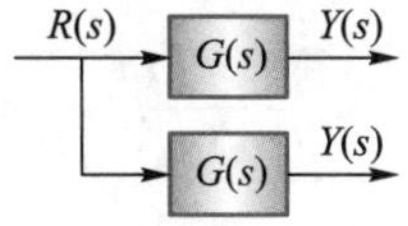 $R(s)$ $G(s)$ $Y(s)$ $G(s)$ $Y(s)$	引出点前移 $Y(s)=R(s)G(s)$
8	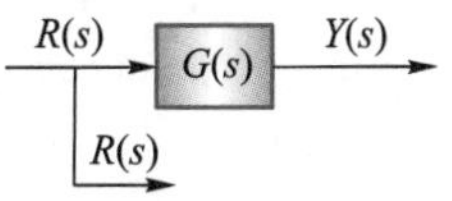 $R(s)$ $G(s)$ $Y(s)$ $R(s)$	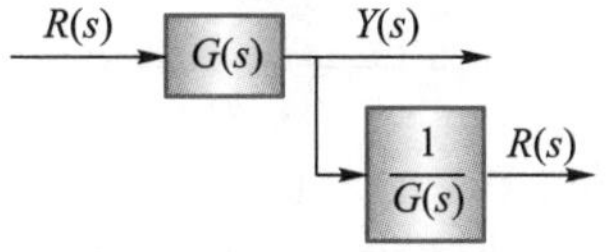 $R(s)$ $G(s)$ $Y(s)$ $\frac{1}{G(s)}$ $R(s)$	引出点后移 $R(s)=R(s)G(s)\frac{1}{G(s)}$ $Y(s)=R(s)G(s)$
9	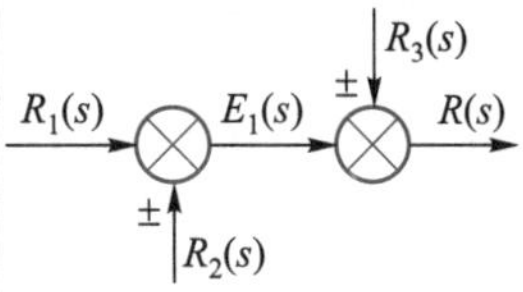 $R_1(s)$ ± $R_2(s)$ $E_1(s)$ ± $R_3(s)$ $R(s)$	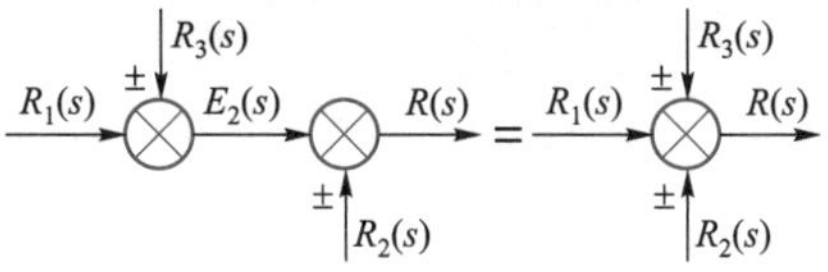 $R_1(s)$ ± $R_3(s)$ $E_2(s)$ ± $R_2(s)$ $R(s)$ = $R_1(s)$ ± $R_3(s)$ ± $R_2(s)$ $R(s)$	交换和合并比较点 $R(s)=R_1(s)\pm R_2(s)\pm R_3(s)$
10	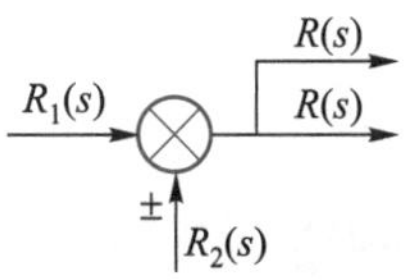 $R_1(s)$ ± $R_2(s)$ $R(s)$ $R(s)$	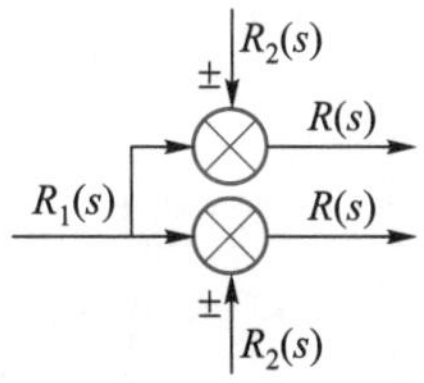 $R_1(s)$ ± $R_2(s)$ $R(s)$ ± $R_2(s)$ $R(s)$	变换比较点和引出点 (一般不采用) $R(s)=R_1(s)\pm R_2(s)$
11	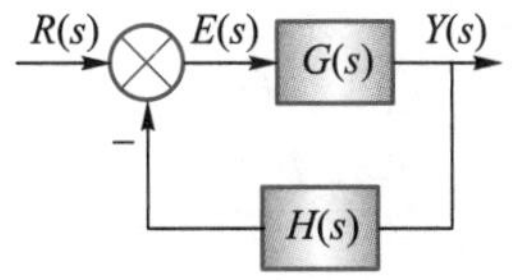 $R(s)$ $E(s)$ $G(s)$ $Y(s)$ − $H(s)$	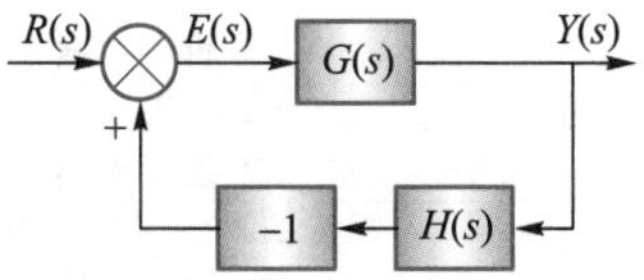 $R(s)$ $E(s)$ $G(s)$ $Y(s)$ + −1 $H(s)$	负号在支路上移动 $E(s)=R(s)-H(s)Y(s)$ $=R(s)+H(s)\times(-1)Y(s)$

三、系统结构图化简

控制系统的原始结构图往往比较复杂,不方便对系统进行分析研究,必须用化简法则化简。下面举例说明。

例 2-13 求例 2-11 的直流调速系统输出量与输入量的比。

解 例 2-11 已绘制出直流调速系统结构图,如图 2-21 所示,化简过程如图 2-33 所示,前向通道的 3 个串联环节可等效为 1 个环节,再用负反馈法则便可求出$\frac{n(s)}{u_g(s)}$。

由图 2-33 可求出直流调速系统输出与输入量的比为

$$\frac{n(s)}{u_g(s)}=\frac{k_1k_s}{C_e(T_dT_ms^2+T_ms+1)+k_1k_sk_f}$$

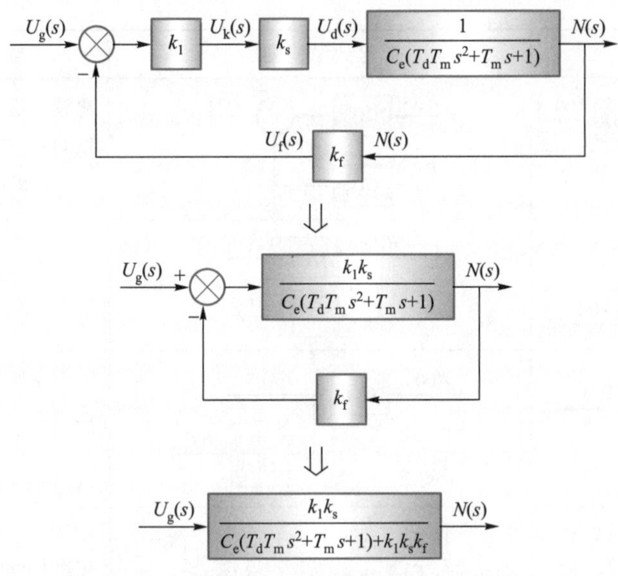

图 2-33 直流调速系统结构图的化简过程

例 2-14 高速列车停车位置控制系统如图 2-34 所示，求$\dfrac{Y(s)}{R(s)}$。

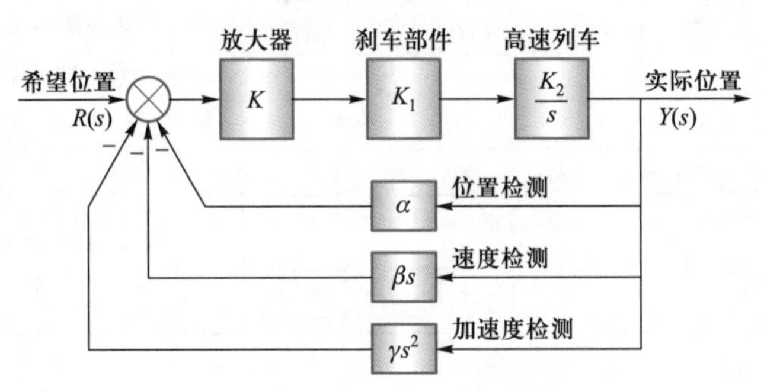

图 2-34 高速列车停车位置控制系统

解 图 2-34 中，正向通道有 3 个环节串联，相乘可得“$\dfrac{KK_1K_2}{s}$”；3 个负反馈环节并联可合并为“$\alpha+\beta s+\gamma s^2$”，再用负反馈法则，可得

$$\frac{Y(s)}{R(s)}=\frac{KK_1K_2}{KK_1K_2\gamma s^2+(KK_1K_2\beta+1)s+KK_1K_2\alpha}$$

例 2-15 飞机俯仰角控制系统结构图如图 2-35 所示，试求 Q_c/Q_r。

解 先化简内反馈回路。内反馈等效为一个环节后再与前向通道构成局部反馈；依环节串联再化简前向通道后，用反馈法则可求出系统的闭环传递函数。化简过程如图 2-36 所示。

由负反馈法则，飞机俯仰角控制系统的闭环传递函数为

$$\frac{Q_c}{Q_r}=\frac{1.4s+0.84}{2s^3+(1.8+1.4\alpha)s^2+(2.36+0.84\alpha)s+1.36}$$

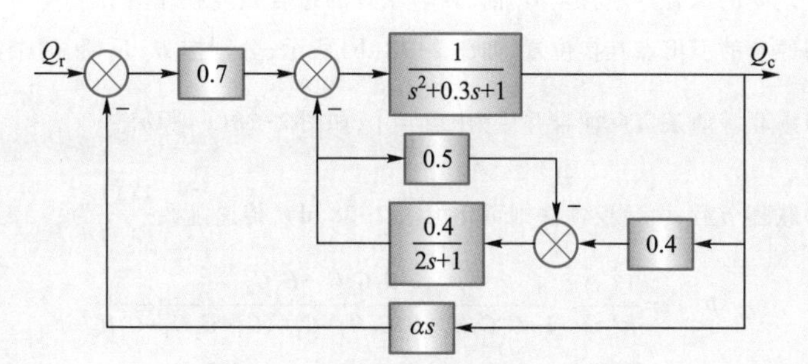

图 2-35 飞机俯仰角控制系统结构图

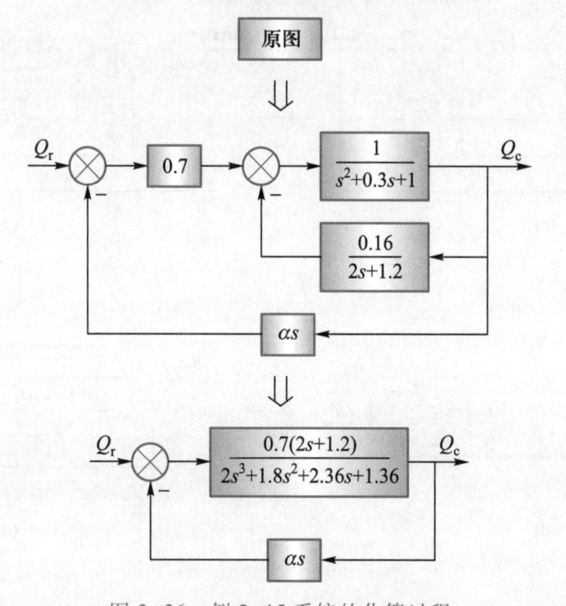

图 2-36 例 2-15 系统的化简过程

例 2-16 简化图 2-37 所示的系统结构图，求$\frac{Y(s)}{R(s)}$。

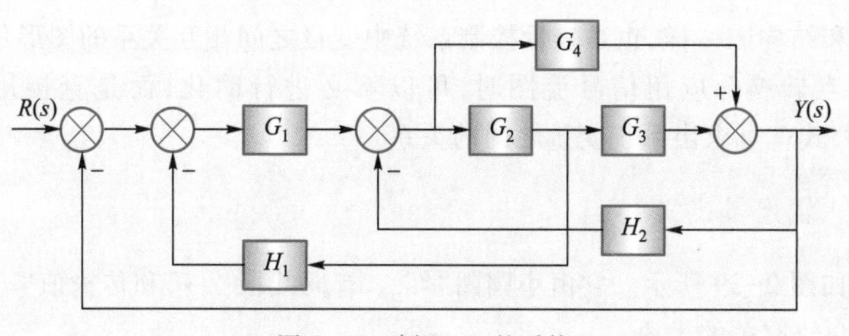

图 2-37 例 2-16 的系统

解 复杂的多回路系统往往具有引出点、综合点的相互交叉。化简要从系统内部闭环开始向外回路进行等效变换。要注意的是，“综合点”要往有“综合点”的方向移动，“引出点”要往有“引出点”的方向移动。

先把 G_1 与 G_2 之间的综合点左移至 G_1 前,并与原有的综合点互换位置;把 G_1 与 G_2 之间的引出点右移至 G_2 后,并与原有的引出点互换位置,如图 2-38(b)所示;分别按 H_1 反馈、两个并联连接,变换为前向通道二个环节串联。两条负反馈合并后为$\left(1+\frac{H_2}{G_1}\right)$,如图 2-38(c)所示。

正向通道两串联环节后,由负反馈法则可化为图 2-38(d),传递函数$\frac{Y(s)}{R(s)}$为

$$\Phi(s)=\frac{Y(s)}{R(s)}=\frac{G_1G_2G_3+G_1G_4}{1+G_1G_2H_1+G_2G_3H_2+G_1G_2G_3+G_1G_4+G_4H_2}$$

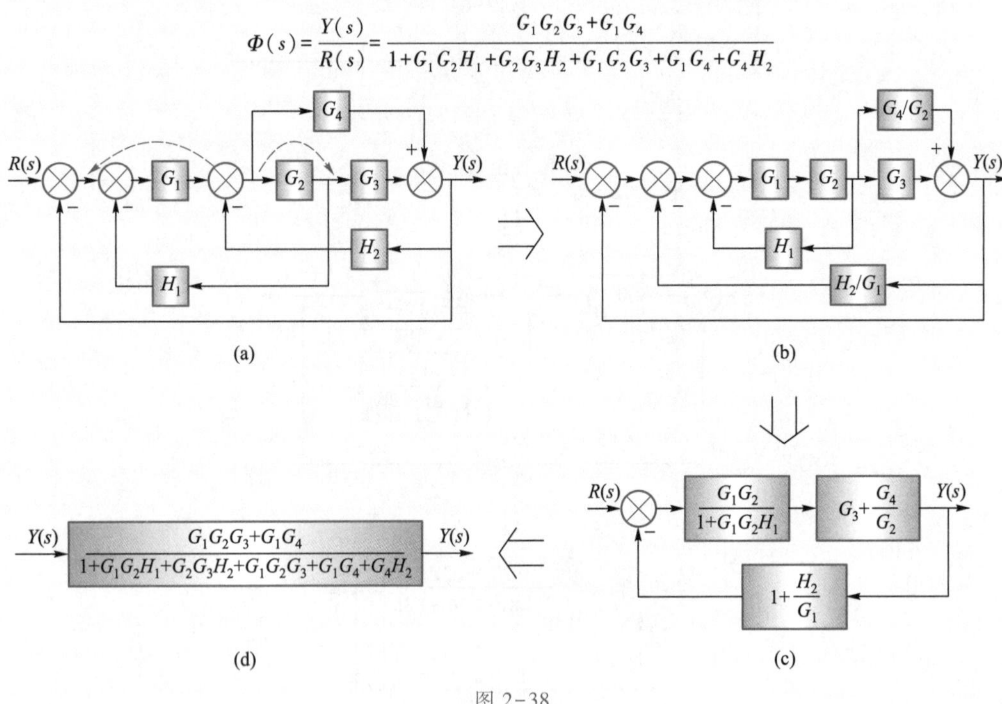

图 2-38

* 2.5 系统信号流图

信号流图和结构图一样,也是表示控制系统中变量之间相互关系的图形化的数学模型,两者还可以相互转换。应用信号流图时,可以不必进行简化,而是直接用"梅森(S. J. Mason)"增益公式就可求出系统变量之间的关系。

一、常用术语及其定义

信号流图如图 2-39 所示。它由小圆圈"∘"、有向线段"→"和传输值"a"组成。下面结合图 2-39,介绍有关的术语。

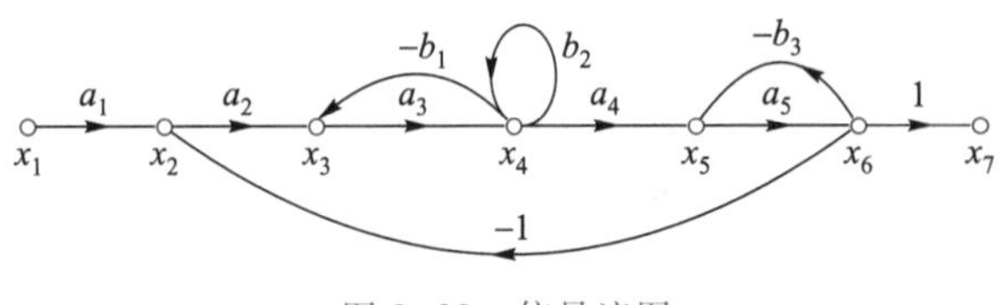

图 2-39 信号流图

1. 节点

节点表示信号,用小圆圈“∘”表示,如图 2-39 中的 x_1、x_2、…、x_7。

(1) 输入节点又称为源节点,是只有输出支路的节点,对应于系统的给定输入信号,如图中的 x_1。

(2) 输出节点又称汇节点,是只有输入支路的节点,对应于系统的输出信号,如图 2-39 中的 x_7。

(3) 混合节点是既有输入支路又有输出支路的节点,如图 2-39 中的 x_2、x_3、x_4、x_5、x_6。

2. 支路及增益

连接两节点之间的有向线段称为支路。支路的箭头表示信号传递的方向。支路增益是标注在支路上的 a_1、a_2、…、$-b_1$、-1。

3. 前向通路及增益

信号沿着支路箭头方向,从输入节点开始到输出节点结束,其间,每个节点只通过一次的路径称为前向通路,如图 2-39 中的 $x_1 \to x_2 \to x_3 \to x_4 \to x_5 \to x_6 \to x_7$。

通路中所有支路增益之积称为通路增益,用 $T_i(i=1,2,\cdots)$ 表示,i 为通路的条数。图 2-39 中只有一条前向通路。

4. 回路及回路增益

回路是起点和终点在同一节点上,且信号通过每个节点只有一次的闭合路径。回路中所有支路增益之乘积称为回路增益,用 $L_a(a=1,2,\cdots)$ 表示,a 为回路个数。

图 2-39 中有 4 个回路。其中,回路 1 为 $x_3 \to x_4 \to -b_1 \to x_3$,回路增益为 $L_1=-a_3b_1$;回路 2 为 $x_5 \to x_6 \to -b_3 \to x_5$,回路增益为 $L_2=-a_5b_3$;回路 3 为 $x_2 \to x_3 \to x_4 \to x_5 \to x_6 \to -1 \to x_2$;回路增益 $L_3=-a_2a_3a_4a_5$;回路 4 为 $x_4 \to b_2 \to x_4$,又称为自回路,回路增益为 $L_4=b_2$。

5. 不接触回路

回路之间没有公共节点的回路称为不接触回路,如图 2-39 中的回路 1 与回路 2。回路之间有公共节点或支路的回路称为接触回路,如图 2-39 中的回路 1 与回路 3、回路 4 均有接触。

二、信号流图的绘制

1. 由微分方程式绘制

信号流图是由代数方程绘制的。因此,在绘制系统或环节的信号流图时,应先确定其输入量和输出量;求出各个部件的微分方程式;对各个微分方程式取初态为零时的拉氏变换,变成代数方程组;绘制时,每个变量指定一个节点,根据每一个代数方程式绘制各支路。传递函数视为增益值,标在支路上。最后,按照信号流通顺序,连接各个流图,便得到整个系统的信号流图。

例 2-17 某系统由 5 个部件组成,其微分方程组对应的拉氏变换式方程如下。其中,$R(s)$是系统的输入量,$Y(s)$为系统输出量,绘制系统信号流图。

$$x_1(s)=R(s)-H_1(s)Y(s)$$

$$x_2(s)=G_1(s)x_1(s)-H_2(s)x_4(s)$$

$$x_3(s)=G_2(s)x_2(s)-H_3(s)Y(s)$$

$$x_4(s)=G_3(s)x_3(s)$$

$$Y(s)=G_4(s)x_4(s)$$

解 首先将6个信号 $R(s)$、$x_1(s)$、$x_2(s)$、$x_3(s)$、$x_4(s)$、$Y(s)$ 视为节点，并按次序从左至右绘出各节点位置，然后根据各方程式绘出各支路。例如，第1式表示有两条至 $x_1(s)$ 节点的支路，一条起于输入量 $R(s)$，传输增益为1；另一条起始于系统输出量 $Y(s)$，传输增益为 $-H_1$（负反馈）。可用类似的方法绘制出其他方程式的支路流图。系统的信号流图如图2-40所示。

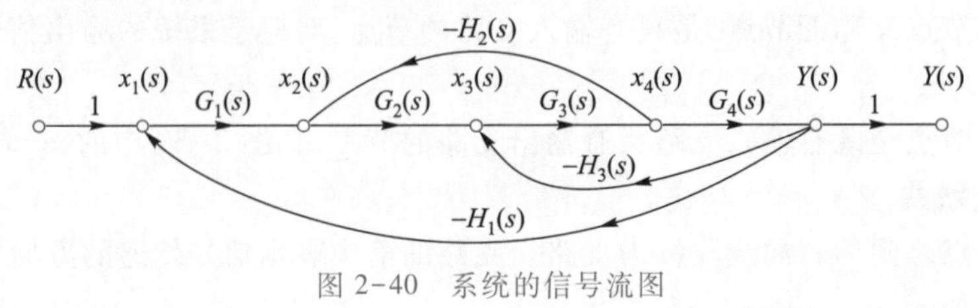

图2-40 系统的信号流图

2. 由结构图绘制

由于信号流图和结构图都是依据代数方程式绘制的，只不过图中的符号和含义有不同表达而已。所以，依“结构图”绘制“信号流图”时，“输入量”等效为“输入（源）节点”；把“引出点”“综合点”和“分离点”转为“混合节点”；“方框”视为“支路”，“传递函数”看成是“支路增益”；“正向通道”认为是“前向通路”；“反馈线”视为“回路”；“输出量”视为“输出（汇合）节点”，这样，结构图就容易转化为信号流图了，如图2-41。

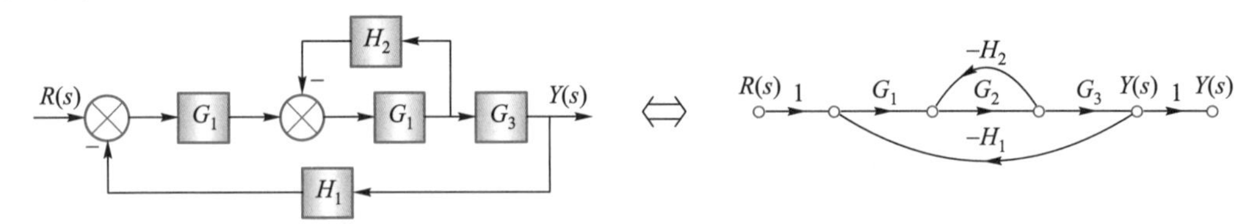

图2-41 结构图转化为信号流图

三、梅森增益公式

梅森增益公式（简称梅森公式），公式如下：

$$T=\frac{\sum_{k=1}^{n}T_k\Delta_k}{\Delta} \tag{2-60}$$

式中，T 为系统总增益（或传递函数）。

分母项：Δ 称为特征式

$$\Delta=1-\sum L_1+\sum L_2-\sum L_3+\cdots+(-1)^m\sum L_m \tag{2-61}$$

其中，

$\sum L_1$——所有不同回路的传输增益（传递函数）之和；

$\sum L_2$——所有两两互不接触回路的传输乘积之和；

$\sum L_3$——所有三个互不接触回路的传输乘积之和；

$\sum L_m$——所有 m 个互不接触回路的传输乘积之和。

分子项：

n——从输入节点到输出节点的前向通路的总条数；

T_k——从源节点到汇节点第 k 条前向通路的总增益；

Δ_k——第 k 条前向通路特征式的余因子。Δ 中要去掉与第 k 条前向通路相接触的部分（即把相接触的各回路视为零后所余下的部分）。

例 2-18 求图 2-42 所示的信号流图的输出量与输入量之间的总增益。

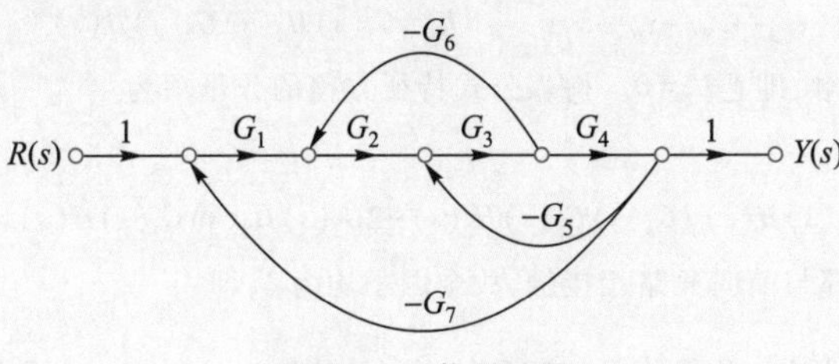

图 2-42 信号流图

解 (1) 前向通路只有一条。通路的增益为 $T_1=G_1G_2G_3G_4$

(2) 回路共有 3 个。回路增益分别为

$$L=-G_2G_3G_6;\quad L=-G_3G_4G_5;\quad L=-G_1G_2G_3G_4G_7$$

三个回路的增益之和为

$$\sum L_1=-G_2G_3G_6-G_3G_4G_5-G_1G_2G_3G_4G_7$$

(3) 这 3 个回路都存在公共节点，即两两回路之间都有接触，即

$$\sum L_2=0$$

求分母项。系统的特征方程式为：

$$\Delta=1-\sum L_1=1+G_2G_3G_6+G_3G_4G_5+G_1G_2G_3G_4G_7$$

求分子项。由于这 3 个回路都与前向通路相接触，故余因子 $\Delta_1=1$。

总增益。代入梅森公式，该系统从输入节点至输出节点的总增益为

$$\frac{Y(s)}{R(s)}=T=\frac{T_1\Delta_1}{\Delta}=\frac{G_1G_2G_3G_4}{1+G_2G_3G_6+G_3G_4G_5+G_1G_2G_3G_4G_7}$$

例 2-19 求图 2-43 所示的信号流图的输出量与输入量之间的总增益。

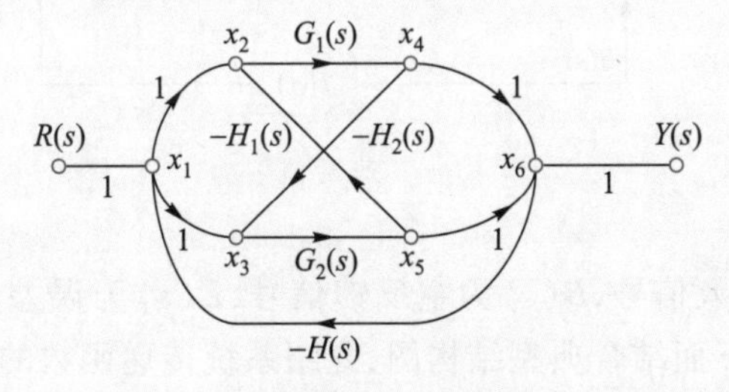

图 2-43 信号流图

解 (1) 4 条前向通路及增益分别为

第 1 条：$R(s)\to x_1\to x_2\to x_4\to x_6\to Y(s)$； $T_1=G_1(s)$

第 2 条：$R(s)\to x_1\to x_3\to x_5\to x_6\to Y(s)$； $T_2=G_2(s)$

第 3 条：$R(s)\to x_1\to x_2\to x_4\to x_3\to x_5\to x_6\to Y(s)$； $T_3=-G_1(s)G_2(s)H_2(s)$

第 4 条：$R(s)\to x_1\to x_3\to x_5\to x_2\to x_4\to x_6\to Y(s)$； $T_4=-G_1(s)G_2(s)H_1(s)$

(2) 有5个回路及其增益分别为:

第1回路: $x_1 \to x_2 \to x_4 \to x_6 \to x_1$;　　$L_a = -G_1(s)H(s)$

第2回路: $x_1 \to x_3 \to x_5 \to x_6 \to x_1$;　　$L_3 = -G_2(s)H(s)$

第3回路: $x_2 \to x_4 \to x_3 \to x_5 \to x_2$;　　$L_c = -G_1(s)G_2(s)H_2(s)$

第4回路: $x_1 \to x_3 \to x_5 \to x_2 \to x_4 \to x_6 \to x_1$;　　$L_d = G_2(s)H_2(s)G_1(s)H(s)$

第5回路: $x_1 \to x_2 \to x_4 \to x_3 \to x_5 \to x_6 \to x_1$;　　$L_e = G_1(s)H_2(s)G_2(s)H(s)$

5个回路均相互有接触,即 $\sum L_2 = 0$。梅森公式特征方程的分母项为

$$\begin{aligned}\Delta &= 1 - \sum L_1 \\ &= 1 + G_1(s)H(s) + G_2(s)H(s) + G_1(s)G_2(s)H_2(s) - 2G_2(s)H_2(s)G_1(s)H(s)\end{aligned}$$

分子项:由于这4个回路都与前向通路相接触,故余因子均为1,即

$$\sum_{k=1}^{4} T_k \Delta_k = G_1(s) + G_2(s) - G_1(s)G_2(s)H_2(s) - G_1(s)G_2(s)H_1(s)$$

代入梅森公式,可得该系统的输入与输出的传递函数为

$$\frac{Y(s)}{R(s)} = \frac{G_1(s) + G_2(s) - G_1(s)G_2(s)H_2(s) - G_1(s)G_2(s)H_1(s)}{1 + G_1(s)H(s) + G_2(s)H(s) + G_1(s)G_2(s)H_2(s) - 2G_2(s)H_2(s)G_1(s)H(s)}$$

2.6　控制系统的传递函数

一、系统传递函数的定义

闭环系统的传递函数有5种:开环传递函数;给定输入作用下的闭环传递函数和误差传递函数;扰动输入作用下的闭环传递函数和误差(或偏差)传递函数。定义是根据图2-44所示的典型结构图给出的。

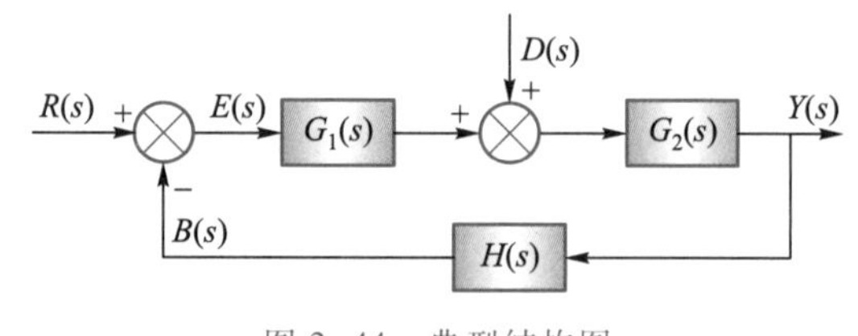

图2-44　典型结构图

图中,$R(s)$是给定输入信号,$B(s)$为主反馈信号,$E(s)$为误差信号,$Y(s)$是输出信号,$D(s)$为扰动输入信号。下面结合典型结构图,介绍系统传递函数的相关定义及求法。

1. 开环传递函数

闭环系统的主反馈信号$B(s)$与误差信号$E(s)$之比,定义为闭环系统的开环传递函数,常简称为"开环传递函数",用$G_k(s)$表示,即

$$G_k(s) = \frac{B(s)}{E(s)} = G_1(s)G_2(s)H(s) \tag{2-62}$$

从式(2-62)可见,开环传递函数实际上是正向通道传递函数与主反馈通道传递函数的

乘积。若为单位反馈[$H(s)=1$],开环传递函数就是前向通道的传递函数。

2. 闭环传递函数

(1) 给定输入作用下的闭环传递函数

系统输出信号 $Y(s)$ 与输入信号 $R(s)$ 之比称为给定输入作用下的闭环传递函数,用 $\Phi_r(s)$ 表示。

在图 2-44 所示的典型结构图中,求给定输入作用下的系统闭环传递函数时,要先令扰动输入 $D(s)=0$,如图 2-45 所示。

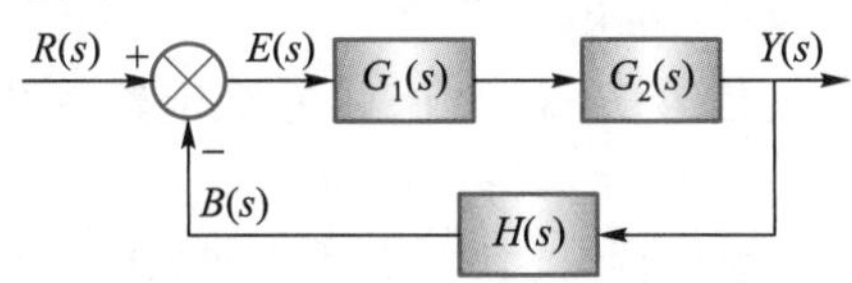

图 2-45 给定输入作用下的典型结构图

由给定输入作用下系统闭环传递函数的定义可写出

$$\Phi_r(s)=\frac{Y_r(s)}{R(s)}=\frac{G_1(s)G_2(s)}{1+G_1(s)G_2(s)H(s)}=\frac{G_1(s)G_2(s)}{1+G_k(s)} \tag{2-63}$$

由上式可得系统的输出量(拉氏变换式)为

$$Y_r(s)=\Phi_r(s)R(s)=\frac{G_1(s)G_2(s)}{1+G_1(s)G_2(s)H(s)}R(s)=\frac{G_1(s)G_2(s)}{1+G_k(s)}R(s) \tag{2-64}$$

(2) 扰动输入作用下的闭环传递函数

系统输出信号 $Y(s)$ 与扰动输入信号 $D(s)$ 之比称为扰动输入作用下的闭环传递函数,用 $\Phi_d(s)$ 表示。

在图 2-44 所示的典型结构图中,求扰动输入作用下的闭环传递函数时,要先令 $R(s)=0$,只考虑扰动输入作用的情况,如图 2-46 所示。

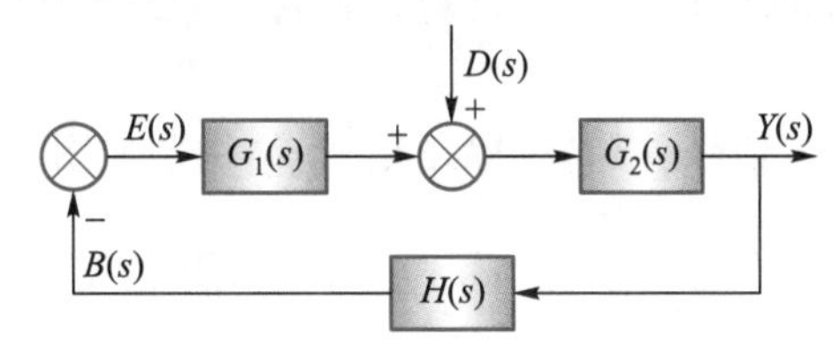

图 2-46 扰动输入作用下的典型结构图

图 2-46 中,$D(s)$ 视为输入信号,$Y(s)$ 视为输出信号,根据传递函数的定义有

$$\Phi_d(s)=\frac{Y_d(s)}{D(s)}=\frac{G_2(s)}{1+G_1(s)G_2(s)H(s)}=\frac{G_2(s)}{1+G_k(s)} \tag{2-65}$$

由式(2-65),扰动输入下的系统输出的拉氏变换为

$$Y_d(s)=\Phi_d(s)D(s)=\frac{G_2(s)}{1+G_1(s)G_2(s)H(s)}D(s)=\frac{G_2(s)}{1+G_k(s)}D(s) \tag{2-66}$$

(3) 系统的总输出

给定输入和扰动输入同时作用时,系统的总输出(拉氏变换)可根据线性系统的叠加性

质,由式(2-64)和式(2-66)得到,即

$$
\begin{aligned}
Y(s)=Y_{\mathrm{r}}(s)+Y_{\mathrm{d}}(s)&=\frac{G_1(s)G_2(s)}{1+G_1(s)G_2(s)H(s)}R(s)+\frac{G_2(s)}{1+G_1(s)G_2(s)H(s)}D(s)\\
&=\frac{G_1(s)G_2(s)}{1+G_{\mathrm{k}}(s)}R(s)+\frac{G_2(s)}{1+G_{\mathrm{k}}(s)}D(s)
\end{aligned}
\tag{2-67}
$$

3. 误差传递函数

(1) 给定输入作用下的误差传递函数

系统误差信号 $E(s)$ 与输入信号 $R(s)$ 之比称为给定输入作用下的误差传递函数,用 $\Phi_{\mathrm{er}}(s)$ 表示。

在图 2-44 中,应视 $E(s)$ 为输出信号,其等价结构图如图 2-47 所示。

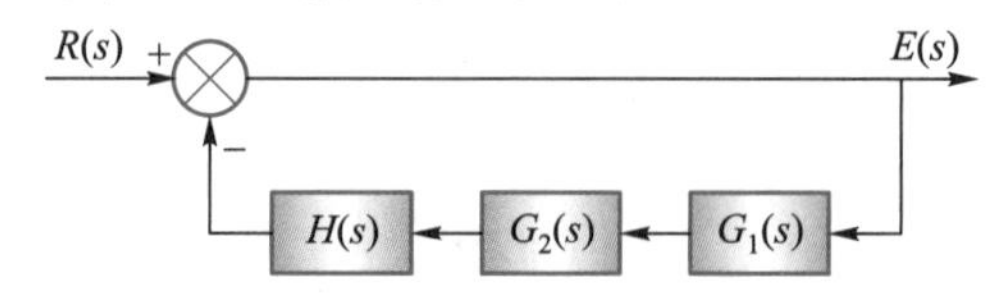

图 2-47 给定输入作用下误差输出的结构图

由误差传递函数定义,可得

$$
\Phi_{\mathrm{er}}(s)=\frac{E_{\mathrm{er}}(s)}{R(s)}=\frac{1}{1+G_1(s)G_2(s)H(s)}=\frac{1}{1+G_{\mathrm{k}}(s)}
\tag{2-68}
$$

由上式可求出给定输入作用下的系统误差(拉氏变换)为

$$
E_{\mathrm{er}}(s)=\Phi_{\mathrm{er}}(s)R(s)=\frac{1}{1+G_1(s)G_2(s)H(s)}R(s)=\frac{1}{1+G_{\mathrm{k}}(s)}R(s)
\tag{2-69}
$$

(2) 扰动输入作用下的误差传递函数

系统误差信号 $E(s)$ 与扰动输入信号 $D(s)$ 之比称为系统扰动输入下的误差传递函数,用 $\Phi_{\mathrm{en}}(s)$ 表示。

图 2-44 中,$D(s)$ 为输入信号,$E(s)$ 为输出信号,结构图如图 2-48 所示。

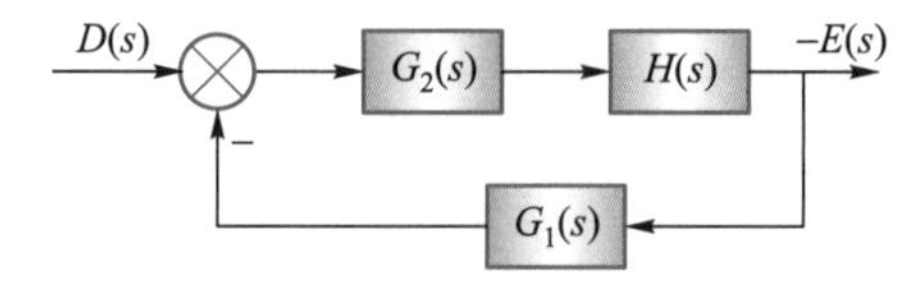

图 2-48 扰动输入作用下误差输出的结构图

由图 2-48 可得扰动输入下的误差传递函数为

$$
\Phi_{\mathrm{ed}}(s)=\frac{E_{\mathrm{ed}}(s)}{D(s)}=\frac{-G_2(s)H(s)}{1+G_1(s)G_2(s)H(s)}=\frac{-G_2(s)H(s)}{1+G_{\mathrm{k}}(s)}
\tag{2-70}
$$

由式(2-70)可知,扰动输入下的系统误差信号的拉氏变换为

$$
E_{\mathrm{ed}}(s)=\Phi_{\mathrm{ed}}(s)D(s)=\frac{-G_2(s)H(s)}{1+G_1(s)G_2(s)H(s)}D(s)=\frac{-G_2(s)H(s)}{1+G_{\mathrm{k}}(s)}D(s)
\tag{2-71}
$$

(3) 系统的总误差

给定输入和扰动输入同时作用时,系统的总误差(拉氏变换)可由式(2-69)和式(2-71)得到,即

$$\begin{aligned}E(s)=E_{er}+E_{ed}(s)&=\frac{1}{1+G_1(s)G_2(s)H(s)}R(s)-\frac{G_2(s)H(s)}{1+G_1(s)G_2(s)H(s)}D(s)\\&=\frac{1}{1+G_k(s)}R(s)-\frac{G_2(s)H(s)}{1+G_k(s)}D(s)\end{aligned}\tag{2-72}$$

二、系统传递函数的求法

求取闭环系统传递系统方法主要有两种。

方法一:结构图化简。

按照系统原理图求出的最初结构图(原图)通常都不具有图 2-44 所示的“典型结构图”形式,而是比较复杂的。因此,无法直接利用公式求出系统的各种传递函数。应首先用结构图化简法则进行化简,直到具有图 2-44 所示的“典型结构图”形式后,再按相关公式求出相应的传递函数。

例 2-20 用结构图化简,求直流调速系统在给定输入和电网扰动输入作用下的系统的输出(拉氏变换式)。

解 直流调速系统的结构图在图 2-21 中已求出。考虑电网干扰后的结构图,如图 2-49 所示。

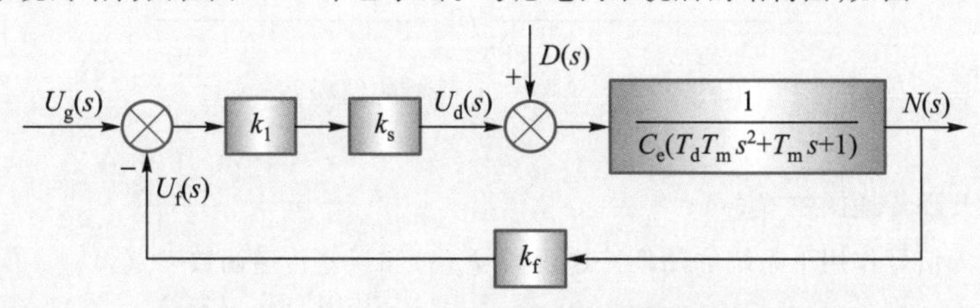

图 2-49 电网干扰后的结构图

(1) 给定输入下的输出

令扰动 $D(s)=0$,结构图化简过程如图 2-33 所示。给定输入下的闭环传递函数为

$$\frac{N_1(s)}{U_g(s)}=\frac{k_1k_s}{C_e(T_dT_ms^2+T_ms+1)+k_1k_sk_f}$$

给定输入下的输出为

$$N_1(s)=\frac{k_1k_s}{C_e(T_dT_ms^2+T_ms+1)+k_1k_sk_f}U_g(s)\tag{2-73}$$

(2) 扰动输入下的输出

令 $U_g(s)=0$,扰动输入下的结构图如图 2-50 所示。

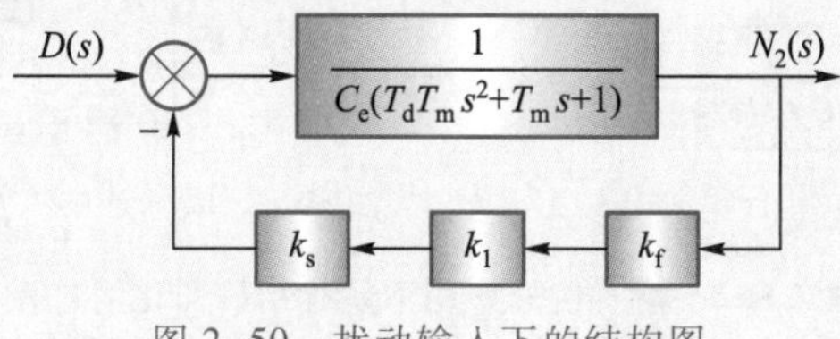

图 2-50 扰动输入下的结构图

扰动输入下的闭环传递函数，由反馈法则有

$$\frac{N_2(s)}{D(s)}=\frac{1}{C_e(T_dT_ms^2+T_ms+1)+k_1k_sk_f}$$

于是，扰动输入下的输出为

$$N_2(s)=\frac{1}{C_e(T_dT_ms^2+T_ms+1)+k_1k_sk_f}D(s) \tag{2-74}$$

（3）给定输入、扰动输入作用下系统总输出为

$$\begin{aligned}D(s)&=D_1(s)+D_2(s)\\&=\frac{k_1k_s}{C_e(T_dT_ms^2+T_ms+1)+k_1k_sk_f}U_g(s)+\frac{1}{C_e(T_dT_ms^2+T_ms+1)+k_1k_sk_f}D(s)\end{aligned} \tag{2-75}$$

例 2-21 已知系统的结构图如图 2-51 所示。

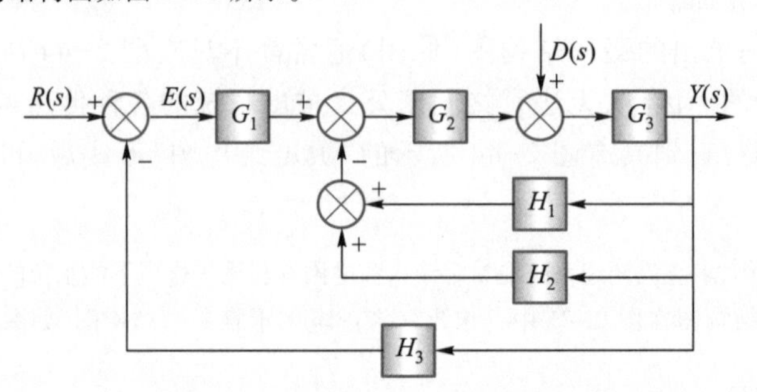

图 2-51 例 2-21 系统的结构图

求（1）系统开环传递函数 $G_k(s)$；

（2）给定输入信号作用下系统的闭环传递函数 $\Phi_r(s)$ 和误差传递函数 $\Phi_{er}(s)$；

（3）扰动输入信号作用下系统的闭环传递函数 $\Phi_d(s)$ 和误差传递函数 $\Phi_{ed}(s)$。

解 图 2-51 中，令 $D(s)=0$，只考虑输入信号单独作用下的系统结构图，其化简过程如图 2-52(a)所示：G_2、G_3 串联为 G_2G_3，内反馈并联为 H_1+H_2，利用反馈法则等效为一个环节，如图 2-52(b)所示；再用串联法则后，如图(c)所示；H_3 构成负反馈，如图 2-52(d)所示。

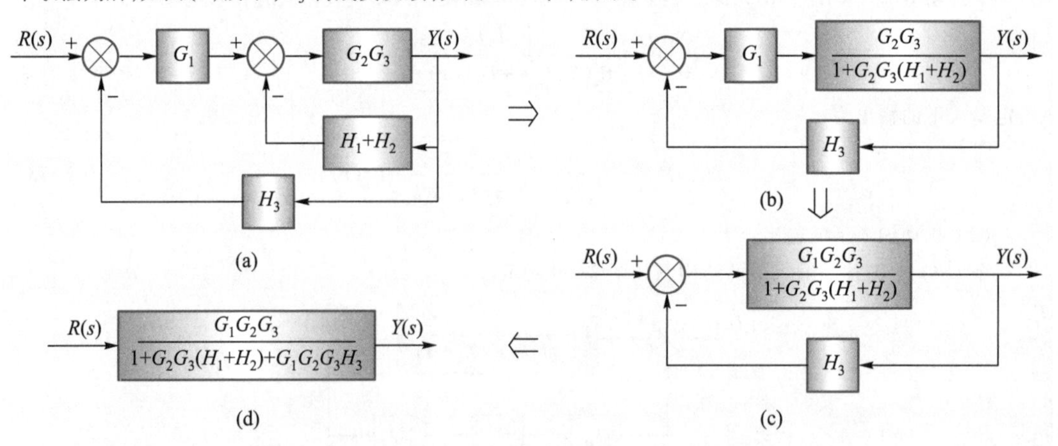

图 2-52 输入信号作用下系统结构图化简过程

(1) 由图 2-52(c),系统的开环传递函数为

$$G_{\mathrm{k}}(s)=\frac{G_1G_2G_3H_3}{1+G_2G_3(H_1+H_2)}$$

(2) 由图 2-52(d)或图 2-52(c),给定输入信号作用下系统的闭环传递函数为

$$\Phi_{\mathrm{r}}(s)=\frac{Y_{\mathrm{r}}(s)}{R(S)}=\frac{G_1G_2G_3}{1+G_2G_3(H_1+H_2)+G_1G_2G_3H_3} \tag{2-76}$$

给定输入信号作用下系统的误差传递函数为

$$\Phi_{\mathrm{er}}(s)=\frac{E_{\mathrm{r}}(s)}{R(s)}=\frac{1}{1+G_{\mathrm{k}}(s)}=\frac{1+G_2G_3(H_1+H_2)}{1+G_2G_3(H_1+H_2)+G_1G_2G_3H_3} \tag{2-77}$$

(3) 图 2-51 中,令 $R(s)=0$,则扰动输入单独作用下系统的结构图如图 2-53 所示。

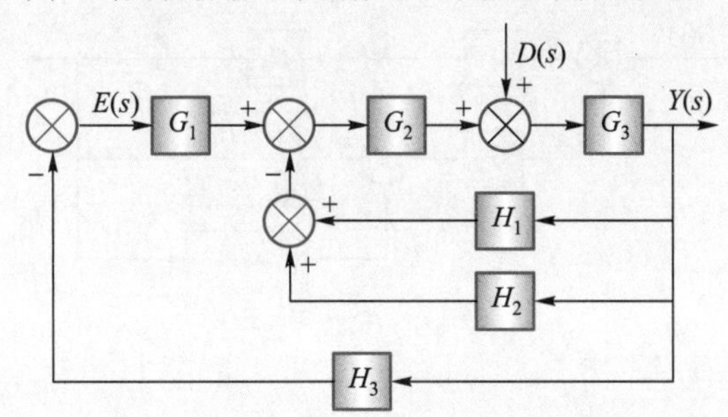

图 2-53 扰动输入作用下系统的结构图

图 2-53 中,$D(s)$视为输入信号,$Y(s)$视为输出信号,化简过程如图 2-54 所示。H_1 与 H_2 并联,H_3 与 G_1 串联,两等效支路再并联后与 G_2 串联,最后与扰动信号进行综合,如图 2-54(a)所示;化简反馈回路,如图 2-54(b)所示。

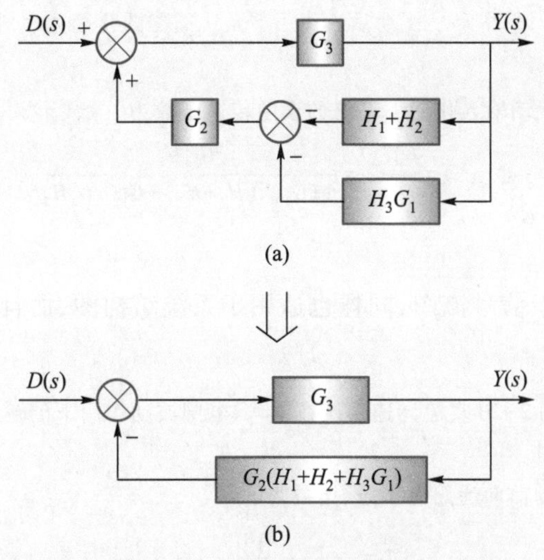

图 2-54 扰动输入下结构图化简过程

由图 2-54(b)可求出扰动输入单独作用下系统的闭环传递函数为

$$\Phi_{\mathrm{d}}(s)=\frac{Y_{\mathrm{d}}(s)}{D(s)}=\frac{G_3}{1+G_2G_3(H_1+H_2)+G_1G_2G_3H_3} \tag{2-78}$$

图 2-51 中,$D(s)$视为输入信号,$E(s)$视为输出信号,如图 2-55(a)所示,其化简过程如图 2-55(b)、(c)所示。

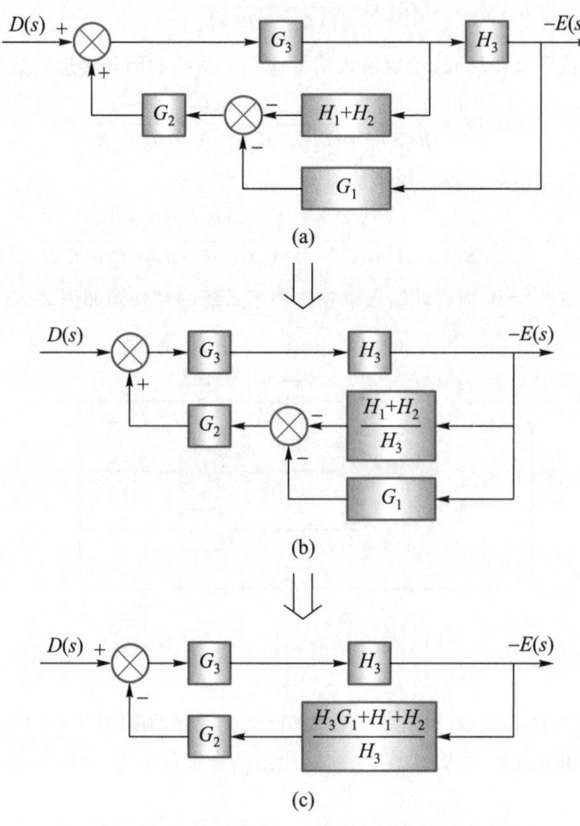

图 2-55 扰动输入作用下系统结构图化简过程

由图 2-55(c)可求出扰动输入作用下系统的误差传递函数为

$$\Phi_{\mathrm{ed}}(s)=\frac{E_{\mathrm{d}}(s)}{D(s)}=\frac{-G_3H_3}{1+G_2G_3(H_1+H_2)+G_1G_2G_3H_3}$$

*方法二:梅森公式。

梅森公式不仅适用于信号流图,同样也适用于系统结构图,而且可以不经过对系统结构图的任何化简,直接应用。

例 2-22 用梅森公式,求例 2-20 直流调速系统在输入、电网波动作用下的输出(拉氏变换式)。

解 (1) 给定输入下的输出。

由图 2-49 可知,系统的前向通路有 1 条,增益为

$$T_1=\frac{k_1k_{\mathrm{s}}}{C_{\mathrm{e}}(T_{\mathrm{d}}T_{\mathrm{m}}s^2+T_{\mathrm{m}}s+1)}$$

只有 1 条回路,回路增益为

$$L_1=\frac{-k_1k_{\mathrm{s}}k_{\mathrm{f}}}{C_{\mathrm{e}}(T_{\mathrm{d}}T_{\mathrm{m}}s^2+T_{\mathrm{m}}s+1)}$$

回路与前向通道有接触,$\Delta_1=1$。

求分母：

$$\Delta=1-\sum L_1=1+\frac{k_1k_sk_f}{C_e(T_dT_ms^2+T_ms+1)}=\frac{C_e(T_dT_ms^2+T_ms+1)+k_1k_sk_f}{C_e(T_dT_ms^2+T_ms+1)}$$

求分子：

$$T_1\Delta_1=\frac{k_1k_s}{C_e(T_dT_ms^2+T_ms+1)}$$

由梅森公式，闭环传递函数为

$$T=\frac{N_1(s)}{U_g(s)}=\frac{T_1\Delta_1}{\Delta}=\frac{\dfrac{k_1k_s}{C_e(T_dT_ms^2+T_ms+1)}}{\dfrac{C_e(T_dT_ms^2+T_ms+1)+k_1k_sk_f}{C_e(T_dT_ms^2+T_ms+1)}}=\frac{k_1k_s}{C_e(T_dT_ms^2+T_ms+1)+k_1k_sk_f}$$

于是，给定输入下的输出为

$$N_1(s)=\frac{k_1k_s}{C_e(T_dT_ms^2+T_ms+1)+k_1k_sk_f}U_g(s) \tag{2-79}$$

(2) 扰动输入下的输出。

由图 2-49 可知，系统的前向通路有 1 条，增益为

$$T_1=\frac{1}{C_e(T_dT_ms^2+T_ms+1)}$$

只有 1 条回路，回路增益为

$$L_1=\frac{-k_1k_sk_f}{C_e(T_dT_ms^2+T_ms+1)}$$

回路与前向通道有接触，$\Delta_1=1$。

求分母：

$$\Delta=1-\sum L_1=1+\frac{k_1k_sk_f}{C_e(T_dT_ms^2+T_ms+1)}=\frac{C_e(T_dT_ms^2+T_ms+1)+k_1k_sk_f}{C_e(T_dT_ms^2+T_ms+1)}$$

求分子：

$$T_1\Delta_1=\frac{1}{C_e(T_dT_ms^2+T_ms+1)}$$

由梅森公式，闭环传递函数为

$$T=\frac{N_2(s)}{D(s)}=\frac{T_1\Delta_1}{\Delta}=\frac{\dfrac{1}{C_e(T_dT_ms^2+T_ms+1)}}{\dfrac{C_e(T_dT_ms^2+T_ms+1)+k_1k_sk_f}{C_e(T_dT_ms^2+T_ms+1)}}=\frac{1}{C_e(T_dT_ms^2+T_ms+1)+k_1k_sk_f}$$

于是，干扰输入下的输出为

$$N_2(s)=\frac{1}{C_e(T_dT_ms^2+T_ms+1)+k_1k_sk_f}D(s) \tag{2-80}$$

(3) 给定输入、扰动输入共同作用下系统总输出。

$$\begin{aligned}N(s)&=N_1(s)+N_2(s)\\&=\frac{k_1k_s}{C_e(T_dT_ms^2+T_ms+1)+k_1k_sk_f}U_g(s)+\frac{1}{C_e(T_dT_ms^2+T_ms+1)+k_1k_sk_f}D(s)\end{aligned}$$

比较式(2-73)和式(2-79)，以及式(2-74)和式(2-80)，结果完全相同。

例 2-23 用梅森公式求例 2-21 中给定输入、干扰输入作用下的闭环传递函数。

解 例 2-21 的系统结构图中，只考虑给定输入作用下的系统结构图，如图 2-56(a)所示；只考虑干扰输入作用下的结构图，如图 2-56(b)所示。

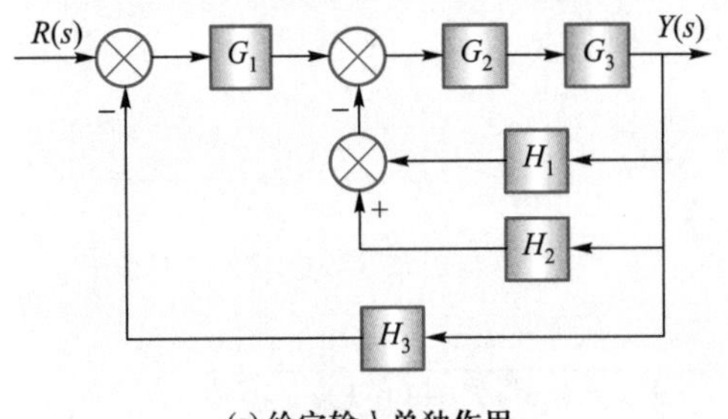

(a) 给定输入单独作用

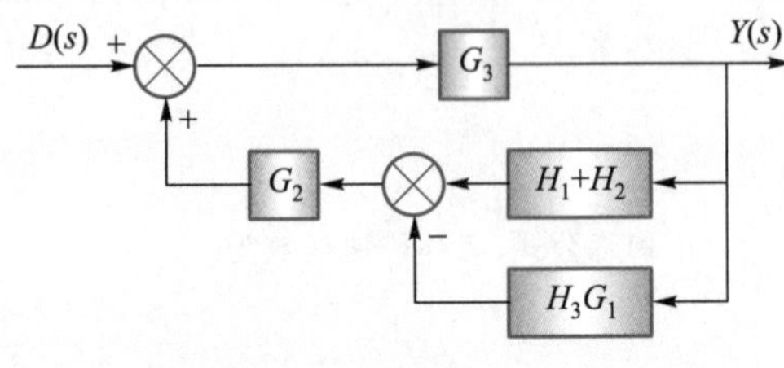

(b) 干扰输入单独作用

图 2-56

(1) 给定输入单独作用下闭环传递函数

① 前向通路。只有 1 条前向通路，通路的增益(传递函数)为

$$T_1 = G_1G_2G_3$$

② 回路。共有 3 个回路，回路增益分别为

$$L_a = -G_2G_3H_1; \quad L_b = -G_2G_3H_2; \quad L_c = -G_1G_2G_3H_3$$

3 个回路的增益之和为

$$\sum L_1 = L_a + L_b + L_c = -G_2G_3H_1 - G_2G_3H_2 - G_1G_2G_3H_3$$

③ 三个回路都存在公共节点，即两两回路之间都有接触

$$\sum L_2 = 0$$

计算分母项：

$$\Delta = 1 - \sum L_1 = 1 + G_2G_3H_1 + G_2G_3H_2 + G_1G_2G_3H_3$$

计算分子项：由于 3 个回路与前向通路均有接触，故余因子 $\Delta_1 = 1$。

传递函数：由梅森公式得

$$\Phi_r(s) = \frac{Y_r(s)}{R(S)} = \frac{G_1G_2G_3}{1 + G_2G_3(H_1 + H_2) + G_1G_2G_3H_3} \tag{2-81}$$

(2) 干扰输入单独作用下闭环传递函数

① 前向通路。只有 1 条前向通路，通路的增益(传递函数)为

$$T_1 = G_3$$

② 回路。共有 2 个回路，回路增益分别为

$$L_a = -G_3(H_1 + H_2)G_2 = -G_2G_3H_1 - G_2G_3H_2$$

$$L_b = -G_3H_3G_1G_2$$

2 个回路都存在公共节点，即两两回路之间都有接触

$$\sum L_2 = 0$$

计算分母项：

$$\Delta = 1 - \sum L_1 = 1 + G_2G_3H_1 + G_2G_3H_2 + G_1G_2G_3H_3$$

计算分子项：由于 3 个回路与前向通路均有接触，故余因子 $\Delta_1 = 1$。

传递函数：由梅森公式得

$$\phi_d(s)=\frac{Y_d(s)}{D(s)}=\frac{T_1\Delta_1}{\Delta}=\frac{G_3}{1+G_2G_3H_1+G_2G_3H_2+G_1G_2G_3H_3} \tag{2-82}$$

对比式(2-76)、式(2-81)和式(2-78)、式(2-82)可知,传递函数完全相同。

三、两种方法的比较

一般来说,当系统是单回路,或虽然是多回路,但回路之间都是互相不接触情况时,采用变换法则较好。相反,尤其是难于用普通法则化简的系统,则采用梅森公式较好。

值得注意的是,用结构图化简是基本的方法。

本章要点

数学模型是分析、设计系统的依据。本章介绍了 4 种数学模型,它们之间可以相互转换。微分方程是初始模型,传递函数是重点,结构图是分析、设计系统的重要手段,因为该图不但含有组成整个系统的各元部件传递函数,而且还显示了元部件之间的信号传递关系。

实际系统都是非线性的,但工程中的绝大部分系统都可以采用线性化方法,认为已具有足够的精度可视为是线性的,从而利用成熟的线性理论去分析和研究。

系统的分析、研究及设计依据的是 4 种"系统传递函数"。求系统传递函数的方法有两种:一是使用"化简法则",将系统转化成"典型结构图"后求出;二是可直接用"梅森公式"求解。两种方法各有优缺点。

思考练习题

2-1 微分方程、传递函数和结构图之间有什么关系?

2-2 求环节或系统数学模型时,中间变量是指什么信号?

2-3 为什么传递函数定义要强调系统的初始值为零? 环节、系统的传递函数是唯一的吗? 为什么?

2-4 传递函数有几种表达形式? 什么是系统的特征方程?

2-5 闭环系统中 5 种传递函数的定义是什么? 表达式有什么共同的特点?

2-6 在零初始条件下,系统输入为 $r(t)=1(t)$ 时,输出 $y(t)=1-2e^{-2t}+e^{-t}$,试求系统的闭环传递函数。

2-7 已知控制系统结构图如图 2-57 所示,求输入为 $r(t)=3\times1(t)$ 时系统的输出。

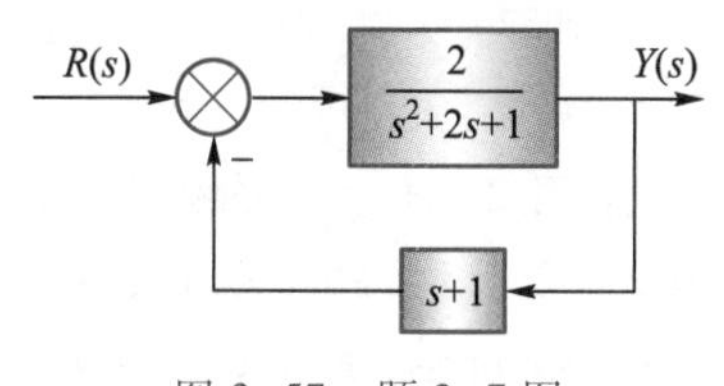

图 2-57 题 2-7 图

2-8 求如图2-58所示的模拟电路输出与输入信号之间的传递函数。

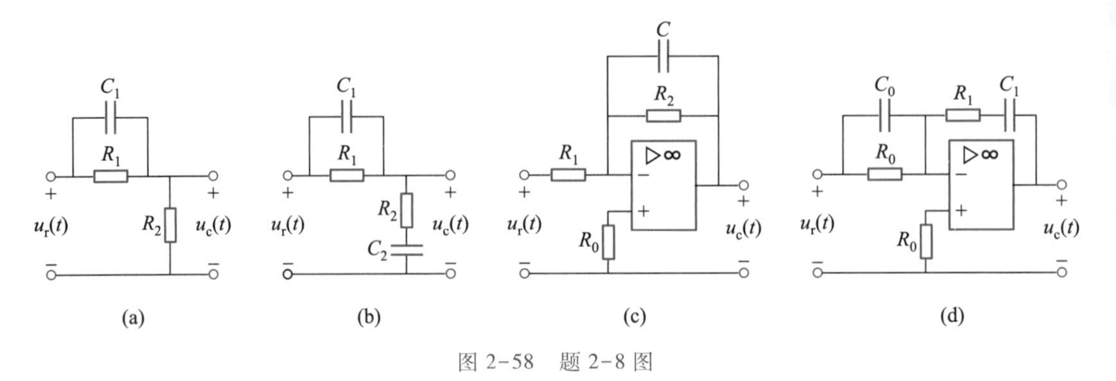

图2-58 题2-8图

2-9 由运算放大器组成的控制系统模拟电路如图2-59所示,求输出与输入信号之间的传递函数。

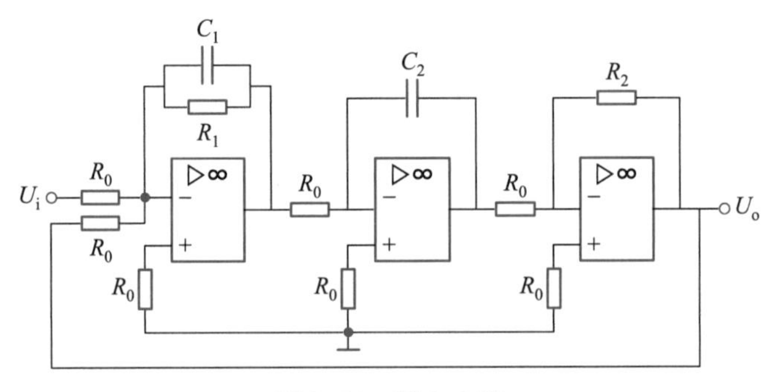

图2-59 题2-9图

2-10 已知系统的部件方程组如下:

$X_1(s)=G_1(s)R(s)-G_1(s)[G_7(s)-G_8(s)]Y(s)$ $X_2(s)=G_2(s)[X_1(s)-G_6(s)X_3(s)]$

$X_3(s)=[X_2(s)-Y(s)G_5(s)]G_3(s)$ $Y(s)=G_4(s)X_3(s)$

绘制该系统的结构图,并求闭环传递函数。

2-11 求如图2-60所示的控制系统的输出与输入信号之间的传递函数。

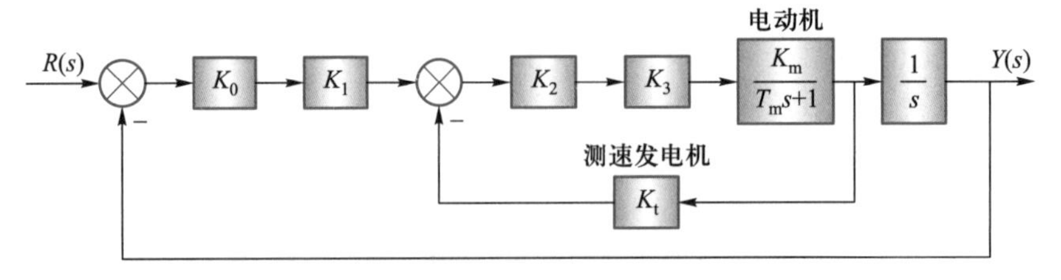

图2-60 题2-11图

2-12 试用结构图化简法则,求图2-61所示系统的传递函数。

2-13 控制系统结构图如图2-62所示,试求闭环传递函数。

2-14 控制系统结构图如图2-63所示,试求闭环传递函数。

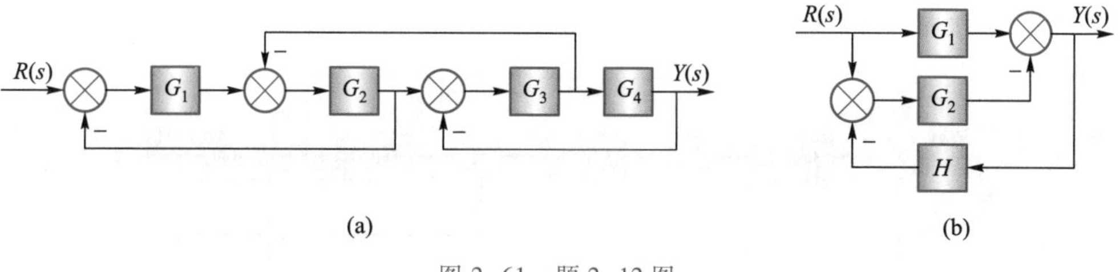

图 2-61　题 2-12 图

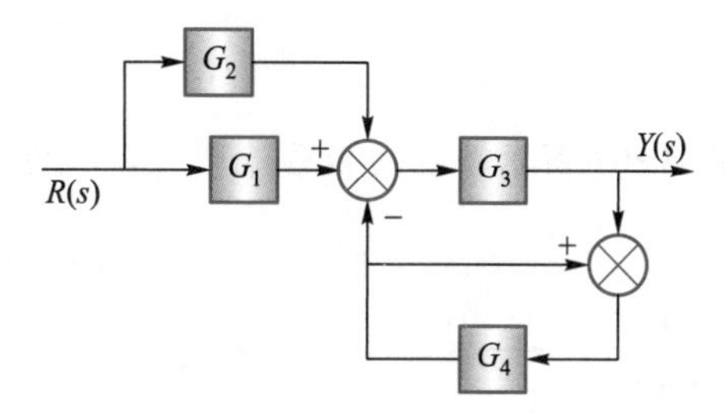

图 2-62　题 2-13 图

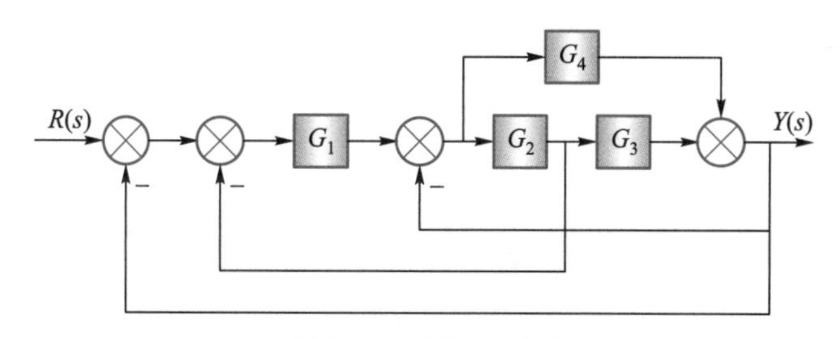

图 2-63　题 2-14 图

2-15　求图 2-64 所示的系统分别在输入、干扰信号作用下的闭环传递函数。

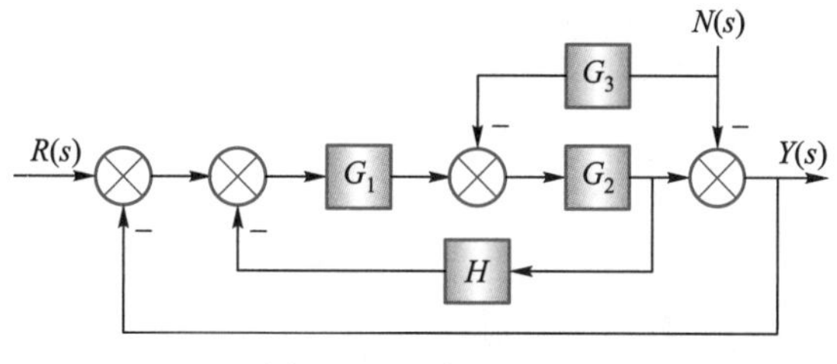

图 2-64　题 2-15 图

2-16　求图 2-65 所示系统的开环传递函数,在输入、干扰分别作用下的闭环传递函数和误差传递函数。

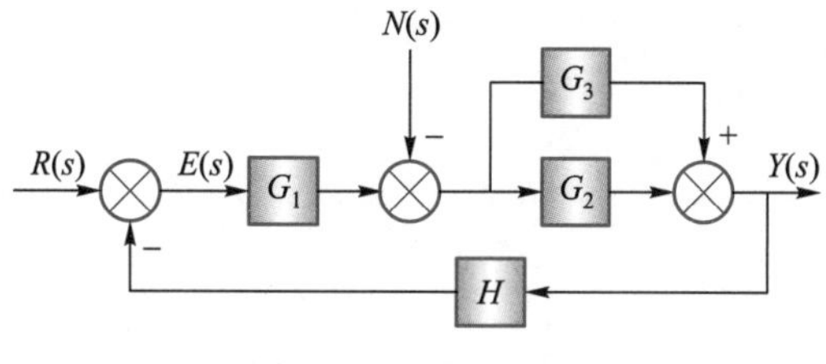

图 2-65　题 2-16 图

2-17 试绘制图2-66所示系统的信号流图,并求闭环传递函数。

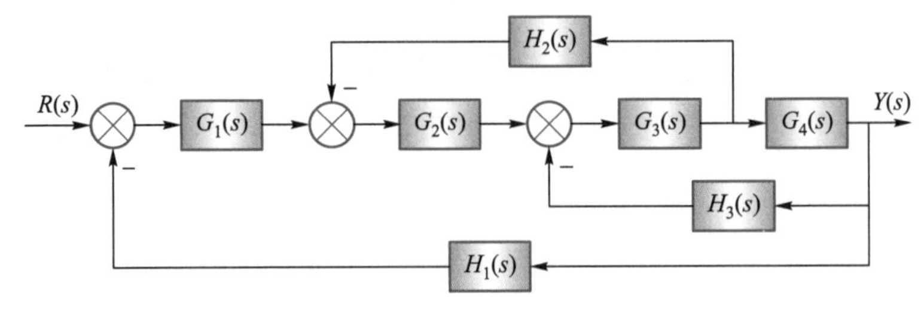

图2-66 题2-17图

2-18 用梅森公式求图2-67所示系统的信号流图的闭环传递函数。

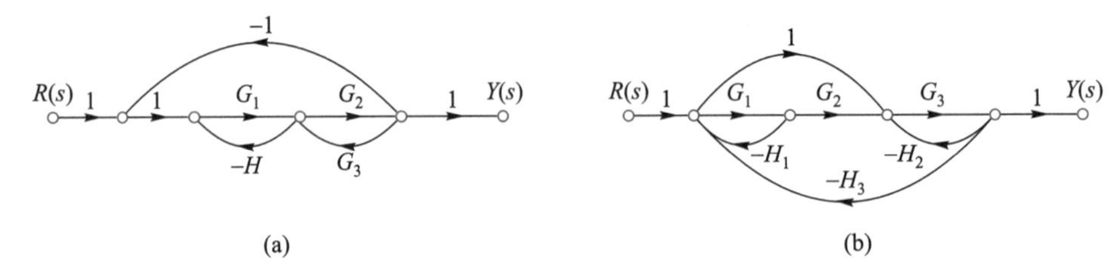

图2-67 题2-18图

第3章

控制系统时域分析法

时域分析法是根据系统的微分方程或传递函数，应用拉普拉斯变换（简称拉氏变换）求解出在给定输入下系统输出量的时域解，并通过时域解去分析系统性能的方法。

时域分析法直观、概念清晰，不但提供了系统输出，即响应的全部信息，而且也是工程分析方法（根轨迹法、频率法）的理论基础。

3.1 典型输入信号和时域性能指标

设描述系统的闭环传递函数为 $\Phi(s)$。$R(s)$、$Y(s)$ 分别表示系统给定输入及其输出的拉氏变换。由前面章节可知

$$Y(s)=R(s)\Phi(s)$$

对上式两边取拉氏反变换，可得系统输出的时域解（响应）为

$$y(t)=L^{-1}[Y(s)]=L^{-1}\{R(s)\Phi(s)\}$$

上式表明，系统的输出取决于输入信号和闭环传递函数两个因素。

一、典型输入信号

考虑到控制工程中的实际应用和方便对系统的分析或实验，规定了一些具有代表性的输入信号，称它们为典型输入信号（函数），最常采用的有三种。

1. 阶跃函数

数学表达式为

$$r(t)=A\cdot 1(t)\quad (t\geqslant 0) \tag{3-1}$$

上式的拉氏变换式为 $R(s)=A/s$，A 为阶跃函数的幅值，如图 3-1(a)所示。当 $A=1$ 时，称为单位阶跃函数。

工程系统中，阶跃输入信号最常用。恒值类系统的给定输入，指令的突然转换，负荷的突变等均可视为阶跃输入信号。

2. 速度（斜坡）函数

数学表达式为

$$r(t)=At\quad (t\geqslant 0) \tag{3-2}$$

上式的拉氏变换式为 A/s^2，A 为恒速值，如图 3-1(b)所示。当 $A=1$ 时，称为单位速度函数。

工程系统中，随动系统的给定、数控机床加工斜面时的进给指令等均可认为是速度函数信号。

3. 加速度（抛物线）函数

数学表达式为

$$r(t)=\frac{1}{2}At^2\quad (t\geqslant 0) \tag{3-3}$$

上式的拉氏变换式为 $R(s)=A/s^3$，A 为幅值，如图 3-1(c)所示。当 $A=1$ 时，称为单位加速度函数。

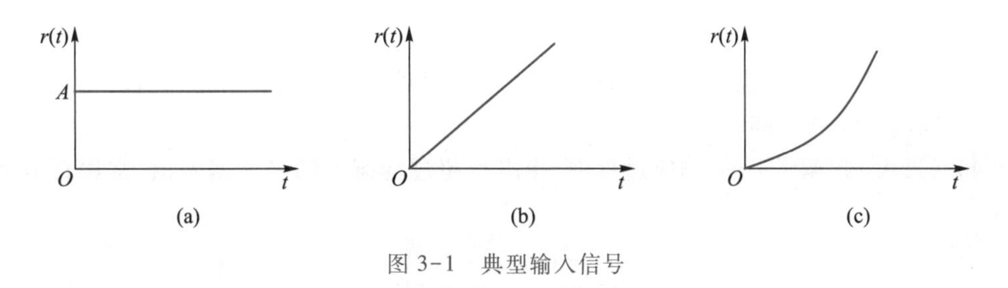

图 3-1 典型输入信号

上面三种典型函数之间有着数学上的转换关系。阶跃、速度、加速度函数之间,前者是后者的导数(或后者是前者的积分)。注意,对于线性系统而言,对应的系统输出也具有这种数学上的转换关系,即

$$
\begin{aligned}
&\text{输入关系}\quad \frac{\mathrm{d}}{\mathrm{d}t}\left[\frac{1}{2}t^2\right]=t \quad \underset{\text{积分}}{\overset{\text{微分}}{\Leftrightarrow}} \quad \frac{\mathrm{d}}{\mathrm{d}t}[t]=1 \\
&\text{输出关系}\quad \frac{\mathrm{d}}{\mathrm{d}t}[y_a]=y_t \quad \underset{\text{积分}}{\overset{\text{微分}}{\Leftrightarrow}} \quad \frac{\mathrm{d}}{\mathrm{d}t}[y_t]=y_1
\end{aligned} \tag{3-4}
$$

因此,在求系统输出时,只需求出一种输入函数下的输出,就可以利用上述关系求出另一种输入函数下的输出。

二、时域性能指标

设计或评价系统时,时域分析法提出两种性能指标:"动态指标"和"稳态指标"。前者反映系统在过渡过程中的"平稳性"及"快速性";后者反映系统在稳定运行后输出值与输入量的"误差值",即控制的"精度"。

注意,"动态指标"通常是以系统对单位阶跃响应(输出)中的一些数值表示的。稳定系统的典型单位阶跃响应曲线如图 3-2 所示。

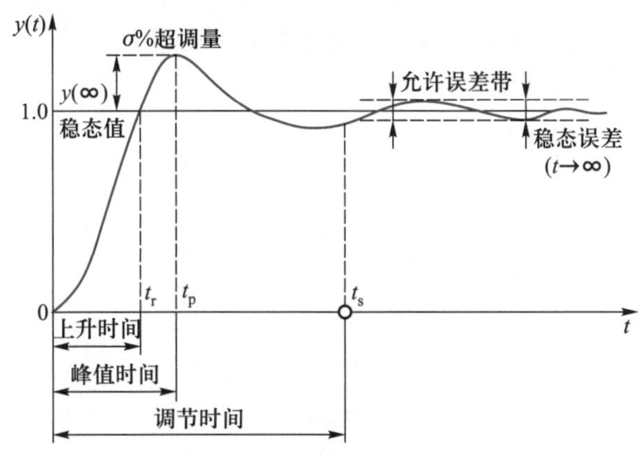

图 3-2 典型单位阶跃响应曲线

动态性能指标:

(1) 上升时间 t_r:响应曲线从零上升至第一个稳态值所需要的时间;

（2）峰值时间 t_p：响应曲线从零上升至第一个峰值所需要的时间；

（3）过渡过程时间，也称为调节时间 t_s：响应曲线衰减并维持在与稳态值的偏差在±5%或±2%范围内所需的时间；

（4）（最大）超调量 $\sigma\%$：响应过程中，输出量超过稳态值的最大偏差值，常用百分数表示，即

$$\sigma\%=\frac{y(t_p)-y(\infty)}{y(\infty)}\times100\% \tag{3-5}$$

（5）振荡次数 N：调节时间内，输出量偏离稳态值的摆动次数。

稳态性能指标：

稳态误差 e_{ss}：系统稳定后的实际输出值与期望值之差。稳态误差是系统控制"精度"或"抗干扰能力"的一种度量，将在本章第 6 节专门分析讨论。

3.2 系统稳定性及代数判据

稳定性是控制系统能否正常工作的前提条件。分析并找出保证系统稳定工作的条件，是设计、调试系统的重要任务之一。

一、稳定的定义

稳定的定义有多种表达方式。对于线性定常系统，国际上更多用"输入-输出"之间的关系表述：如果线性定常系统对于任何一个有界输入产生一个有界的输出，则称该系统是有界输入-有界输出（BIBO）稳定的。

二、稳定的条件

从定义出发，分析线性定常系统满足稳定的充分必要条件。

设 n 阶线性定常系统的微分方程为

$$a_n\frac{d^n y(t)}{dt^n}+a_{n-1}\frac{d^{n-1}y(t)}{dt^{n-1}}+\cdots+a_1\frac{dy(t)}{dt}+a_0y(t)$$
$$=b_m\frac{d^m r(t)}{dt^m}+b_{m-1}\frac{d^{m-1}r(t)}{d^{m-1}t}+\cdots+b_1\frac{dr(t)}{dt}+b_0r(t)$$

闭环传递函数为

$$\Phi(s)=\frac{Y(s)}{R(s)}=\frac{b_ms^m+b_{m-1}s^{m-1}+\cdots+b_1s+b_0}{a_ns^n+a_{n-1}s^{n-1}+\cdots+a_1s+a_0}=K\frac{(s-z_1)(s-z_2)\cdots(s-z_m)}{(s-p_1)(s-p_2)\cdots(s-p_n)}$$

式中，$p_1,p_2,\cdots,p_n$ 为分母项的根，即"特征根"，又常称为"极点"；$z_1,z_2,\cdots,z_m$ 为分子项的根，又常称为"零点"，且极点与零点间互不相等（没有偶极子相消）。

设 n 个极点中，有 q 个实数根，r 对共轭复数根，即

$$s_j=p_j\quad(j=1,2,\cdots,q)$$

$$s_k=-\zeta_k\omega_{nk}\pm\omega_{nk}\sqrt{1-\zeta^2}\quad(k=1,2,\cdots,r)$$

则闭环传递函数的零、极点形式为

$$\Phi(s)=\frac{Y(s)}{R(s)}=\frac{k\prod_{i=1}^{m}(s-z_i)}{\prod_{j=1}^{q}(s-p_j)\prod_{k=1}^{r}(s^2+2\zeta_k\omega_{nk}s+\omega_{nk}^2)}$$

当系统的输入为阶跃信号(有界输入)时,系统输出拉氏变换式为

$$Y(s)=R(s)\Phi(s)=\frac{A}{s}\cdot\frac{k\prod_{i=1}^{m}(s-z_i)}{\prod_{j=1}^{q}(s-p_j)\prod_{k=1}^{r}(s^2+2\zeta_k\omega_{nk}s+\omega_{nk}^2)}$$

上式展开为部分分式为

$$Y(s)=\frac{A_0}{s}+\sum_{j=1}^{q}\frac{A_j}{s-p_j}+\sum_{k=1}^{r}\frac{B_ks+C_k}{s^2+2\zeta_k\omega_{nk}s+\omega_{nk}^2}$$

式中,A_0、A_j、B_k、C_k为常数值。对上式两边取拉氏反变换,可得

$$\begin{aligned}y(t)&=A_0+\sum_{j=1}^{q}A_je^{p_j^t}+\sum_{k=1}^{r}B_ke^{-\zeta_k\omega_kt}\cos\omega_k\sqrt{1-\zeta_k^2t}+\sum_{k=1}^{r}C_ke^{-\zeta_k\omega_kt}\sin\omega_k\sqrt{1-\zeta_k^2t}\\&=A_0+\sum_{j=1}^{q}A_je^{p_j^t}+\sum_{k=1}^{r}D_ke^{-\zeta_k\omega_kt}\sin(\omega_kt+\theta)\quad(t\geqslant0)\\&=y_1+y_2\end{aligned}\tag{3-6}$$

式中,$y_1=A_0$ 为常数,若输入为单位阶跃信号,则 $y_1=A_0=1$,而

$$y_2=\sum_{j=1}^{q}A_je^{p_j^t}+\sum_{k=1}^{r}D_ke^{-\zeta_k\omega_kt}\sin(\omega_kt+\theta)\tag{3-7}$$

从式(3-6)看出,系统的阶跃响应由两部分组成。y_1 是与时间 t 无关的常量(有界值),又称为"稳态分量";y_2 是与时间 t 有关的量,又称为"动态分量"。若要系统的输出为有界值,只有当"动态分量"中的指数为负值,即所有实数根及复数根的实部均为负的条件下,在过渡过程结束后进入稳态时,才能使 $y_2\to0$。于是,系统的输出 $y(t)=A_0$(有界值)。

结论:线性定常系统稳定的充分必要条件是,只有当所有的特征根(极点)都是负的或具有负实部的复数根时,或者说,所有的特征根(极点)都要在 s 平面的左半边。

三、代数判据

求三阶以上特征方程根,采用手工计算很麻烦,甚至是不可能的。在控制工程中提出了一些不用解方程式就能判别系统特征根性质的方法,并称这些方法为"代数判据",其中最常用的是"劳斯(Routh)稳定判据"。

1. 劳斯稳定判据内容

控制系统稳定的充要条件是特征方程中的系数全为正;劳斯表中第一列各项的值均为正。如果第一列中有负值,则第一列各项值的正负符号的改变次数,等于特征方程正实部根的个数。

2. 方法与步骤

首先求出特征方程式,并按降阶排列,即

$$a_n s^n + a_{n-1} s^{n-1} + \cdots + a_1 s + a_0 = 0 \tag{3-8}$$

然后,列出劳斯表。劳斯表的第一、二行依方程式系数排列,其中,第一行由方程的第1、3、5、…项系数排列;第二行由方程的第2、4、6项系数排列;第三行后的各行,均由其上面两行的值按公式(交叉相乘后相减)求出,直到该行为“0”,共有 $n+1$ 行,即至 s^0 行为止。

行数	数	值			
s^n	a_n	a_{n-2}	a_{n-4}	a_{n-6}	$\cdots$
s^{n-1}	a_{n-1}	a_{n-3}	a_{n-5}	a_{n-7}	$\cdots$
s^{n-2}	b_1	b_2	b_3	b_4	$\cdots$
s^{n-3}	c_1	c_2	c_3	c_4	$\cdots$
$\vdots$	$\vdots$	$\vdots$	$\vdots$	$\vdots$	
s^2	e_1	e_2	$\cdots$		
s^1	f_1	$\cdots$			
s^0	g_1				

劳斯表中相关值的计算如下:

$$b_1 = -\frac{\begin{vmatrix} a_n & a_{n-2} \\ a_{n-1} & a_{n-3} \end{vmatrix}}{a_{n-1}} = \frac{(a_{n-1}\times a_{n-2})-(a_n\times a_{n-3})}{a_{n-1}};\quad b_2 = -\frac{\begin{vmatrix} a_n & a_{n-4} \\ a_{n-1} & a_{n-5} \end{vmatrix}}{a_{n-1}} = \frac{(a_{n-1}\times a_{n-4})-(a_n\times a_{n-5})}{a_{n-1}};$$

$$b_3 = -\frac{\begin{vmatrix} a_n & a_{n-6} \\ a_{n-1} & a_{n-7} \end{vmatrix}}{a_{n-1}} = \frac{(a_{n-1}\times a_{n-6})-(a_n\times a_{n-7})}{a_{n-1}};\cdots \text{直至 } b_i=0 \text{ 为止。}$$

$$c_1 = -\frac{\begin{vmatrix} a_{n-1} & a_{n-3} \\ b_1 & b_2 \end{vmatrix}}{b_1} = \frac{(b_1\times a_{n-3})-(a_{n-1}\times b_2)}{b_1};\quad c_2 = -\frac{\begin{vmatrix} a_{n-1} & a_{n-5} \\ b_1 & b_3 \end{vmatrix}}{b_1} = \frac{(b_1\times a_{n-5})-(a_{n-1}\times b_3)}{b_1};$$

$$c_3 = -\frac{\begin{vmatrix} a_{n-1} & a_{n-7} \\ b_1 & b_4 \end{vmatrix}}{b_1} = \frac{(b_1\times a_{n-7})-(a_{n-1}\times b_4)}{b_1};\cdots \text{直至 } c_i=0 \text{ 为止。}$$

$$\vdots \qquad\qquad \vdots \qquad\qquad \vdots$$

注意:为了简化运算,某行中各项同乘(除)一个正数,判据不变。

例 3-1 已知两系统的特征方程,试判别系统的稳定性。

(a) $6s^5+2s^4+7s^3+5s+4=0$;

(b) $5s^4+3s^3+4s^2+6s-2=0$

解 两系统均不稳。由劳斯稳定判据可知,特征方程的各项系数不是缺项(系数为0),就是出现负值。

例 3-2 已知系统的特征方程,试判系统的稳定性。

$$s^4+2s^3+3s^2+4s+5=0$$

解 特征方程的各系数为正,劳斯表为

$$\begin{array}{c|ccc}
s^4 & 1 & 3 & 5 \\
s^3 & 2 & 4 & 0 \\
s^2 & \dfrac{6-4}{2}=1 & \dfrac{10-0}{2}=5 & 0 \\
s^1 & \dfrac{4-10}{1}=-6 & 0 & \\
s^0 & \dfrac{-30-0}{-6}=5 & &
\end{array}$$

由劳斯表可知,第一列出现负值,系统不稳定。由于 $1\to-6\to5$,符号改变 2 次,因此有 2 个正根或正实部的复数根。

例 3-3 某系统特征方程如下,试判别系统的稳定性。

$$s^4+6s^3+12s^2+11s+6=0$$

解 特征方程的各项系数均为正。列劳斯表为

$$\begin{array}{c|ccc}
s^4 & 1 & 12 & 6 \\
s^3 & 6 & 11 & 0 \\
s^2 & \dfrac{61}{6} & 6 & 0 \\
s^1 & \dfrac{455}{61} & & \\
s^0 & 6 & &
\end{array}$$

s^2 行注:……本行可同乘以 6 后,再计算下一行。

劳斯表第一列各项数值均大于零,故该系统稳定。

说明:计算“劳斯表”的过程中,若出现某一行的第 1 列为“0”或整行全为“0”,则闭环系统是不稳定的,即系统在 s 平面的右半边会有闭环特性根。若想进一步了解正根的个数,请参阅相关文献。

四、劳斯判据的其他应用

1. 确定系统稳定的参数范围

利用劳斯稳定判据可以计算出系统中某些参数,确保闭环系统稳定的取值范围,为设计提供依据。

例 3-4 系统如图 3-3 所示,求要使系统稳定的 K 值范围。

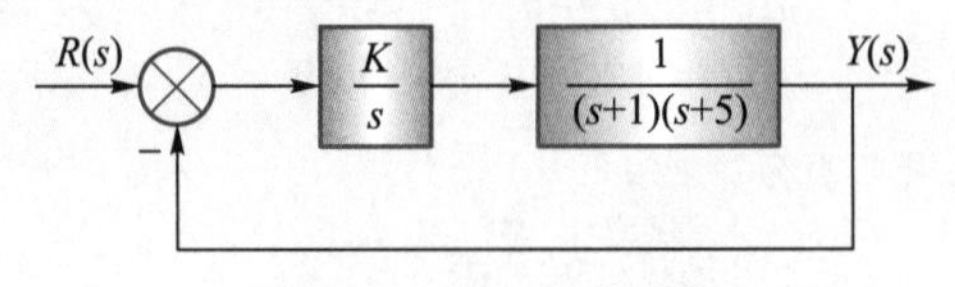

图 3-3 例 3-4 的系统

解 系统的闭环特征方程为

$$s^3+6s^2+5s+K=0$$

列劳斯表

$$\begin{array}{c|cc} s^3 & 1 & 5 \\ s^2 & 6 & K \\ s & \dfrac{30-K}{6} & 0 \\ s^0 & K & \end{array}$$

系统稳定必须满足

$$\frac{30-K}{6}>0 \quad (K>0)$$

所以

$$0<K<30$$

例 3-5 大型焊接机器人已经广泛应用于自动化生产线。为了使焊头能快速准确地跟随指令变化,控制器采用比例-微分控制。焊头的位置随动系统结构图如图 3-4 所示。若要求系统能稳定工作,求微分参数"α"值。

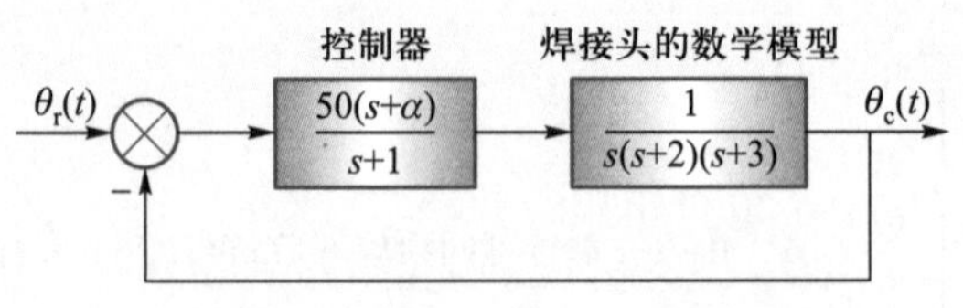

图 3-4 焊头的位置随动系统结构图

解 系统特征方程

$$\begin{aligned} D(s) &= 1+G_k(s) \\ &= 1+\frac{50(s+\alpha)}{s(s+1)(s+2)(s+3)}=0 \end{aligned}$$

$$s^4+6s^3+11s^2+56s+50\alpha=0$$

列劳斯表

$$\begin{array}{c|ccc} s^4 & 1 & 11 & 50\alpha \\ s^3 & 6 & 56 & 0 \\ s^2 & 5/3 & 50\alpha & \\ s^1 & 56-180\alpha & 0 & \\ s^0 & 50\alpha & & \end{array}$$

由劳斯稳定判据可知,系统要稳定,应有

$$\begin{cases} 56-180\alpha>0 \\ 50\alpha>0 \end{cases}$$

于是,系统要稳定工作,微分常数的值应为 $0.3>\alpha>0$。

2. 确定系统的稳定裕度

稳定裕度是系统离稳定边界(虚轴)的值。从根平面(s 平面)的角度看,稳定裕度是实部最大的特征根与虚轴之间的距离。

几何上,可以将虚轴左移,如果新虚轴在左移过程中与特征根相遇,则新虚轴与原虚轴的距离就是系统的"稳定裕度",如图 3-5 中的 σ_1。

计算方法:

(1) 求出系统的特征方程。用劳斯稳定判据判别稳定性,若稳定,则转(2)。

(2) 令特征方程中的 $s=z-\sigma$(σ 为稳定裕度值),得到含 z 变量的特征方程。

(3) 再用劳斯稳定判据对 z 变量的特征方程判别稳定性,若稳定,则系统具有"σ"的稳定裕度。

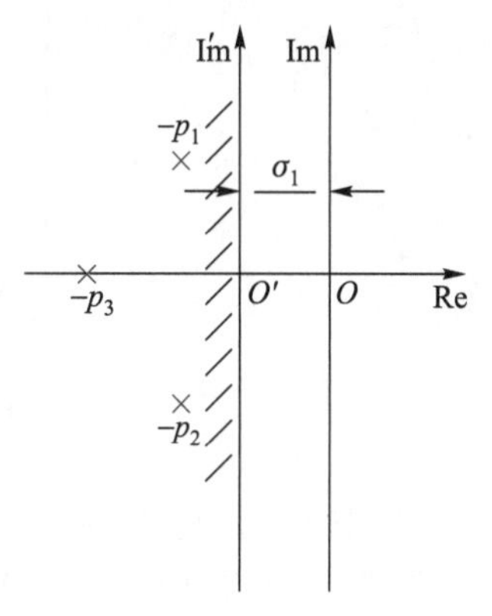

图 3-5 稳定裕度图示

3.3 一阶系统分析

一阶微分方程描述的系统,称为一阶系统。控制工程中,一阶系统不但广泛出现在家用电器、办公自动化系统中,而且,有些大型设备,例如,大功率电动机励磁控制系统也是属于一阶系统。因此,分析和研究一阶系统具有实际意义。

一、典型一阶系统分析

1. 数学模型

微分方程及闭环传递函数为

$$T\frac{\mathrm{d}y}{\mathrm{d}t}+y=r \quad \Rightarrow \quad \Phi(s)=\frac{Y(s)}{R(s)}=\frac{1}{Ts+1} \tag{3-9}$$

式中,T 为时间常数,单位为秒(s)。

闭环特征方程与特征根(极点)为

$$Ts+1=0 \quad \Rightarrow \quad s=-\frac{1}{T}$$

2. 动态响应

由闭环传递函数可知,单位阶跃输入时的输出拉氏变换式为

$$Y(s)=R(s)\frac{1}{Ts+1}=\frac{1}{s}\cdot\frac{1}{Ts+1}=\frac{1}{s}-\frac{1}{s+1/T}$$

对上式两边取拉氏反变换,可得输出的时域表达式为

$$y(t)=1-e^{-\frac{t}{T}} \tag{3-10}$$

单位阶跃响应曲线如图 3-6 所示。

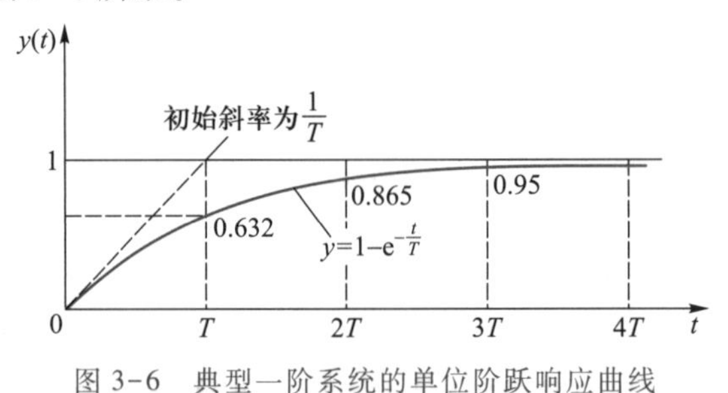

图 3-6 典型一阶系统的单位阶跃响应曲线

由式(3-10)可知,一阶系统的输出由两部分组成。"1"是与时间无关的项,称为"稳态分量";另一项与时间有关,称为"动态分量"。由响应曲线可知,输出是单调上升的。

3. 性能分析

由式(3-10)或图 3-6 的响应曲线,可得典型一阶系统的性能。

(1) 调节时间。调节时间只与时间常数 T 有关。当 $t=(3T\sim4T)$ 时,响应已达稳态值的 0.95~0.98,可认为过渡过程已结束,所以

$$t_s=3T(5\%) \quad 或 \quad t_s=4T(2\%) \tag{3-11}$$

(2) 超调量。由于响应指数上升,所以,系统无超调,无振荡。

(3) 稳态误差。当 $t\to\infty$,$y(t)\to1$ 时,

$$e_{ss}=0 \tag{3-12}$$

二、非典型系统的典型化

工程上的绝大多数一阶系统都不具有"典型"模型,为了能应用典型系统的性能计算公式,应先把系统作典型化处理,即闭环传递函数的分母常数项必须为"1",求出与性能有关的参数"T"。

例 3-6 家用智能清扫机器人[图 3-7(a)]的小功率直流电动机速度控制系统简化结构图如图 3-7(b)所示。图中,k 为系统正向通道的放大系数,α 为速度反馈系数。

(1) 当 $k=10$、$\alpha=0.1$ 时,计算系统的性能指标。

(2) 希望调节时间减小为原来的 50%,反馈系数 α 值保持不变,应如何调整 k 值?

(3) 希望调节时间减小为原来的 50%,k 值保持不变,应如何调整反馈系数 α 的值?

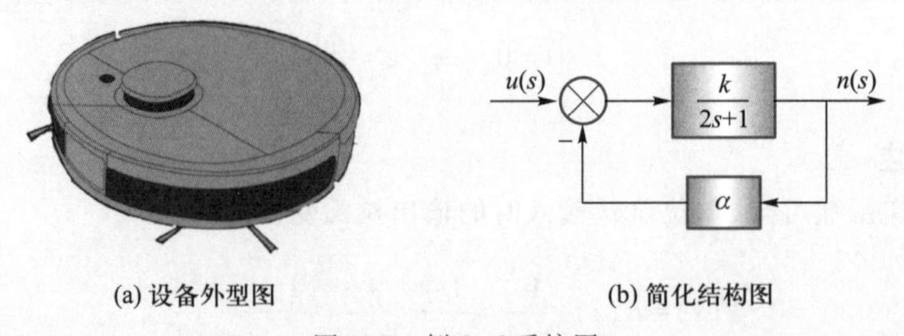

图 3-7 例 3-6 系统图

解 系统的闭环传递函数

$$\Phi(s)=\frac{n(s)}{u(s)}=\frac{\dfrac{k}{2s+1}}{1+\dfrac{k\alpha}{2s+1}}=\frac{k}{2s+(1+k\alpha)}=\frac{\dfrac{k}{1+k\alpha}}{\dfrac{2}{1+k\alpha}s+1}=\frac{\dfrac{k}{1+k\alpha}}{Ts+1}$$

由传递函数可知，系统为一阶系统，时间常数为

$$T=\frac{2}{1+k\alpha}$$

（1）当 $k=10$、$\alpha=0.1$ 时，系统的调节时间为

$$t_s=4\times T=4\times\frac{2}{1+10\times0.1}\ \text{s}=4\ \text{s}\quad(\Delta=2\%)$$

速度平稳上升，没有超调，调节时间为 4 s，稳态误差为 0。

（2）保持 $\alpha=0.1$，要求调节时间减小为原来的 50%，即 $t_s=2$ s

则

$$t_s=4\times\frac{2}{1+0.1k}\ \text{s}=2\ \text{s}$$

解得

$$k=30$$

所以，若保持反馈系数不变，希望调节时间减小为原来的一半，则 k 要调到 30。

（3）保持 $k=10$，调节时间要求 $t_s=2$ s 时，则

$$t_s=4\times\frac{2}{1+10\alpha}\ \text{s}=2\ \text{s}\quad(\Delta=2\%)$$

解得

$$\alpha=0.3$$

所以，若保持 k 不变，希望调节时间减小为原来的一半，反馈系数 α 要调到 0.3。

例 3-7 残障人士使用的辅助导驾机器人被控部件的动力学模型为 $\dfrac{k_0}{T_0s+1}$。求该装置的两个未知参数 k_0 和 T_0 的值。

解 测试参数的系统结构图如图 3-8(a)所示。图中，k 为外加的放大器，放大倍数为 10。当输入 1 V 的阶跃电压时，录下的输出波型如图 3-8(b)所示。

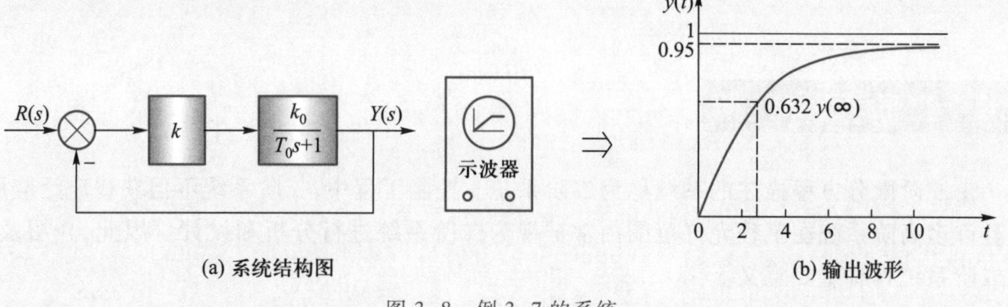

图 3-8 例 3-7 的系统

由图 3-8(a)可知，系统的闭环传递函数为

$$\Phi(s)=\frac{Y(s)}{R(s)}=\frac{\dfrac{kk_0}{T_0s+1}}{1+\dfrac{kk_0}{T_0s+1}}=\frac{kk_0}{T_0s+1+kk_0}=\frac{K}{Ts+1}$$

式中，$K=\dfrac{kk_0}{1+kk_0}$，$T=\dfrac{T_0}{1+kk_0}$。

单位阶跃输入作用下的输出拉氏变换为

$$Y(s)=\Phi(s)R(s)=\frac{K}{Ts+1}\cdot\frac{1}{s}$$

求拉氏反变换，输出响应的表达式为

$$y(t)=K(1-\mathrm{e}^{-\frac{t}{T}})$$

（1）当 $t=\infty$ 时，有 $y(\infty)=K$。由响应曲线，有

$$y(\infty)\approx 0.95$$

$$K=\frac{kk_0}{1+kk_0}=0.95 \quad\Rightarrow\quad k_0=\frac{0.95}{0.05\times k}=\frac{0.95}{0.5}=1.9$$

（2）当 $t=T$ 时，有 $y(T)=0.632y(\infty)$。从响应曲线查得

$$T\approx 2.8\ \mathrm{s}$$

于是

$$T_0=T(1+kk_0)=2.8\times[1+(10\times1.9)]\ \mathrm{s}=2.8\times20\ \mathrm{s}=56\ \mathrm{s}$$

由此可得，残障人士使用的导驾机器人被控部件的动力学模型为

$$G_{\mathrm{p}}(s)=\frac{k_0}{T_0s+1}=\frac{1.9}{56s+1}$$

说明：若要求取一阶系统在速度、加速度输入时的时间响应，可通过阶跃响应式（3-10），利用式（3-4）的典型输入-输出之间的相互关系求得。

单位速度输入作用下，系统的输出响应为

$$y(t)=(t-T)+T\mathrm{e}^{-\frac{t}{T}} \quad (t\geqslant 0) \tag{3-13}$$

单位加速度输入作用下，系统的输出响应为

$$y(t)=\frac{t^2}{2}-Tt+T^2(1-\mathrm{e}^{-\frac{t}{T}}) \quad (t\geqslant 0) \tag{3-14}$$

3.4 二阶系统分析

由二阶微分方程描述的系统称为二阶系统。控制工程中，二阶系统不但获得广泛应用，而且许多高阶系统在工程允许范围内常被视为二阶系统进行分析和设计。因此，介绍及讨论二阶系统具有重要意义。

一、典型二阶系统

1. 数学模型

二阶系统的微分方程及传递函数为

$$\frac{\mathrm{d}^2y}{\mathrm{d}t^2}+(2\zeta\omega_{\mathrm{n}})\frac{\mathrm{d}y}{\mathrm{d}t}+\omega_{\mathrm{n}}^2y=\omega_{\mathrm{n}}^2r, \quad \Phi(s)=\frac{Y(s)}{R(s)}=\frac{\omega_{\mathrm{n}}^2}{s^2+2\zeta\omega_{\mathrm{n}}s+\omega_{\mathrm{n}}^2} \tag{3-15}$$

特征方程与特征根分别为

$$s^2+2\zeta\omega_n s+\omega_n^2=0$$

$$s_{1,2}=-\zeta\omega_n\pm\omega_n\sqrt{\zeta^2-1} \tag{3-16}$$

典型二阶系统的结构图如图 3-9 所示。

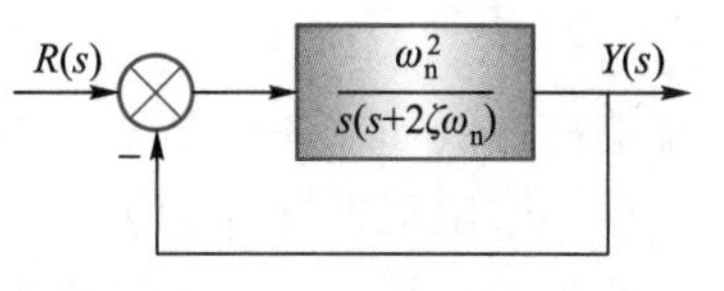

图 3-9 典型二阶系统的结构图

从式(3-16)可以看出,特征根完全由参数 ζ(阻尼比)和 ω_n(自然振荡频率)决定。因此,二阶系统的响应特性完全取决于它们,工程上常根据 ζ 的取值,分成 4 种情况讨论。

2. 阶跃响应

由式(3-15)可知,单位阶跃输入时,输出的拉氏变换为

$$y(s)=R(s)\Phi(s)=\frac{1}{s}\cdot\frac{\omega_n^2}{(s^2+2\zeta\omega_n s+\omega_n^2)}=\frac{1}{s}+\frac{\omega_n^2}{(s-s_1)(s-s_2)}$$

(1) 无阻尼情况($\zeta=0$)

由式(3-16)可知,系统的特征根为一对虚根,即

$$s_{1,2}=\pm \mathrm{j}\omega_n \tag{3-17}$$

单位阶跃输入时,输出的拉氏变换为

$$Y(s)=\frac{1}{s}\cdot\frac{\omega_n^2}{s^2+\omega_n^2}=\frac{1}{s}-\frac{s}{s^2+\omega_n^2}$$

对上式两边取拉氏反变换(查表),可得

$$y(t)=1-\cos\omega_n t \tag{3-18}$$

单位响应曲线如表 3-1 所示。系统等幅振荡,不稳定。

(2) 欠阻尼情况($0<\zeta<1$)

此时,系统的特征根为一对共轭复数根,即

$$s_{1,2}=-\zeta\omega_n\pm \mathrm{j}\omega_n\sqrt{1-\zeta^2}=-\zeta\omega_n\pm \mathrm{j}\omega_d \tag{3-19}$$

式中,$\omega_d=\omega_n\sqrt{1-\zeta^2}$,称为有阻尼振荡频率。单位阶跃输入时,输出的拉氏变换为

$$Y(s)=\frac{\omega_n^2}{s(s^2+2\zeta\omega_n s+\omega_n^2)}=\frac{A_1}{s}+\frac{A_2 s+A_3}{s^2+2\zeta\omega_n s+\omega_n}$$

对上式两边取拉氏反变换(查表),可得

$$y(t)=1-\frac{1}{\sqrt{1-\zeta^2}}\mathrm{e}^{-\zeta\omega_n t}\sin(\omega_d t+\theta);\quad \theta=\arctan\frac{\sqrt{1-\zeta^2}}{\zeta}=\arccos\zeta \tag{3-20}$$

单位阶跃响应如表 3-1 所示。系统正弦衰减振荡,稳定。

(3) 临界阻尼情况($\zeta=1$)

此时,系统的特征根为一对相等的负实根,即

$$s_{1,2}=-\omega_n \tag{3-21}$$

单位阶跃输入时,输出的拉氏变换为

$$Y(s)=\frac{1}{s}\cdot\frac{\omega_n^2}{s^2+\omega_n^2}=\frac{1}{s}-\frac{s}{s^2+\omega_n^2}$$

对上式两边取拉氏反变换,可得

$$y(t)=1-e^{-\omega_n t}(1+\omega_n t) \tag{3-22}$$

单位响应曲线如表 3-1 所示。系统指数上升,稳定。

(4) 过阻尼情况($\zeta>1$)

系统的特征根为不相等的两个负实数根,即

$$S_{1,2}=-\zeta\omega_n\pm\omega_n\sqrt{\zeta^2-1} \tag{3-23}$$

单位阶跃输入时,输出的拉氏变换式

$$Y(s)=\frac{\omega_n^2}{s(s^2+2\zeta\omega_n s+\omega_n^2)}=\frac{\omega_n^2}{s(s-s_1)(s-s_2)}$$

对上式两边取拉氏反变换并经整理后,可得单位阶跃输入时的响应为

$$y(t)=1+\frac{1}{s_1-s_2}(s_2e^{s_1t}-s_1e^{s_2t})\quad(t\geqslant 0) \tag{3-24}$$

由式(3-24)看出,系统过阻尼时,系统的单位阶跃响应由两个特征根对应的衰减指数项组成,响应曲线如表 3-1 所示,系统是稳定的,超调量为 0。当阻尼比较大时,两个特征根相距较远,这时,系统的动态响应可近似为一阶系统,调节时间为

$$t_s=\frac{(3\sim4)}{s_1} \tag{3-25}$$

综合上面的分析,典型二阶系统不同阻尼比的单位阶跃响应曲线如图 3-10 所示。

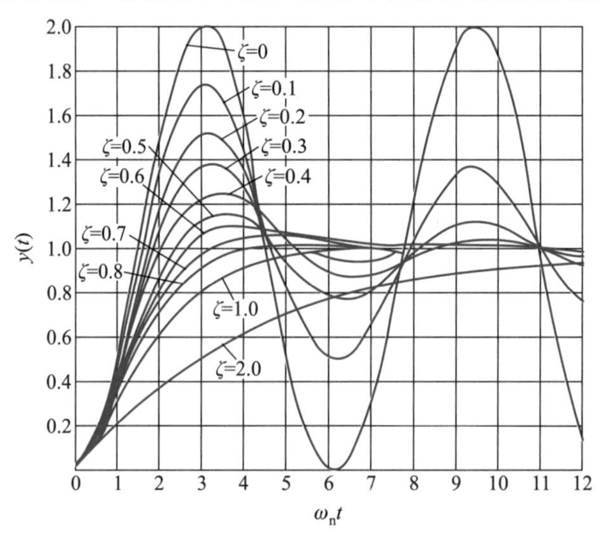

图 3-10 典型二阶系统不同阻尼比的单位阶跃响应曲线

表 3-1 二阶系统不同阻尼比时特征根的分布与单位阶跃响应曲线

阻尼比	特征根	特征根在复平面上的分布	单位阶跃响应曲线
$\zeta=0$ （无阻尼）	$s_{1,2}=\pm \mathrm{j}\omega_{\mathrm{n}}$		
$0<\zeta<1$ （欠阻尼）	$s_{1,2}=-\zeta\omega_{\mathrm{n}}\pm \mathrm{j}\omega_{\mathrm{d}}$		
$\zeta=1$ （临界阻尼）	$s_{1,2}=-\omega_{\mathrm{n}}$		
$\zeta>1$ （过阻尼）	$s_{1,2}=-\zeta\omega_{\mathrm{n}}\pm\omega_{\mathrm{n}}\sqrt{\zeta^2-1}$		

3. 性能指标及计算公式

静态性能：除无阻尼情况外，稳态误差均为零。

动态性能：阻尼比的值不同，性能不同。在控制工程中，要求绝大多数系统的过渡过程比较平稳，调节时间也较短。因此，往往把系统设计在欠阻尼的工作状态。下面只分析系统在欠阻尼工作状态下的动态性能。

欠阻尼时，系统的特征根（极点）重写如下：

$$s_{1,2}=-\zeta\omega_{\mathrm{n}}\pm \mathrm{j}\omega_{\mathrm{n}}\sqrt{1-\zeta^2}=-\zeta\omega_{\mathrm{n}}\pm \mathrm{j}\omega_{\mathrm{d}}$$

在 s 平面上，实部表示该根到虚轴的距离，虚部（阻尼振荡频率）表示该根至负实轴之间的距离。由直角三角形关系可知，该根至坐标原点的距离正是自然振荡频率，其与负实轴夹角的余弦就是阻尼比，即 $\zeta=\cos\theta$，θ 称为阻尼角，如图 3-11 所示。

(1) 上升时间（t_{r}）

依上升时间的定义，令式（3-20）的 $y(t_{\mathrm{r}})=1$，即

$$1=1-\frac{1}{\sqrt{1-\zeta^2}}\mathrm{e}^{-\zeta\omega_{\mathrm{n}}t}\sin(\sqrt{1-\zeta^2}\,\omega_{\mathrm{n}}t+\theta)$$

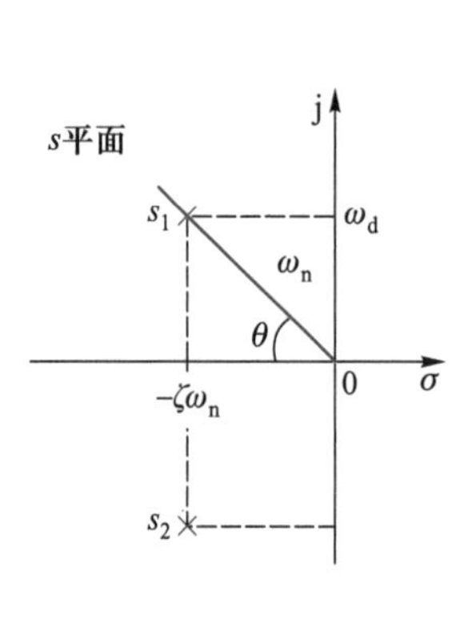

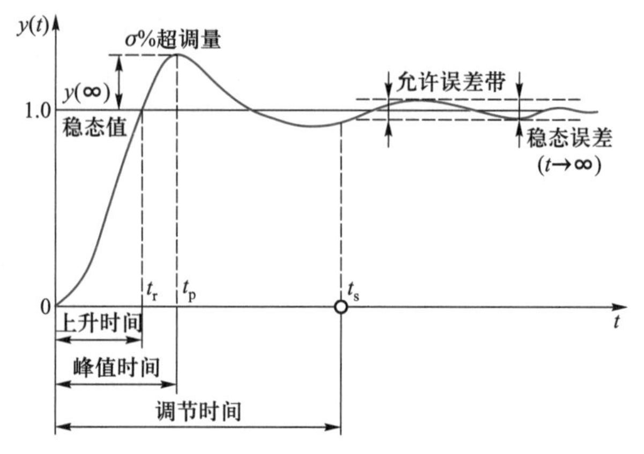

图 3-11 欠阻尼 s 平面与单位阶跃响应曲线

因为正弦函数的幅值不可能为 0,只有

$$\sin(\sqrt{1-\zeta^2}\,\omega_n t_r+\theta)=0$$

考虑到上升时间为第一次到达稳态值的时间,故

$$\sqrt{1-\zeta^2}\,\omega_n t_r+\theta=\pi$$

由此可得上升时间为

$$t_r=\frac{\pi-\theta}{\omega_n\sqrt{1-\zeta^2}}=\frac{\pi-\theta}{\omega_d};\quad \theta=\arccos\zeta \tag{3-26}$$

(2) 峰值时间(t_p)

对式(3-20)求导,并令其等于零,则有

$$\left.\frac{\mathrm{d}y(t)}{\mathrm{d}t}\right|_{t_p}=\frac{\omega_n \mathrm{e}^{-\zeta t_p}}{\sqrt{1-\zeta^2}}\sin\omega_d t_p=0$$

只能 $\sin\omega_d t_p=0$,即 $\omega_d t_p=0,\pi,2\pi,\cdots$。由于峰值时间是输出量在第一个峰值时对应的时间,于是

$$t_p=\frac{\pi}{\omega_d}=\frac{\pi}{\omega_n\sqrt{1-\zeta^2}} \tag{3-27}$$

(3) 最大超调量

将峰值时间[式(3-27)]代入式(3-20),可得最大峰值为

$$y(t_p)=1-\frac{\mathrm{e}^{-\zeta\pi/\sqrt{1-\zeta^2}}}{\sqrt{1-\zeta^2}}\sin(\pi+\theta)$$

由于 $\sin(\pi+\theta)=-\sin\theta=-\sqrt{1-\zeta^2}$,代入上式,则有

$$y(t_p)=1+\mathrm{e}^{-\zeta\pi/\sqrt{1-\zeta^2}}$$

由超调量的定义可知

$$\sigma\%=\frac{y(t_p)-y(\infty)}{y(\infty)}\times100\%=\mathrm{e}^{-\frac{\zeta\pi}{\sqrt{1-\zeta^2}}}\times100\% \tag{3-28}$$

(4) 调节时间(t_s)

由调节时间定义可知,t_s 是输出量与稳态值之间的偏差达到允许范围的2%~5%,并维持在允许范围内所需要的时间,于是有

$$\begin{aligned}\Delta y &= y(t_s)-y(\infty)\\ &=\frac{e^{-\zeta\pi t_s}}{\sqrt{1-\zeta^2}}\sin(\omega_d t_s+\theta)\leqslant \pm 0.05(\text{或 }0.02)\end{aligned}$$

上式求解 t_s 困难,常采用近似的计算方法,不考虑正弦函数,并认为指数项衰减到0.05或0.02时,过渡过程完毕,即

$$\frac{e^{-\zeta\pi t_s}}{\sqrt{1-\zeta^2}}=\pm 0.05 \quad (\text{或}\pm 0.02)$$

上式两边取以 e 为底的对数,可得调节时间(单位为秒)为

$$\begin{cases} t_s(2\%)=\dfrac{1}{\zeta\omega_n}\left(\left[4-\dfrac{1}{2}\ln(1-\zeta^2)\right]\right)\approx\dfrac{4}{\zeta\omega_n}\\ t_s(5\%)=\dfrac{1}{\zeta\omega_n}\left(\left[3-\dfrac{1}{2}\ln(1-\zeta^2)\right]\right)\approx\dfrac{3}{\zeta\omega_n}\end{cases} \tag{3-29}$$

二、非典型系统的典型化

在工程允许范围内,许多系统被认为是二阶系统,但并不具有"典型结构"的形式,不能直接用上述公式计算系统的性能。

导弹发射控制系统原理结构图如图3-12所示。控制系统的任务是要求导弹的发射位置能快速地跟随输入指令位置的变化。

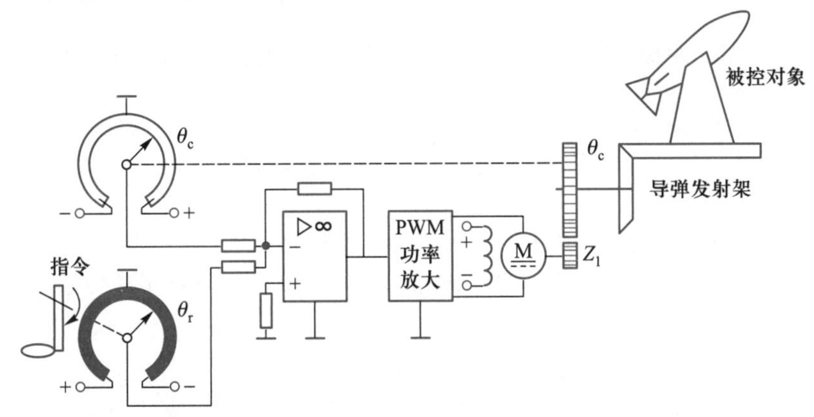

图3-12 导弹发射控制系统原理结构图

图中,虚线表示位置反馈电位器与被控对象的输出轴的连接;一对电位器组成输入-输出位置之间的误差检测。当被控对象的输出位置不等于输入的指令位置时,产生的角度误差($\Delta\theta=\theta_r-\theta_c$)转换为电压差 Δu ,经电压及功率(K_A)放大后的电压 u_d 施加于电机电枢两端,快速驱动电机旋转,直至角误差为零,导弹按给定的角度发射。

用绘制系统结构图的方法(第2章)绘制的系统结构图如图3-13所示。

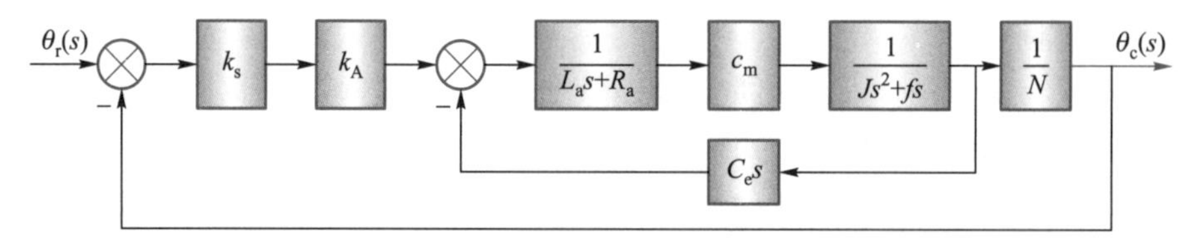

图 3-13 系统结构图

由图 3-13 可求出系统的开环传递函数为

$$G_k(s)=\frac{k_s k_A C_m/N}{s[(L_a s+R_a)(Js+f)+C_m C_e]} \tag{3-30}$$

式中,L_a 和 R_a 分别为电动机的电枢电感和电阻;C_m 和 C_e 分别为电动机的转矩系数和反电动势系数;k_s 为一对电位器组成的误差检测转换系数;N 为齿轮的传动比;f 为负载的黏性摩擦系数;J 为负载的转动惯量。

对于中小功率的电动机,电枢绕组的导线较细,常可忽略电感。同时,令 $K=\frac{k_s k_A C_m}{NR_a}$,$F=f+\frac{C_m C_e}{R_a}$,于是开环传递函数可简化为

$$G_k(s)=\frac{K}{s(Js+F)} \tag{3-31}$$

闭环传递函数为

$$\Phi(s)=\frac{\theta_c(s)}{\theta_r(s)}=\frac{K}{Js^2+Fs+K} \tag{3-32}$$

上式中,因分母 s 的最高次为"2",对上式进行拉氏反变换,可得系统的微分方程是二阶方程,即

$$J\frac{d^2\theta_c(t)}{dt^2}+F\frac{d\theta_c(t)}{dt}+K\theta_c(t)=\theta_r(t) \tag{3-33}$$

所以,图 3-12 所示的系统,在工程上可视为二阶控制系统,但并非是上面讨论的"典型二阶系统",无法利用上述公式计算系统的性能。为此,要将开环或闭环传递函数式改写为标准形式,即

$$\Phi^*(s)=\frac{\theta_c(s)}{\theta_r(s)}=\frac{K}{Js^2+Fs+K}=\frac{\frac{K}{J}}{s^2+\left(\frac{F}{J}\right)s+\frac{K}{J}}=\frac{\omega_n^2}{s^2+2\zeta\omega_n s+\omega_n^2} \tag{3-34}$$

上式与典型系统的标准形式相对比,有

$$\begin{cases}2\zeta\omega_n=\frac{F}{J}\\ \omega_n^2=\frac{K}{J}\end{cases} \tag{3-35}$$

联立解上面的方程组，求出系统的 ζ（阻尼比）和 ω_n（无阻尼振荡频率），就可以利用典型系统的相关公式计算出本系统的性能，从而避免了重解系统微分方程求性能的烦琐过程。

例 3-8　心脏电子心律起搏器控制系统如图 3-14 所示，心脏视为积分环节。

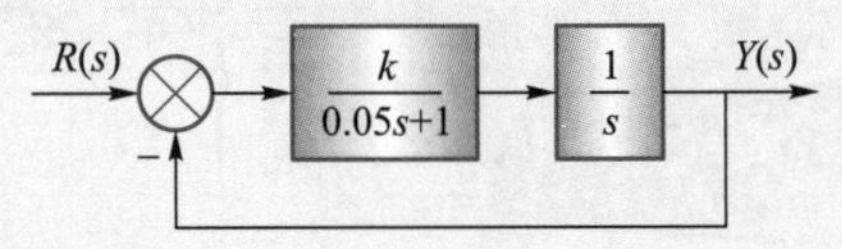

图 3-14　例 3-8 的系统结构图

若要求稳定心率为 60 次/分钟，最高心率不超过 70 次/分钟。

求：(1) 起搏器的增益 k 应取多大。

(2) 达到最高心率及稳定心率的时间。

解　系统的闭环传递函数为

$$\Phi(s)=\frac{G_k(s)}{1+G_k(s)}=\frac{k}{0.05s^2+s+k}=\frac{20k}{s^2+20s+20k}=\frac{\omega_n^2}{s^2+2\zeta\omega_n s+\omega_n^2}$$

对应标准式，有

$$\begin{cases}20=2\zeta\omega_n\\20k=\omega_n^2\end{cases}$$

由已知条件可知，超调量为

$$\sigma\%=\frac{70-60}{60}\times100\%\approx17\%$$

由超调量公式

$$\sigma\%=\mathrm{e}^{-\frac{\zeta\pi}{\sqrt{1-\zeta^2}}}\times100\%=17\%\quad\Rightarrow\quad-\frac{\zeta\pi}{\sqrt{1-\zeta^2}}=\ln 17\approx-1.77$$

求解上式，阻尼系数为 $\zeta\approx0.48$。于是，无阻尼自振频率为

$$\omega_n=\frac{10}{\zeta}=\frac{10}{0.48}\ \mathrm{rad/s}\approx20.8\ \mathrm{rad/s}$$

(1) 起搏器的增益

$$k=\frac{\omega_n^2}{20}=\frac{20.8^2}{20}\approx21.6\approx22$$

(2) 达到最高心率的时间

$$t_p=\frac{\pi}{\omega_n\sqrt{1-\zeta^2}}=\frac{\pi}{20.8\sqrt{1-0.48^2}}\ \mathrm{s}\approx0.17\ \mathrm{s}$$

达到稳定心率的时间

$$t_s=\frac{4}{\zeta\omega_n}=\frac{4}{0.48\times20.8}\ \mathrm{s}\approx0.4\ \mathrm{s}$$

例 3-9 飞行控制系统简化结构图如图 3-15 所示。要求系统的动态性能 $\sigma\%=0$（无超调），$t_s\leqslant 0.5$ s，求 k 和 τ 的值。

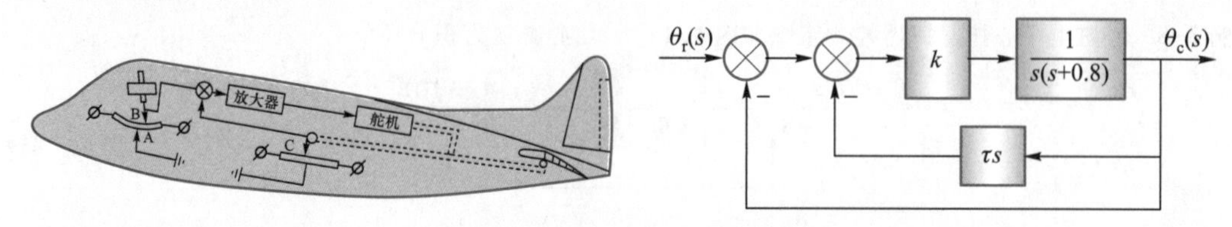

图 3-15 例 3-9 的系统结构图

解 要求 $\sigma\%=0$，取 $\zeta=1$。

由
$$t_s=\frac{3}{\zeta\omega_n}=0.5\ \text{s}，有\ \omega_n=\frac{3}{\zeta\times t_s}=\frac{3}{0.5}\ \text{rad/s}=6\ \text{rad/s}$$

系统的闭环传递函数

$$\Phi(s)=\frac{\theta_c(s)}{\theta_r(s)}=\frac{25k}{s^2+(0.8+25k\tau)s+25k}=\frac{\omega_n^2}{s^2+2\zeta\omega_n s+\omega_n^2}$$

比较等式两边，有
$$25k=\omega_n^2=6^2=36\ 和\ 0.8+25k\tau=2\zeta\omega_n=12$$

联立解以上两式有

$$k=1.44,\quad \tau=0.31$$

例 3-10 已知单位反馈二阶系统的单位阶跃响应曲线如图 3-16 所示。试确定系统的数学模型（开环传递函数）。

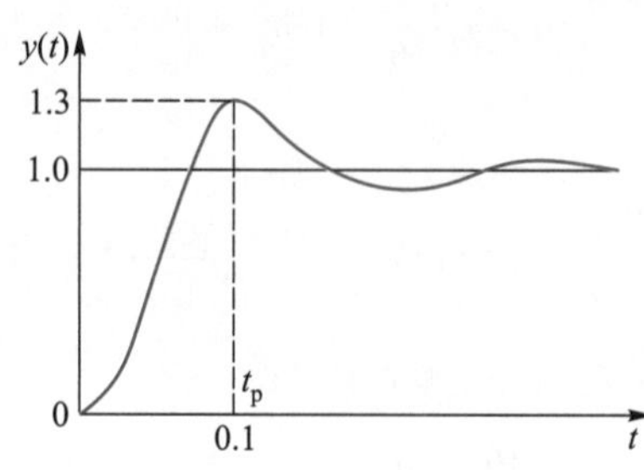

图 3-16 例 3-10 的系统响应曲线

解 由图 3-16 得出超调量为 $\sigma\%=0.3=30\%$，峰值时间为 $t_p=0.1$ s。

根据公式

$$\sigma\%=\mathrm{e}^{-\zeta\pi/\sqrt{1-\zeta^2}}\times 100\%=30\%,\quad t_p=\frac{\pi}{\omega_n\sqrt{1-\zeta^2}}=0.1\ \text{s}$$

得

$$\zeta=0.357,\quad \omega_n=3.36\ \text{rad/s}$$

于是，系统的开环传递函数为

$$G_k(s)=\frac{\omega_n^2}{s(s+2\zeta\omega_n)}=\frac{3.36^2}{s(s+2\times 0.357\times 3.36)}=\frac{11.3}{s(s+2.4)}$$

3.5 高阶系统分析

控制工程中,常把三阶以上的系统称为高阶系统。

一、数学模型

微分方程为

$$a_n\frac{\mathrm{d}^n y}{\mathrm{d}t^n}+a_{n-1}\frac{\mathrm{d}^{n-1}y}{\mathrm{d}t^{n-1}}+\cdots+a_1\frac{\mathrm{d}y}{\mathrm{d}t}+a_0y=b_m\frac{\mathrm{d}^m r}{\mathrm{d}t^m}+b_{m-1}\frac{\mathrm{d}^{m-1}r}{\mathrm{d}t^{n-1}}+\cdots+b_0r \quad (n\geqslant 3, n>m)$$

传递函数为

$$\Phi(s)=\frac{Y(s)}{R(s)}=\frac{b_ms^m+b_{m-1}s^{m-1}+\cdots+b_1s+b_0}{a_ns^n+a_{n-1}s^{n-1}+\cdots+a_1s+a_0}$$

特征方程为

$$a_ns^n+a_{n-1}s^{n-1}+\cdots+a_1s+a_0=0$$

二、阶跃响应

设特征方程的 n 个特征根中,有 q 个实数根,r 对共轭复数根,即

$$s_j=p_j \quad (j=1,2,\cdots,q)$$

$$s_k=-\zeta_k\omega_{nk}\pm\omega_{nk}\sqrt{1-\zeta^2} \quad (k=1,2,\cdots,r)$$

$$Y(s)=R(s)\Phi(s)=\frac{A}{s}\cdot\frac{k\prod_{i=1}^{m}(s-z_i)}{\prod_{j=1}^{q}(s-p_j)\prod_{k=1}^{r}(s^2+2\zeta_k\omega_{nk}s+\omega_{nk}^2)} \tag{3-36}$$

单位阶跃输入下系统的输出,已在本章 3.2 节给出,现重列如下:

$$\begin{aligned} y(t) &= A_0+\sum_{j=1}^{q}A_j\mathrm{e}^{p_j^t}+\sum_{k=1}^{r}B_k\mathrm{e}^{-\zeta_k\omega_k t}\cos\omega_k\sqrt{1-\zeta_k^2}t+\sum_{k=1}^{r}C_k\mathrm{e}^{-\zeta_k\omega_k t}\sin\omega_k\sqrt{1-\zeta_k^2}t \\ &= 1+\sum_{j=1}^{q}A_j\mathrm{e}^{p_j^t}+\sum_{k=1}^{r}D_k\mathrm{e}^{-\zeta_k\omega_k t}\sin(\omega_k t+\theta) \\ &= y_1+y_2 \end{aligned} \tag{3-37}$$

三、性能分析

从式(3-37)看出,高阶系统的单位阶跃响应由两部分组成,一是 y_1(稳态分量),二是 y_2(动态分量),且它是由一阶和二阶系统响应的形式叠加组成。当系统的极点都是负的或具有负实部的复数时,y_2 最终趋于 0,系统稳定。系统稳定后,输出量等于输入量,稳态误差为零。

按动态性能指标的定义求出相关性能是件十分困难的事情,但从式(3-37)可以得出如下主要结论:

（1）极点对动态分量的影响。分量衰减的快慢完全取决于极点的大小。若极点离虚轴越远，则对应的分量将衰减得越快，在系统达稳态前早已消失。反之，对动态分量的影响将越大。

（2）零点对动态分量的影响。零点（传递函数分子项的根）会影响各动态分量系数 A 和 D 的值（幅值）。

（3）相同的零、极点，对动态分量无影响。若闭环传递函数存在相同的零、极点，从式（3-36）可看出，由于分子、分母有相同因子可以相约，这样该极点相应的分量便不会出现在式（3-37）中，即对应极点的响应分量为零。

四、高阶系统的分析方法——降阶

对于三阶以上的高阶系统，手工求单位阶跃响应并不是件容易的事，阶数越高，困难越大。通过分析式（3-36）和式（3-37）可知，时域分析法中常采用“主导极点”和“偶极子”的“降阶方法”。

1. 主导极点

在系统的诸多极点中，最靠近虚轴且其邻近处没有零点，而其余的极点都位于它的左边且实部相距5倍以外，称该极点为“主导极点”。若主导极点为一对复数极点，则高阶系统可按二阶系统去分析。若主导极点为一个实数极点，则高阶系统可按一阶系统去分析。

2. 偶极子

完全相等的一对零、极点相对消，在实际的工程系统中是难以做到的。有文献指出，当某极点和某零点之间的距离比它们的模值小一个数量级时，就可认为该极点的响应分量在系统的总响应中可以忽略。控制工程中，又称这对零、极点为“偶极子”。

“偶极子”的概念在经典控制理论中对系统的分析、综合是非常有用的。若系统存在偶极子，零、极点相消后就降低了原系统的阶次。若系统不存在偶极子，可以人为地在系统中引入“偶极子”，加入适当的零点，以抵消对系统动态响应过程影响不好的极点，从而改善系统的动态特性。

例 3-11 已知控制系统的闭环传递函数，试求 $\sigma\%$ 和 t_s。

$$\Phi(s)=\frac{2.7}{(s+4.2)(s^2+0.8s+0.64)}$$

解 由闭环传递函数

$$\Phi(s)=\frac{2.7}{(s+4.2)(s^2+0.8s+0.64)}\approx\frac{4.2\times0.8^2}{(s+4.2)(s^2+2\times0.5\times0.8s+0.8^2)}$$

可知系统为三阶系统，极点分别为：$s_1=-4.2$，$s_{2,3}=-0.4\pm j0.69$。振荡环节参数为：$\zeta=0.5$，$\omega_n=0.8\ \mathrm{rad/s}$。由式（3-37）可知，系统的单位阶跃响应为

$$y(t)=1+0.04e^{-4.2t}+e^{-0.4t}(0.96\cos 0.69t+0.81\sin 0.69t)$$

对应的单位阶跃响应曲线如图 3-17。

于是，系统性能为：超调量 $\sigma\%\approx16\%$；调节时间 $t_s=7$ s。

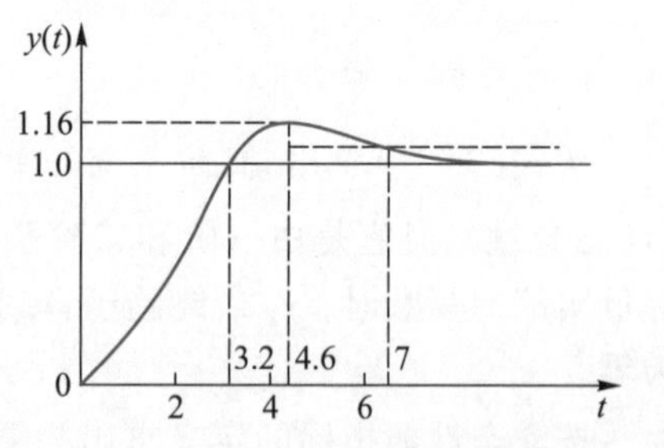

图 3-17 例 3-11 系统的单位阶跃响应曲线

由于该系统的实数极点与复数极点实部之比为 10.5,复数极点可视为主导极点,该系统性能可用二阶系统的性能公式近似计算,即

$$\Phi(s) \approx \frac{0.64}{s^2+0.8s+0.64}$$

$$\sigma = \mathrm{e}^{-\frac{\zeta\pi}{\sqrt{1-\zeta^2}}} \times 100\% \approx 16.4\%$$

$$t_s = \frac{3}{\zeta\omega_n} = \frac{3}{0.5\times0.8}\ \mathrm{s} = 7.5\ \mathrm{s}$$

本例题说明,具有主导极点的高阶系统可用降阶的方法计算其性能,误差可在工程允许的范围内。

例 3-12 已知系统的闭环传递函数为

$$\Phi(s) = \frac{25(s+0.2)}{(s+0.21)(s^2+4s+25)}$$

求系统的动态性能(超调量和调节时间)。

解 由闭环传递函数可知,系统有一个闭环零点"-0.2"和一个闭环极点"-0.21"。从数学的角度看,它们分别处在分子项和分母项,且很接近,可以把它们消去而对分式值的影响很小。在系统工程中,它们可以看成是一对"偶极子",构成零、极点对消,从传递函数式中把它们消去。于是,原闭环传递函数变为

$$\Phi(s) = \frac{25(s+0.2)}{(s+0.21)(s^2+4s+25)} \approx \frac{25}{s^2+4s+25}$$

因此本例的三阶系统可视为二阶系统,与二阶系统标准式相对比,有

$$\omega_n = 5\ \mathrm{rad/s}, \quad \zeta = 0.4$$

由性能计算公式可得

$$\sigma\% = \mathrm{e}^{-\frac{\zeta\pi}{\sqrt{1-\zeta^2}}} \times 100\% = 25.4\%, \quad t_s = \frac{4}{\zeta\omega_n} = \frac{4}{0.4\times5}\ \mathrm{s} = 2\ \mathrm{s}$$

从另一角度看本例题。若原系统没有零点"-0.2",只有 3 个极点,因其中一个极点(-0.21)很靠近虚轴,则它的响应分量对系统的输出特性影响大,将严重影响系统的动态性能。于是,可人为地在系统中引中一个零点(-0.2),去抵消"特性不好环节"的极点(-0.21),从而改善了系统的动态性能。

特别指出:计算机的普及应用及高次方程求解软件的出现,可方便地得到高阶系统的时域解或响应曲线,为分析高阶系统提供了方便,但绝对取代不了理论对系统特性分析的指导,只能起到某种辅助分析的作用。

3.6 稳态误差分析

稳态误差是系统的一种性能指标,反映控制的"精度"。

一、误差

系统的"典型结构图"如图 3-18 所示,误差定义有两种:

1. 输入端定义的误差

输入信号与主反馈信号之差,表示为

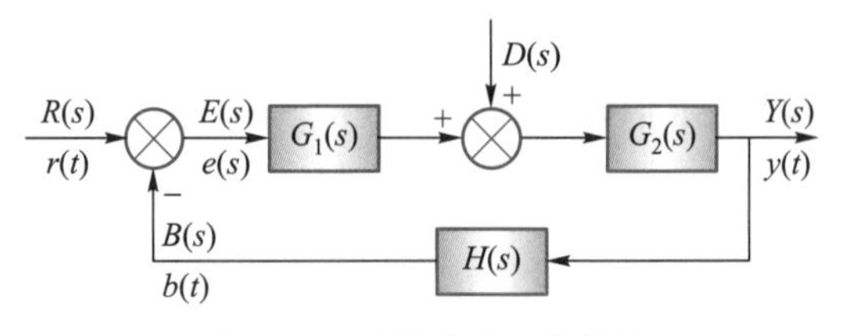

图 3-18 系统的典型结构图

$$e(t)=r(t)-b(t)$$

拉氏变换式为

$$E(s)=R(s)-B(s) \tag{3-38}$$

2. 输出端定义的误差

输出的期望值与实际值之差，表示为

$$\varepsilon(t)=y^{*}(t)-y(t)$$

拉氏变换为

$$E(s)=Y^{*}(s)-Y(s)$$

3. 两种误差之间的关系

对于单位反馈系统，由于 $H(s)=1$，从图 3-18 可知，$Y(s)=B(s)$，而系统输出的期望值就是系统的输入量，即 $Y^{*}(s)=R(s)$，因此，$E(s)=\varepsilon(s)$，两种定义相同。对于 $H(s)\neq 1$ 的非单位反馈系统，可证明两种指标之间的关系为 $\varepsilon(s)=\dfrac{1}{H(s)}E(s)$。

由于输入端定义的误差值可测量又可计算，因此更为常用。这里只介绍和讨论输入端定义的误差。

二、稳态误差

对于稳定系统，当时间 t 趋于无穷时，其误差信号 $e(t)$ 的值称为稳态误差，记作 e_{ss}，表示为

$$e_{ss}=\lim_{t\to\infty}e(t) \tag{3-39}$$

三、稳态误差的计算

式(3-39)提供了一种量测和计算稳态误差的方法。

当系统的过渡过程结束后便认为系统进入了稳态，可用万用表电压挡测量放大器“收入端”与“公共地”之间的数值。

1. 给定输入下稳态误差计算

计算给定输入下的系统稳态误差，常用两种方法。

方法一：拉氏变换终值定理方法。

对于如图 3-18 所示的典型系统，要先令 $D(s)=0$，即不考虑干扰的作用。

由误差传递函数可得

$$\Phi_{er}(s)=\frac{E_{r}(s)}{R(s)}=\frac{1}{1+G_{1}(s)G_{2}(s)H(s)}=\frac{1}{1+G_{k}(s)} \tag{3-40}$$

误差的拉氏变换为

$$E_{\mathrm{r}}(s)=\Phi_{\mathrm{er}}(s)R(s)=\frac{R(s)}{1+G_{\mathrm{k}}(s)} \tag{3-41}$$

稳定系统,由拉氏变换的“终值定理”,有

$$e_{\mathrm{ssr}}=\lim_{t\to\infty}e(t)=\lim_{s\to 0}sE_{\mathrm{r}}(s)=\lim_{s\to 0}s\frac{R(s)}{1+G_{\mathrm{k}}(s)} \tag{3-42}$$

例 3-13 曲线记录仪的笔位伺服系统简化框图如图 3-19 所示。求给定输入为单位阶跃时的稳态误差。

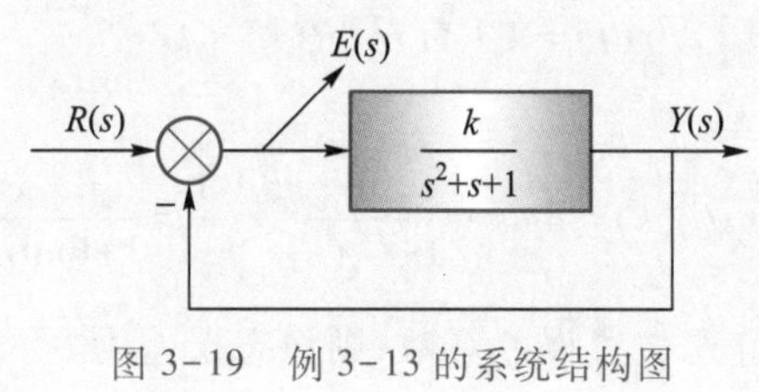

图 3-19 例 3-13 的系统结构图

解 (1) 判定系统的稳定性。

系统的特征方程

$$D(s)=1+G_{\mathrm{k}}(s)=1+\frac{k}{s^2+s+1}=0 \quad\Rightarrow\quad s^2+s+1+k=0$$

该系统为二阶系统,稳定。

(2) 求误差的拉氏变换式。

误差闭环传递函数为

$$\Phi_{\mathrm{er}}(s)=\frac{E_{\mathrm{r}}(s)}{R(s)}=\frac{1}{1+G_{\mathrm{k}}(s)}$$

误差的拉氏变换式为

$$E_{\mathrm{r}}(s)=R(s)\Phi_{\mathrm{er}}(s)=\frac{1}{s}\cdot\frac{1}{1+G_{\mathrm{k}}(s)}=\frac{1}{s}\cdot\frac{s^2+s+1}{s^2+s+1+k}$$

由拉氏变换终值定理,有

$$e_{\mathrm{ssr}}=\lim_{s\to 0}sE_{\mathrm{er}}(s)=\lim_{s\to 0}\left[s\cdot\frac{1}{s}\cdot\frac{s^2+s+1}{s^2+s+1+k}\right]=\frac{1}{1+k}$$

可见,开环增益(放大系数)越大,系统稳态误差越小。

方法二:静态误差系数方法。

系统设计时,“精度”指标也可用“误差系数”代替。误差系数有“静态误差系数” 和“动态误差系数”两种。“动态误差系数”只在一些系统(如导弹控制系统)对稳态过程有特殊要求时才被采用。本教材只介绍和讨论最常用的“静态误差系数”方法。

静态误差系数方法,不但使计算误差变得简单,而且容易看出稳态误差与系统结构、参数及输入信号之间的关系。

由式(3-42)看出,稳态误差只与系统的开环传递函数 $G_{\mathrm{k}}(s)$ 和输入信号 $R(s)$ 有关。

设系统的开环传递函数为

$$G_k(s)=\frac{K(\tau_1 s+1)\cdots}{s^v(T_1 s+1)\cdots}\frac{(\tau_i^2 s^2+2\zeta_i\tau_i s+1)\cdots}{(T_j^2 s^2+2\zeta_j T_j s+1)\cdots} \tag{3-43}$$

式中,K 为系统的开环增益(放大系数);v 为积分环节的个数,也常称为系统的无差度阶数。控制工程中,常按 v 的个数对系统进行分类,若 $v=0$,则称系统为“0 型”系统;若 $v=1$,则称系统为“Ⅰ型”系统;若 $v=2$,则称系统为“Ⅱ型”系统。v 的值不能超过 2,因为三阶以上的系统不稳定。

基于系统类别,下面分析 3 种典型输入下的稳态误差计算。

(1) 阶跃函数输入

$$r(t)=A\cdot 1(t),R(s)=A/s$$

由式(3-42)可知,稳态误差为

$$e_{ss}=\lim_{s\to 0}sE_r(s)=\lim_{s\to 0}s\cdot\frac{1}{1+G_k(s)}\cdot\frac{A}{s}=\frac{A}{1+\lim\limits_{s\to 0}G_k(s)}$$

令 $k_p=\lim\limits_{s\to 0}G_k(s)$,并称 k_p 为静态位置误差系数,则稳态误差为

$$e_{ss}=\frac{A}{1+k_p} \tag{3-44}$$

当单位阶跃输入时,$A=1$。

对于 0 型($v=0$)系统,静态误差系数为

$$k_p=\lim_{s\to 0}G_k(s)=\lim_{s\to 0}\frac{K\cdot(\tau_i s+1)\cdot\cdots\cdot(\tau_k^2 s^2+2\zeta_k\tau_k s+1)\cdot\cdots}{s^v\cdot(T_j s+1)\cdot\cdots\cdot(T_l^2 s^2+2\zeta_l T_l s+1)\cdot\cdots}=K$$

因此,阶跃输入时,0 型系统的稳态误差又可写为

$$e_{ss}=\frac{A}{1+k_p}=\frac{A}{1+K} \tag{3-45}$$

对于Ⅰ型($v=1$)系统,静态误差系数为

$$k_p=\lim_{s\to 0}G_k(s)=\lim_{s\to 0}\frac{K\cdot(\tau_i s+1)\cdot\cdots\cdot(\tau_k^2 s^2+2\zeta_k\tau_k s+1)\cdot\cdots}{s^1\cdot(T_j s+1)\cdot\cdots\cdot(T_l^2 s^2+2\zeta_l T_l s+1)\cdot\cdots}=\infty$$

因此,阶跃输入时,Ⅰ型系统的稳态误差为

$$e_{ss}=\frac{A}{1+k_p}=\frac{A}{1+\infty}=0 \tag{3-46}$$

对于Ⅱ型($v=2$)系统,静态误差系数为

$$k_p=\lim_{s\to 0}G_k(s)=\lim_{s\to 0}\frac{K\cdot(\tau_i s+1)\cdot\cdots\cdot(\tau_k^2 s^2+2\zeta_k\tau_k s+1)\cdot\cdots}{s^2\cdot(T_j s+1)\cdot\cdots\cdot(T_l^2 s^2+2\zeta_l T_l s+1)\cdot\cdots}=\infty$$

因此,阶跃输入时,Ⅱ型系统的稳态误差为

$$e_{ss}=\frac{A}{1+k_p}=\frac{A}{1+\infty}=0 \tag{3-47}$$

(2) 速度函数输入

$$r(t)=A\cdot t,\quad R(s)=A/s^2$$

由式(3-42)可知，稳态误差为

$$e_{ss}=\lim_{s\to 0}sE_r(s)=\lim_{s\to 0}s\cdot\frac{1}{1+G_k(s)}\cdot\frac{A}{s^2}=\frac{A}{\lim\limits_{s\to 0}sG_k(s)}$$

令 $k_v=\lim\limits_{s\to 0}sG_k(s)$，并称 k_v 为静态速度误差系数，则有

$$e_{ss}=\frac{A}{k_v} \tag{3-48}$$

当单位速度输入时，$A=1$。

各型系统在单位速度输入时的静态速度误差系数 k_v 和稳态误差 e_{ss} 可按上面类似的方法可求得。

对于 0 型系统：$k_v=0, e_{ss}=\infty$

对于 Ⅰ 型系统：$k_v=K, e_{ss}=\dfrac{A}{K}$

对于 Ⅱ 型系统：$k_v=\infty, e_{ss}=0$

(3) 加速度函数输入

$$r(t)=At^2/2, R(s)=A/s^3$$

稳态误差为

$$e_{ss}=\lim_{s\to 0}sE_r(s)=\lim_{s\to 0}s\cdot\frac{1}{1+G_k(s)}\cdot\frac{A}{s^3}=\frac{A}{\lim\limits_{s\to 0}s^2G_k(s)}$$

令 $k_a=\lim\limits_{s\to 0}s^2G_k(s)$，并称 k_a 为静态加速度误差系数，则有

$$e_{ss}=\frac{A}{k_a} \tag{3-49}$$

当单位加速度输入时，$A=1$。

各型系统在单位加速度输入时的静态速度误差系数和稳态误差可按上面类似的方法可求得。

对于 0 型系统：$k_a=0, e_{ss}=\infty$

对于 Ⅰ 型系统：$k_a=0, e_{ss}=\infty$

对于 Ⅱ 型系统：$k_a=K, e_{ss}=\dfrac{A}{K}$

各型系统在不同输入时的稳态误差如表 3-2 所示。

表 3-2 各型系统在不同输入时的稳态误差

输入形式	稳态误差		
	0 型系统	Ⅰ 型系统	Ⅱ 型系统
阶跃函数	$\frac{A}{1+K}$	0	0
速度函数	∞	$\frac{A}{K}$	0
加速度函数	∞	∞	$\frac{A}{K}$

例 3-14 残疾人使用的移动机器人驾驶系统结构图如图 3-20 所示。机器人数学模型为 $G_0(s)=\dfrac{k_0}{T_0s+1}$，$k_0=1.9$，$T_0=56$。$G_c(s)$为控制器，采用 PI(比例-积分)控制。试分析当驾驶命令分别为单位阶跃信号、单位斜坡信号时的稳态误差。

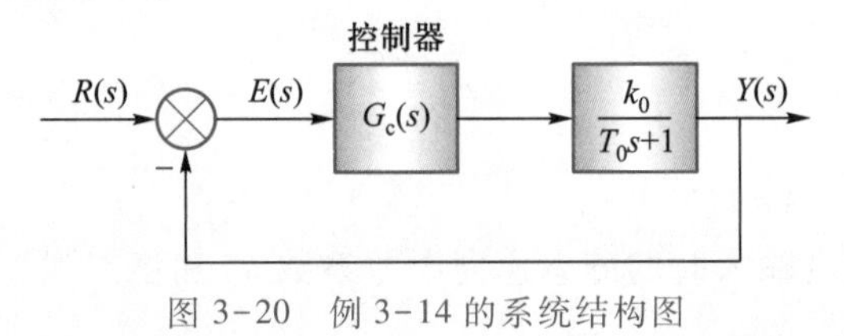

图 3-20 例 3-14 的系统结构图

解 PI(比例-积分)控制器的传递函数可表示为

$$G_c(s)=k_1+\frac{k_2}{s}$$

系统的开环传递函数为

$$G_k(s)=\frac{k_1k_0s+k_2k_0}{s(T_0s+1)}=\frac{k_2k_0\left(\dfrac{k_1}{k_2}s+1\right)}{s(T_0s+1)}$$

由开环传递函数可知，系统的开环放大系数 $K=k_2k_0$，系统是稳定的属 I 型的二阶系统；静态位置误差系数为∞，静态速度误差系数为 $k_v=K=k_2k_0$。所以，单位阶跃信号输入时的误差为

$$e_{ss}=0$$

单位速度信号输入时的误差为

$$e_{ssv}=\frac{1}{k_v}=\frac{1}{K}=\frac{1}{k_2k_0}=\frac{1}{1.9k_2}\approx\frac{0.5}{k_2}$$

所以，当驾驶命令为单位阶跃信号时，稳态误差为 0；当驾驶命令为单位斜坡(速度)信号时，精度的高低只与积分的参数值有关。

例 3-15 宇航员移动控制系统结构图如图 3-21 所示。其中，$K_1=1\ 000$，K_2 为控制器的增益，宇航员及其装备的总转动惯量 $J=25\ \text{kg}\cdot\text{m}^2$。

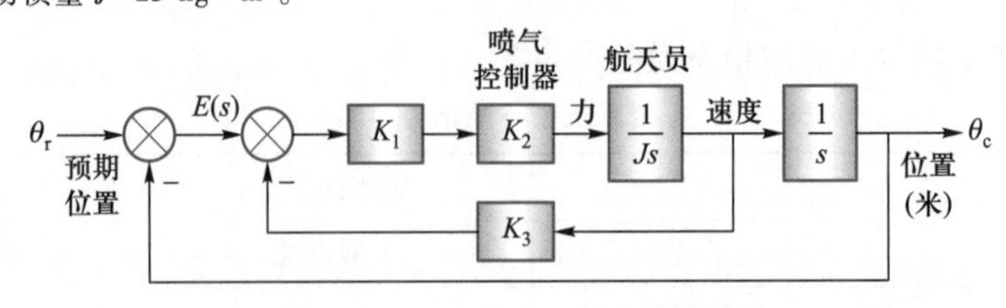

图 3-21 例 13-15 的系统结构图

(1) 当输入为斜坡信号 $r(t)=t$ 时，要求移动时的稳态误差 $e_{ss}\leqslant 1$ cm，试确定内反馈系数 K_3 的值。

(2) 采用(1)中的 K_3 值，若要求系统的超调量 $\sigma\%$ 在 10%以内，试确定喷气控制器 K_2 的增益值。

解 系统开环传递函数为

$$G_k(s)=\frac{K_1K_2}{s(Js+K_1K_2K_3)}=\frac{\frac{K_1K_2}{J}}{s\left(s+\frac{K_1K_2K_3}{J}\right)}=\frac{K}{s(Ts+1)}$$

式中，$K=\frac{1}{K_3}$，$T=\frac{J}{K_1K_2K_3}$。

（1）系统为Ⅰ型的二阶稳定系统。当输入 $r(t)=t$ 时，要求移动时的稳态误差 $e_{ss}=1$ cm，K_3 的取值应为

$$e_{ssr}=\frac{1}{k_v}=K_3\leqslant 0.01$$

系统闭环传递函数为

$$\Phi(s)=\frac{Y(s)}{R(s)}=\frac{\frac{K_1K_2}{J}}{s^2+\frac{K_1K_2K_3}{J}s+\frac{K_1K_2}{J}}=\frac{\omega_n^2}{s^2+2\zeta\omega_n s+\omega_n^2}$$

于是有

$$\omega_n=\sqrt{\frac{K_1K_2}{J}}$$

$$\zeta=\frac{K_3\sqrt{K_1K_2}}{2\sqrt{J}}$$

（2）当要求 $\sigma\%=\mathrm{e}^{-\frac{\zeta\pi}{\sqrt{1-\zeta^2}}}\leqslant 10\%$ 时，可解出 $\zeta\geqslant 0.592$，取 $\zeta=0.6$。将 $J=25$，$K_1=1\ 000$，$K_3=0.01$，代入上式，可得

$$\zeta=\frac{K_3\sqrt{K_1K_2}}{2\sqrt{J}}=0.6$$

可得喷气控制器 K_2 的值为

$$K_2\geqslant 360$$

（4）典型信号合成输入时的稳态误差计算

系统受阶跃、速度和加速度信号共同作用时，即

$$r(t)=A+Bt+\frac{1}{2}Ct^2 \quad \Rightarrow \quad R(s)=\frac{A}{s}+\frac{B}{s^2}+\frac{C}{s^3}$$

式中，A，B，C 分别为阶跃、速度和加速度信号的幅值。

求合成输入时系统的稳态误差，一种方法是直接用终值定理；另一种方法是分别求出各单独信号作用下的误差后再叠加。

2. 扰动作用下稳态误差计算

扰动作用下的误差只能用拉氏变换的终值定理计算。在图 3-18 所示的典型结构中，要先令 $r(t)=0$，$R(s)=0$，此时，系统的误差传递函数为

$$\Phi_{ed}(s)=\frac{E_d(s)}{D(s)}=\frac{-G_2(s)H(s)}{1+G_1(s)G_2(s)H(s)}=\frac{-G_2(s)H(s)}{1+G_k(s)}$$

误差拉氏变换为

$$E_{d}(s)=-\Phi_{ed}(s)D(s)=\frac{-G_{2}(s)H(s)}{1+G_{k}(s)}D(s)$$

由拉氏变换的终值定理可得稳态误差为

$$e_{ss}=\lim_{s\to0}sE_{d}(s)=-\lim_{s\to0}s\frac{G_{2}(s)H(s)}{1+G_{k}(s)}D(s) \tag{3-50}$$

注意:干扰输入下的稳态误差不能用误差系数的方法,即不能用表3-2中的结论。

例3-16 航船受海浪的冲击将使船体摇摆,消摆控制系统结构图如图3-22所示。图中,航船的传递函数可视为二阶,航船输出角度的反馈系数为α,它们的参数均为已知值。

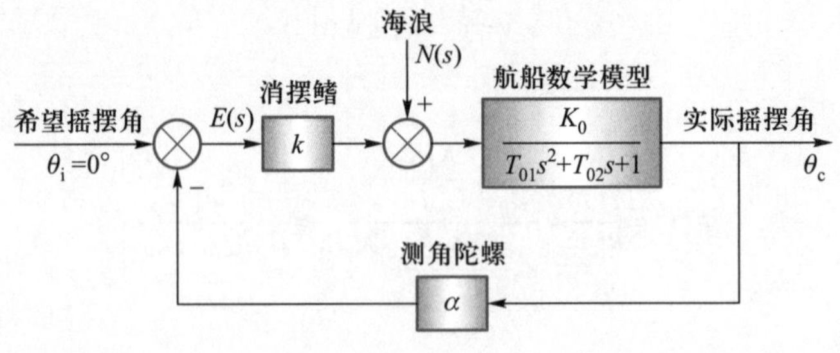

图3-22 例3-16的系统结构图

设船体受到的最大冲击$n(t)=15°\cdot1(t)$,要求摇摆的稳态误差角度值$e_{ssn}\leqslant|0.2°|$,应取多大的k值?

解 (1) 判别系统的稳定性。

特征方程为

$$1+G_{k}(s)=0$$

式中

$$G_{k}(s)=\frac{kK_{0}\alpha}{T_{01}s^{2}+T_{02}s+1}$$

于是有

$$T_{01}s^{2}+T_{02}s+1+kK_{0}\alpha=0$$

方程中各项系数均为正值,因此闭环系统稳定。

(2) 求扰动作用下的误差传递函数。

扰动作用下的误差结构图如图3-23所示。

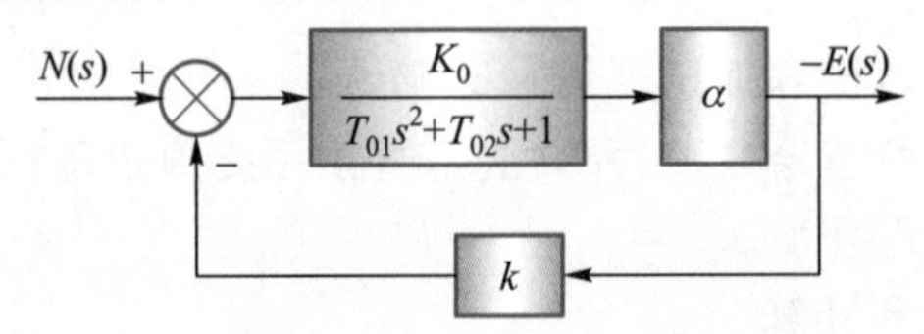

图3-23 扰动作用下的误差结构图

由上图可得扰动作用下的误差传递函数为

$$\frac{E(s)}{N(s)}=-\frac{\dfrac{K_0\alpha}{T_{01}s^2+T_{02}s+1}}{1+\dfrac{kK_0\alpha}{T_{01}s^2+T_{02}s+1}}=-\frac{K_0\alpha}{T_{01}s^2+T_{02}s+1+kK_0\alpha}$$

误差的拉氏变换为

$$E(s)=-\frac{K_0\alpha}{T_{01}s^2+T_{02}s+1+kK_0\alpha}N(s)$$

(3) 计算稳态误差

依终值定理可得

$$e_{ssn}=\lim_{s\to 0}sE(s)=-\lim_{s\to 0}s\cdot\frac{K_0\alpha}{T_{01}s^2+T_{02}s+1+kK_0\alpha}\cdot\frac{15^\circ}{s}=-\frac{K_0\alpha\times 15^\circ}{1+kK_0\alpha}$$

由已知条件可得

$$e_{ssn}=\frac{K_0\alpha\times 15^\circ}{1+kK_0\alpha}\leqslant 0.2^\circ$$

解上式可得

$$k\geqslant 75-\frac{1}{\alpha K_0}$$

3. 给定、扰动共同输入下系统稳态误差的计算

分别求出给定、扰动输入时的稳态误差，依线性系统具有的叠加性，进行代数相加。考虑到干扰信号极性的不确定性，也可采用绝对值相加，即

$$\begin{cases}e_{ss}=e_{ssr}+e_{ssn}\\ e_{ss}=|e_{ssr}|+|e_{ssn}|\end{cases}\tag{3-51}$$

四、减小稳态误差的方法

分析表 3-2 可知，要减小或消除稳态误差，一是可以提高系统的开环增益；二是可以增加系统中积分环节的个数。要注意的是，这两种方法都会使系统的动态性能更差，所以，要在满足系统动态性能的条件下采用上述方法。

例 3-17 系统结构图如图 3-24 所示。已知给定信号和各干扰信号均为单位阶跃函数，试分别计算它们作用时的稳态误差，并说明积分环节的位置设置对减小输入和干扰作用下的稳态误差的影响。

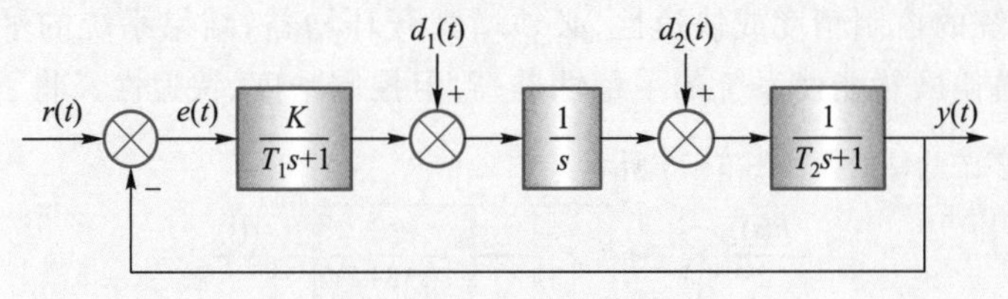

图 3-24 例 3-17 的系统结构图

解 系统的开环传递函数为

$$G(s)=\frac{K}{s(T_1s+1)(T_2s+1)}$$

(1) 求给定输入作用下的稳态误差。

由开环传递函数可知，系统为 I 型系统。在系统稳定的条件下，$r(t)=1(t)$时，$e_{ssr}=0$

(2) 求 $d_1(t)$输入下的稳态误差。

误差传递函数为

$$\Phi_{ed_1}(s)=\frac{E(s)}{D_1(s)}=\frac{-\dfrac{1}{s(T_2s+1)}}{1+\dfrac{K}{s(T_1s+1)(T_2s+1)}}=\frac{-(T_1s+1)}{s(T_1s+1)(T_2s+1)+K}$$

当干扰 $d_1(t)=1(t)$时，干扰造成的稳态误差为

$$e_{ssd_1}=\lim_{s\to 0}s\Phi_{ed_1}(s)D_1(s)=\lim_{s\to 0}s\Phi_{ed_1}(s)\frac{1}{s}=-\frac{1}{K}$$

(3) 求 $d_2(t)$输入下的稳态误差。

误差传递函数为

$$\Phi_{ed_2}(s)=\frac{E(s)}{D_2(s)}=\frac{-\dfrac{1}{(T_2s+1)}}{1+\dfrac{K}{s(T_1s+1)(T_2s+1)}}=\frac{-s(T_1s+1)}{s(T_1s+1)(T_2s+1)+K}$$

单位阶跃干扰下造成的稳态误差为

$$e_{ssd_2}=\lim_{s\to 0}s\Phi_{ed_1}(s)D_2(s)=\lim_{s\to 0}s\Phi_{ed_2}(s)\frac{1}{s}=0$$

由计算结果可以看出：当前向通道中有积分环节时，阶跃输入下的稳态误差都为 0；对于干扰信号，只有在反馈比较点到干扰作用点之间的前向通道中设置有积分环节时，才能使干扰引起的稳态误差为 0。但也看出，没有积分环节时，系统是一个稳定的二阶系统，引入积分环节后变成三阶系统了，依劳斯稳定判据，系统有可能会变为不稳定的系统。

3.7 基于时域分析法的系统校正

一、问题的提出

第 1 章曾指出（本章前面的分析也可看到），系统的性能要求和结构参数往往是有矛盾的。为了提高系统的控制精度或快速性，必须增大开环增益，结果系统的平稳性就会变差；相反，减小开环增益虽然能使系统的平稳性提高，但控制精度、快速性又将下降。

例 3-18 某随动系统的结构图如图 3-25 所示。

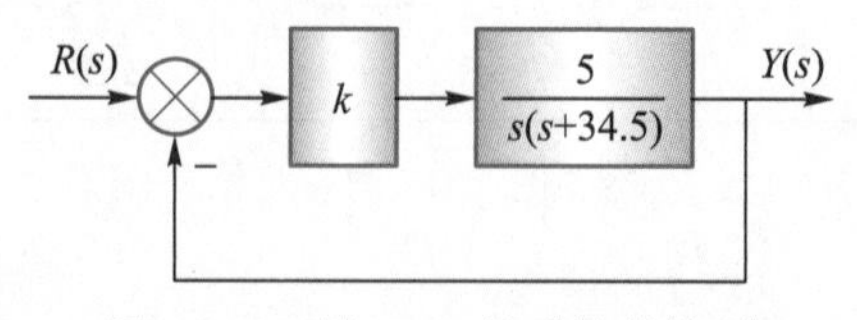

图 3-25 例 3-18 的系统结构图

（1）求 $k=200$ 时，系统的动态性能（$\sigma\%$、t_s），以及单位斜坡输入下的稳态误差。

（2）当增大 k（$k=1\ 500$）或减小 k（$k=10$）时，系统的动态性能（$\sigma\%$、t_s），以及单位斜坡输入下的稳态误差有何变化？

解　（1）求 $k=200$ 时的系统性能。

系统的开环、闭环传递函数分别为

$$G_k(s)=\frac{1\ 000}{s(s+34.5)}=\frac{29}{s(0.03s+1)}$$

$$\Phi(s)=\frac{1\ 000}{s^2+34.5s+1\ 000}$$

与典型系统的传递函数相比，有

$$34.5=2\zeta\omega_n,\quad 1\ 000=\omega_n^2$$

联立解以上两式，可得无阻尼自然振荡频率和阻尼比分别为

$$\omega_n=31.5\ \text{rad/s}$$

$$\zeta=0.545$$

系统的动态、稳态性能为

超调量：$\sigma\%=e^{-\frac{\zeta\pi}{\sqrt{1-\zeta^2}}}\times100\%\approx13\%$

调节时间：$t_s=\dfrac{3}{\zeta\omega_n}=\dfrac{3}{0.545\times31.5}\ \text{s}\approx0.17\ \text{s}$

稳态误差：$e_{ssv}=\dfrac{1}{k_v}=\dfrac{1}{29}\approx0.03$

（2）求 $k=1\ 500$ 时的系统性能。

系统的开环、闭环传递函数分别为

$$G_k(s)=\frac{7\ 500}{s(s+34.5)}=\frac{217.4}{s(0.03s+1)}$$

$$\Phi(s)=\frac{7\ 500}{s^2+34.5s+7\ 500}$$

与典型系统的传递函数相比，有

$$34.5=2\zeta\omega_n,\quad 7\ 500=\omega_n^2$$

联立解以上两式，可得无阻尼自然振荡频率和阻尼比分别为

$$\omega_n=\sqrt{7\ 500}\ \text{rad/s}\approx86.6\ \text{rad/s}$$

$$\zeta=\frac{34.5}{2\times86.6}\approx0.199\approx0.2$$

系统的动态、稳态性能为

超调量：$\sigma\%=e^{-\frac{\zeta\pi}{\sqrt{1-\zeta^2}}}\times100\%\approx53\%$

调节时间：$t_s=\dfrac{3}{\zeta\omega_n}=\dfrac{3}{0.2\times86.6}\ \text{s}\approx0.17\ \text{s}$

稳态误差：$e_{ssv}=\dfrac{1}{k_v}=\dfrac{1}{217.4}\approx0.005$

求 $k=10$ 时的系统性能。

系统的开环闭环传递函数分别为

$$G_k(s)=\frac{50}{s(s+34.5)}=\frac{1.45}{s(0.03s+1)}$$

$$\Phi(s)=\frac{50}{s^2+34.5s+50}$$

可求出

$$\omega_n=7.07\ \text{rad/s}$$

$$\zeta=2.439$$

系统处于过阻尼状态,特征根为

$$s_1=-\zeta\omega_n+\omega_n\sqrt{\zeta^2-1}=-1.52;\quad s_2=-\zeta\omega_n-\omega_n\sqrt{\zeta^2-1}=-32.97$$

由于 $s_2 \ll s_1$, s_2 对动态分量的影响完全可以忽略,系统可视为一阶系统。系统的动态、稳态性能为

超调量:$\sigma\%=0$

调节时间:$t_s=\frac{4}{s_1}=\frac{4}{1.52}\ \text{s}\approx 2.6\ \text{s}$

稳态误差:$e_{ssv}=\frac{1}{k_v}=\frac{1}{1.45}\approx 0.69$

可见,开环益值 k 从 1 500 变为 10,超调量大大下降了,从 53%下降为 0;但快速性也下降了,从 0.17 s变成 2.6 s,慢了 2.43 s;控制精度严重变差了,从 0.005 变为 0.69。

上面分析表明,为了增加系统的平稳性,单纯采用减少开环增益的方法并不好,甚至无法满足要求。

二、提高性能的方法

控制工程中,为了解决系统参数(如开环放大系数值)与系统动态性能、静态性能之间的矛盾,常在系统中引入某种称为“校正”的环节。系统的校正又常称为“综合”,是系统设计的一部分。

考虑到时域分析法对高阶系统的分析,通常都采用降为二阶的方法,下面以二阶系统为例,从理论上说明“校正”的原理与作用。关于普通系统“校正”更详细的内容,将在第 6 章作更详细的介绍和讨论。

1. 串联校正

串联校正是在误差信号后串入“校正环节”。典型二阶系统串入“比例-微分”环节前后的结构图如图 3-26 所示。

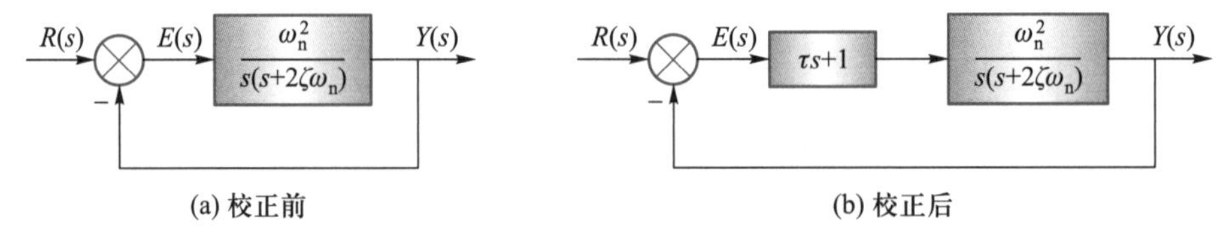

图 3-26 串入“比例-微分”环节前后的结构图

为了分析“校正”的作用,可分别求出校正前、后系统相关的传递函数。

校正前,系统的开环、闭环传递函数分别为

$$G_k(s)=\frac{\omega_n^2}{s(s+2\zeta\omega_n)};\quad \Phi(s)=\frac{\omega_n^2}{s^2+2\zeta\omega_n s+\omega_n^2}$$

校正后，系统的开环、闭环传递函数分别为

$$G_{kd}(s)=\frac{\omega_n^2(1+\tau s)}{s(s+2\zeta\omega_n)};\quad \Phi_d(s)=\frac{\omega_n^2(1+\tau s)}{s^2+2\left(\zeta+\frac{1}{2}\tau\omega_n\right)\omega_n s+\omega_n^2}$$

从“开环传递函数”看，校正前后系统的开环增益，即开环放大系数值保持不变$\left(k=\frac{\omega_n}{2\zeta}\right)$，因此，控制精度不变。

从“闭环传递函数”看，一方面，由于微分参数“τ”只能取正值，所以阻尼比的值变大了$\left(\zeta_d=\zeta+\frac{1}{2}\tau\omega_n>\zeta\right)$。由超调量公式可知，超调量将减小；另一方面，系统也增加了一个闭环零点。理论上和实践中都证明，闭环零点的存在可能会使超调量上升。因此，“τ”的取值很重要。若选择好τ值，闭环零点对超调量上升的影响可忽略。

由于自然振荡频率未变，由调节时间计算公式可知，调节时间将变短，因此也增加了系统的快速性。

需要的是，由于传递函数分子项多了微分因子项，已经不属于“典型系统”。因此，求动态性能时，不能简单地采用“典型系统”的公式去计算，这时只能通过求出系统的单位阶跃响应$y(t)$后，按指标的定义计算。但是当“τ”值比系统极点的实部值小20%以上时，可忽略该零点对超调量的影响，仍可用典型系统的性能公式计算。

例 3-19 机械手控制系统结构图如图 3-27(a)所示，系统的开环增益$K=15$。为了确保机械手工作时的平稳性，要求$\sigma\%<40\%$；速度输入时的精度$e_{ssr}<0.1$，该系统能否满足性能要求？若不能满足性能要求，采用：

(1) 改变开环增益K值，能否满足系统性能要求？

(2) 引入“比例-微分”校正方法，如图 3-27(b)所示，能否系统满足性能要求？

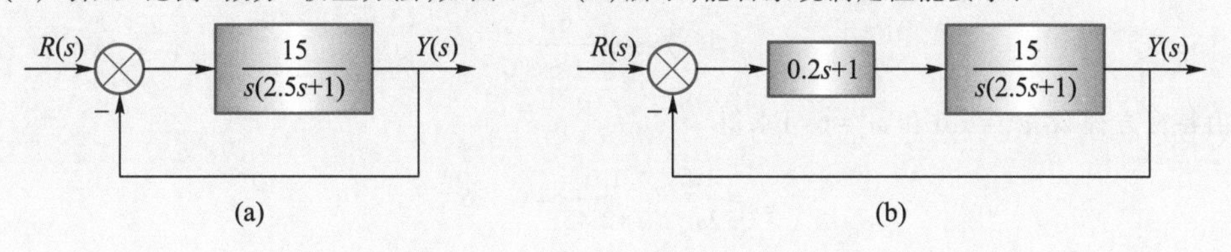

图 3-27 例 3-19 的系统结构图

解 由图 3-27(a)可得，系统的开环传递函数、闭环传递函数分别为

$$G_k(s)=\frac{15}{s(2.5s+1)};\quad \Phi(s)=\frac{6}{s^2+0.4s+6}$$

与典型系统的传递函数相比，有

$$0.4=2\zeta\omega_n;6=\omega_n^2$$

联立解上两式有

$$\omega_n\approx2.45\ \text{rad/s};\zeta\approx0.08$$

由性能计算公式可得

超调量：$\sigma_p=e^{\frac{-\zeta\pi}{\sqrt{1-\zeta^2}}}\times100\%\approx90\%$

调节时间：$t_s=\dfrac{4}{\zeta\omega_n}=\dfrac{4}{0.08\times2.45}\ \mathrm{s}\approx20.4\ \mathrm{s}$

稳态误差：$e_{ssr}=\dfrac{1}{k_v}=\dfrac{1}{15}\approx0.066$

稳态误差满足要求值，但超调量远超要求值，不满足性能要求。

(1) 选择超调量 $\sigma_p\approx37\%$，查得相应的阻尼系数 $\zeta\approx0.3$。

由 $2\zeta\omega_n=0.4 \quad\Rightarrow\quad \omega_n=\dfrac{0.4}{2\zeta}=\dfrac{0.4}{2\times0.3}\ \mathrm{rad/s}\approx0.67\ \mathrm{rad/s}$

由$\dfrac{K}{2.5}=\omega_n^2 \quad\Rightarrow\quad K=2.5\omega_n^2=2.5\times0.67^2\approx1.1\approx1$

可见，若机械手的最大超调量要小于40%，应把系统的开环增益 K 值从15调到1.1以下，但稳态误差

$$e_{ssr}=\frac{1}{k_v}=\frac{1}{K}\geqslant1$$

超调量满足要求值，但稳态误差远超要求值。可见，采用改变开环增益不能满足系统性能的要求。

(2) 引入"比例-微分"校正。

由图3-27(b)可得，系统的开环传递函数、闭环传递函数分别为

$$G_k(s)=\frac{15(0.2s+1)}{s(2.5s+1)}$$

$$\Phi(s)=\frac{G_k(s)}{1+G_k(s)}=\frac{15(0.2s+1)}{s(2.5s+1)+15(0.2s+1)}=\frac{15(0.2s+1)}{2.5s^2+4s+15}=\frac{6(0.2s+1)}{s^2+1.6s+6}$$

由于开环增益不变，因此稳态误差不变，而开环零点$\left(-\dfrac{1}{0.2}=-5\right)$远小于开环极点$\left(-\dfrac{1}{2.5}=-0.4\right)$，两者相差12.5倍，开环零点对超调量的影响远小于开环极点对超调量的影响。于是，系统的性能可近似按典型系统计算，即

$$\Phi(s)\approx\frac{6}{s^2+1.6s+6}$$

由特征方程 $2\zeta_d\omega_n=1.6$ 和 $\omega_n^2=6$ 可求得

$$\zeta_d=\frac{1.6}{2\omega_n}=\frac{1.6}{2\times2.45}\approx0.326$$

由此得

超调量：$\sigma\%=\mathrm{e}^{\frac{-\zeta\pi}{\sqrt{1-\zeta^2}}}\times100\%\approx34\%$

调节时间：$t_s=\dfrac{4}{\zeta\omega_n}=\dfrac{4}{0.326\times2.45}\ \mathrm{s}\approx19\ \mathrm{s}$

稳态误差：$e_{ssr}=\dfrac{1}{k_v}=\dfrac{1}{15}\approx0.066$

引入比例-微分校正后，不但超调量、稳态误差均能满足要求，而且快速性也上升(从20.4 s下降为5 s)

"比例-微分"校正可用"有源电路"(运算放大器)[图3-28(a)]实现，也可用带放大器的"无源电路"[阻容元件，图3-28(b)]实现。

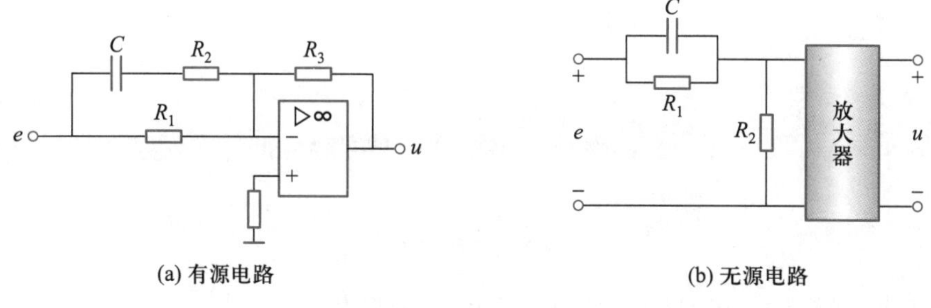

图 3-28 比例-微分校正电路

2. 并联(局部)反馈

并联反馈是将输出量的微分信号负反馈至输入端,如图 3-29 所示。

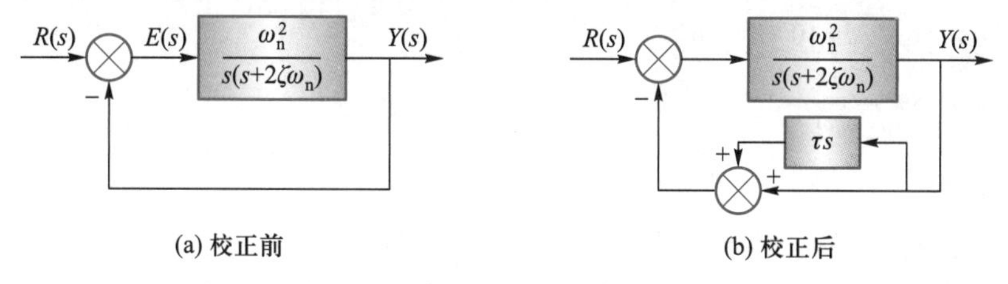

图 3-29 并联反馈校正前后结构图

校正后的开环、闭环传递函数分别为

$$G_{kd}(s)=\frac{\omega_n^2(1+\tau s)}{s(s+2\zeta\omega_n)};$$

$$\Phi_d(s)=\frac{\omega_n^2}{s^2+2\left(\zeta+\frac{1}{2}\tau\omega_n\right)\omega_n s+\omega_n^2}$$

可见,校正前后的开环放大系数不变,控制精度不变。校正后的等效阻尼系数变大了 $\left(\zeta_d=\zeta+\frac{1}{2}\tau\omega_n>\zeta\right)$,因此,系统的超调量下降,平稳性变好,快速性也上升。

例 3-20 已知系统的结构图如图 3-30 所示。计算:(1) 系统未引入输出量的微分前,系统的超调量和调节时间;(2) 若要求超调量小于 5%,微分常数应取的值。

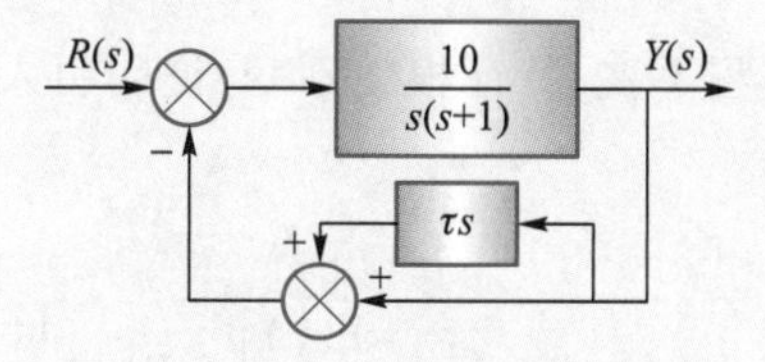

图 3-30 例 3-20 系统的结构图

解 (1) 未引入输出量的微分反馈前,系统的闭环传递函数为

$$\Phi(s)=\frac{10}{s^2+s+10}$$

$\omega_n=\sqrt{10}$ rad/s，由 $2\zeta\omega_n=1$，求得 $\zeta=0.158$，于是

超调量

$$\sigma\%=\mathrm{e}^{-\frac{\zeta\omega_n}{\sqrt{1-\zeta^2}}}\times100\%=60.5\%$$

调节时间

$$t_s(5\%)=\frac{3}{\zeta\omega_n}=6\ \mathrm{s}$$

（2）系统引入输出量的微分反馈后，系统的闭环传递函数为

$$\Phi_d(s)=\frac{10}{s^2+(1+10\tau)s+10}$$

要求超调量小于 5%，取 $\zeta=0.7$。由 $2\zeta\omega_n=1+10\tau$，$\omega_n=\sqrt{10}$ rad/s，可求得 $\tau\approx0.343$，于是

超调量：$\sigma\%=\mathrm{e}^{-\frac{\zeta\omega_n}{\sqrt{1-\zeta^2}}}\times100\%=4.6\%$

调节时间：$t_s(5\%)=\dfrac{3}{\zeta\omega_n}=1.4\ \mathrm{s}$

3. 复合控制

第 1 章曾经提及，复合控制结构有两种，如图 3-31 所示。

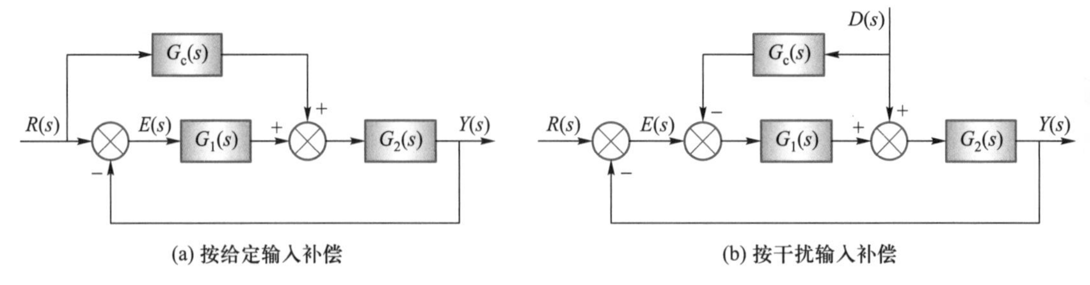

图 3-31 复合控制结构

（1）按给定输入补偿的复合控制

图 3-31(a) 为按给定输入补偿的复合结构。$G_c(s)$ 提供了输入信号的补偿信号，与给定信号一起参与对被控对象的控制，闭环传递函数为

$$\Phi(s)=\frac{Y(s)}{R(s)}=\frac{[G_1(s)+G_c(s)]G_2(s)}{1+G_1(s)G_2(s)} \tag{3-52}$$

式(3-52)表明，系统的特征方程不变，特征根就不变，说明引入 $G_c(s)$ 后，系统几乎保持了原系统动态性能。

误差的拉氏变换为

$$E(s)=R(s)-Y(s)=R(s)\left[1-\frac{Y(s)}{R(s)}\right]=R(s)\frac{1-G_c(s)G_2(s)}{1+G_1(s)G_2(s)}$$

若设计

$$G_c(s)=\frac{1}{G_2(s)}$$

则有

$$E(s)=R(s)\cdot 0=0\ ;R(s)=Y(s) \tag{3-53}$$

式(3-53)表明,无论输入什么信号,稳态误差均为零,系统的输出完全不受 $G_c(s)$ 的影响,既能保持原系统的动态性能,又完全消除了系统各种输入时的稳态误差。

(2) 按干扰输入补偿的复合控制

图 3-31(b)为按干扰输入补偿的复合控制。$G_c(s)$ 提供了干扰补偿信号与给定信号一起参与系统的控制。系统在干扰作用下的传递函数为

$$\Phi_d(s)=\frac{Y_d(s)}{D(s)}=\frac{[1-G_1(s)G_c(s)]G_2(s)}{1+G_1(s)G_2(s)} \tag{3-54}$$

式(3-54)表明,系统的特征方程不变,特征根就不变,说明引入 $G_c(s)$ 后,几乎保持了原系统动态性能。

干扰对系统输出的拉氏变换为

$$Y_d(s)=\frac{[1-G_1(s)G_c(s)]G_2(s)}{1+G_1(s)G_2(s)}D(s) \tag{3-55}$$

若设计

$$G_c(s)=\frac{1}{G_1(s)}\ \ \Rightarrow\ \ Y_d(s)=0\cdot D(s)=0 \tag{3-56}$$

由式(3-56)可见,无论什么干扰信号,只要能检测到,其对系统的输出均无影响,既能保持原系统的动态性能不变,又提高了系统的抗干扰能力。

三、3 种校正方式的比较

1. 从性能效果看,串联、并联校正方法都能保证在开环增益不变,即稳态误差不变的情况下,系统的阻尼比变大,超调量下降,平稳性变好,快速性上升。而复合控制在保持原系统动态性能不变的情况下,理论上可完全消除输入或干扰引起的稳态误差。

2. 从抗干扰能力看,串联校正和按输入补偿的复合控制结构处于正向通道,含有电容 C,易受高频干扰影响。

3. 从物理实现看,串联校正、按输入的复合控制结构,处在误差信号处,功率小,电压低,易于用阻容组成的集成元件;而输出微分环节处于电压较高,电流较大的输出端,对使用元器件的要求较高。

本章要点

时域分析法是从理论上对系统进行分析的方法,也是其他工程分析法的理论基础。

系统稳定性是首要要求,它完全由系统的结构、参数决定。系统稳定的充要条件是所有闭环特征方程的根(极点)都具有负实部,即都要位于 s 平面的左半边,而与零点无关。

动态性能。单位阶跃响应的超调量和调节时间是时域性能的两个主要指标;一阶系统无超调,调节时间为时间常数的 3~4 倍;二阶欠阻尼系统的响应为正弦衰减,超调量只与阻

尼比有关，阻尼比越小，超调量越大，调节时间与阻尼比、自然振荡频率成反比；高阶系统常用“主导极点”或“偶极子”方法，降为一、二阶系统后去分析和设计。

稳态性能以稳态误差为指标。计算时必须先判断系统的稳定性，可采用拉氏变换的终值定理或静态误差系数法。要注意，静态误差系数法只适用于输入端定义的典型输入下的误差计算，且输入端也不能有前馈通道。减小或消除误差的方法有3种。

思考练习题

3-1 时域分析法的思路是什么？

3-2 系统输出响应由哪两部分组成？各部分反映了系统的什么特性？

3-3 线性系统稳定的充分必要条件是什么？为什么？

3-4 一阶系统的特征参数是什么？与系统性能有什么关系？

3-5 二阶系统的特性参数与系统性能有什么关系？如何提高系统性能？

3-6 什么情况下高阶系统的性能可用降阶的方法去处理？

3-7 “偶极子”指的是什么？对系统性能有何影响？为什么？

3-8 系统的控制精度与什么有关？如何提高系统的控制精度？

3-9 一阶系统的结构图如图3-32所示。要求系统的闭环增益 $K_{\Phi}=2$，调节时间 $t_s \leqslant 0.4$ s，试确定参数 K_1、K_2 的值。

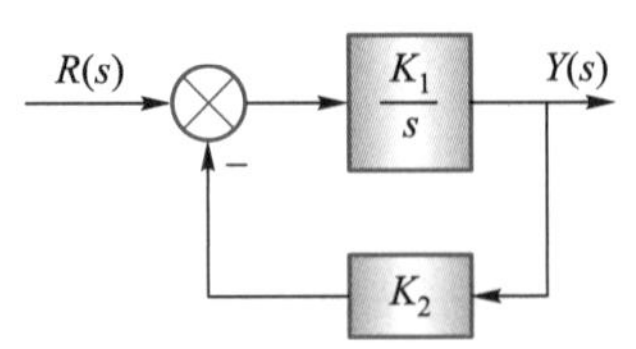

图3-32 题3-9的系统结构图

3-10 单位负反馈系统的开环传递函数为 $G_k(s)=\dfrac{4}{s(s+5)}$，求单位阶跃响应。

3-11 机器人控制系统结构图如图3-33所示。试确定参数 K_1、K_2 的值，使系统阶跃响应的峰值时间 $t_p=0.5$ s，超调量 $\sigma\%=2\%$。

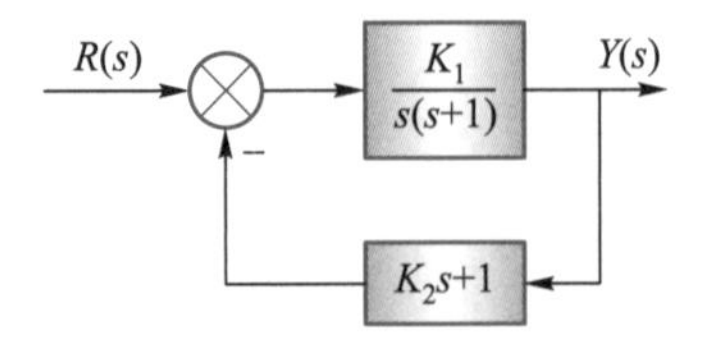

图3-33 题3-11的系统结构图

3-12 单位负反馈系统的开环传递函数为

$$G_k(s)=\frac{K}{s(Ts+1)}$$

要求闭环极点配置在 $s_{1,2}=-5\pm j5\sqrt{3}$，K 和 T 应取何值？

3-13 已知系统的特征方程如下，试判别系统的稳定性。

(1) $D(s)=s^3+20s^2+4s+50=0$

(2) $D(s)=s^4+6s^3+100s^2+10=0$

(3) $D(s)=s^4+6s^3+100s^2+20s+10=0$

(4) $D(s)=s^5+2s^4+24s^3-48s^2+25s+50=0$

3-14 图 3-34 是某垂直起降飞机的高度控制系统结构图，试确定使系统稳定的 K 值范围。

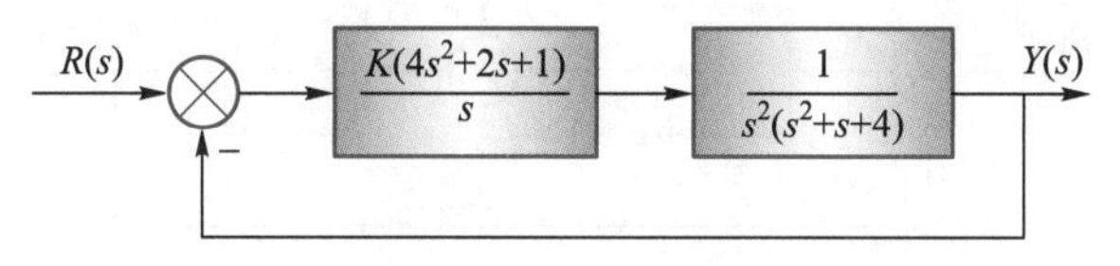

图 3-34 题 3-14 的系统结构图

3-15 单位反馈系统的开环传递函数为

$$G_k(s)=\frac{K}{s(s+3)(s+5)}$$

要求系统特征根的实部不大于-1，试确定开环增益的取值范围。

3-16 系统结构图如图 3-35 所示。

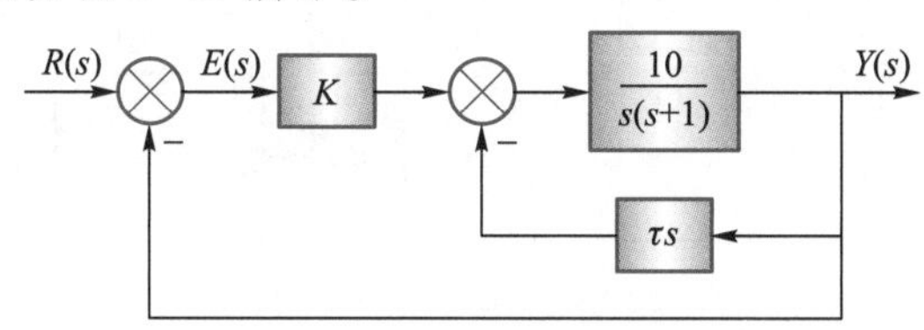

图 3-35 题 3-16 的系统结构图

(1) 求系统的开环传递函数 $G_k(s)$；

(2) 求系统的闭环传递函数 $\Phi(s)$；

(3) 要求超调量 $\sigma\%=16.3\%(\zeta=0.5)$，峰值时间 $t_p=1$ s，试确定系统参数 K 及 τ；

(4) 计算等速输入 $r(t)=1.5t(°)/\mathrm{s}$ 时系统的稳态误差。

3-17 系统结构图如图 3-36 所示。

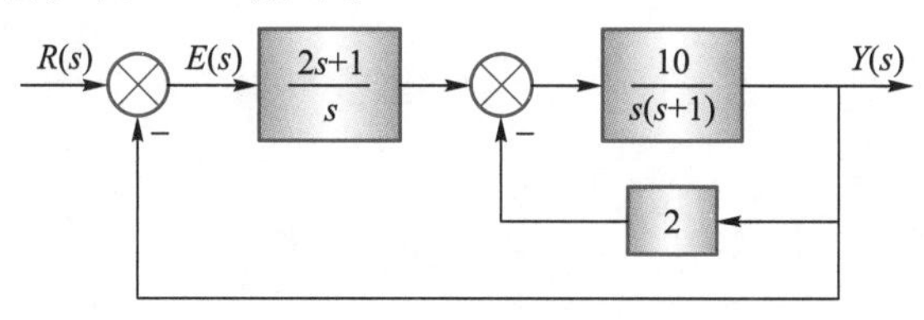

图 3-36 题 3-17 的系统结构图

试求局部反馈加入前和加入后系统的静态位置误差系数、静态速度误差系数和静态加速度误差系数。

3-18 已知单位负反馈系统的开环传递函数为

$$G_k(s)=\frac{7(s+1)}{s(s+4)(s^2+2s+2)}$$

试分别求出当输入信号 $r(t)=1(t)$，t 和 t^2 时系统的稳态误差。

3-19 复合控制系统结构图如图 3-37 所示，图中，K_1、K_2、T_1、T_2 均为大于零的常数。

(1) 确定当闭环系统稳定时，参数 K_1、K_2、T_1、T_2 应满足的条件；

(2) 当输入 $r(t)=V_0t$ 时，选择校正装置 $G_c(s)$，使得系统无稳态误差。

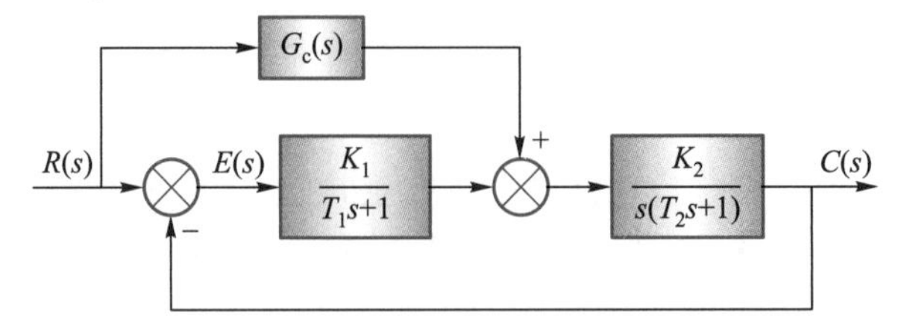

图 3-37 题 3-19 的系统结构图

3-20 控制系统结构图如图 3-38 所示。试分析：

(1) β 值对系统稳定性的影响；

(2) β 值增大对动态性能($\sigma\%$ 和 t_s)的影响；

(3) β 值增大对 $r(t)=at$ 作用下稳态误差的影响。

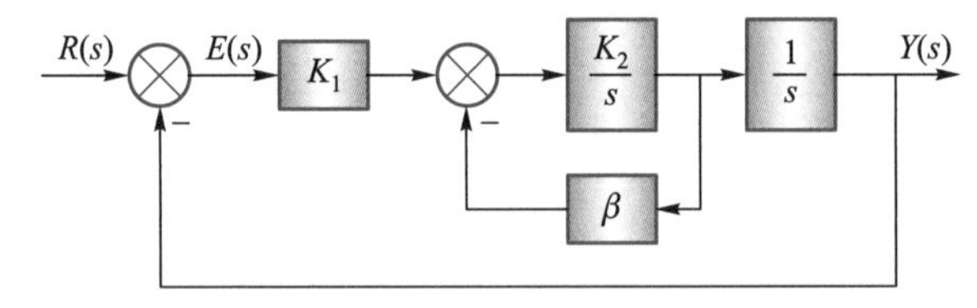

图 3-38 题 3-20 的系统结构图

\>>> *第4章

控制系统根轨迹分析法

闭环系统的动态性能主要由闭环极点即特征方程的根决定。然而求解高次代数方程的根是件很困难的事情,何况,当系统中的参数有变化时,又需重新求解,这就限制了时域分析法对高阶系统的分析及研究。

1948年,W.R.Evans(伊文思)提出了根轨迹分析法。该方法是根据系统开环零、极点在 s 平面上的分布,通过一些规则,绘制出闭环极点随系统某参数变化的轨迹,从而通过图解方法对系统性能进行近似定性、定量的分析及计算。

4.1 系统根轨迹的基本概念

一、根轨迹的定义

开环传递函数中的某个参数从零变化到无穷时,闭环特征方程的根(闭环极点)在 s 平面上的变化轨迹,称为根轨迹。若根轨迹增益为参数变量,则称为“常规根轨迹”,其他参数为变量的称为“参量根轨迹”。

下面以例子说明。某控制系统的结构图如图4-1所示。

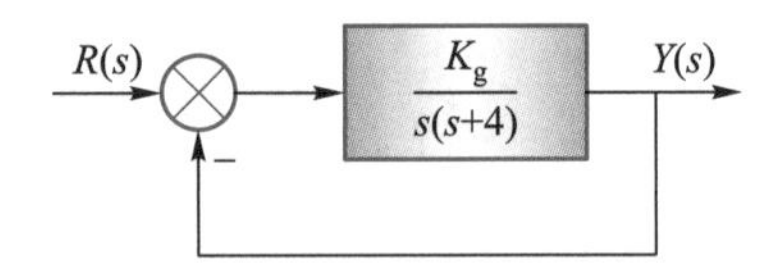

图4-1 控制系统的结构图

开环传递函数为

$$G_k(s)=G(s)H(s)=\frac{K_g}{s(s+4)}$$

式中,K_g 为根轨迹增益。两个开环极点为:$p_1=0$;$p_2=-4$。

闭环传递函数为

$$\Phi(s)=\frac{Y(s)}{R(s)}=\frac{K_g}{s^2+4s+K_g}$$

特征方程与特征根为

$$s^2+4s+K_g=0 \quad \Rightarrow \quad s_{1,2}=-2\pm\sqrt{4-K_g}$$

当 K_g 从 $0\to\infty$,特征根的变化如表4-1。

表4-1 特征根的变化

K_g	0	2	4	8	10	…	∞
s_1	0	$-2+\sqrt{2}$	−2	−2+j2	$-2+j\sqrt{6}$	…	$-2+j\infty$
s_2	−4	$-2-\sqrt{2}$	−2	−2−j2	$-2-j\sqrt{6}$	…	$-2-j\infty$

把特征根标注在 s 平面(根平面)上,并用连续的线把它们连接起来,便得到两条随开环

增益变化而变化的闭环特征根的轨迹,如图 4-2 所示。

二、根轨迹与系统性能关系

以图 4-2 为例,定性分析图 4-1 所示系统的性能。

1. 稳定性

增益 K_g 从零变到无穷时,根轨迹均位于 s 平面的左半边。由时域分析法可知,系统对所有的增益值都是稳定的。

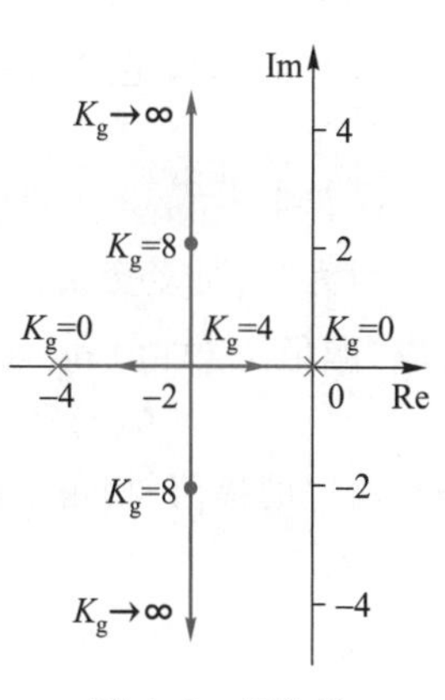

图 4-2 根轨迹

2. 稳态特性

开环系统在坐标原点有一个极点,属于 I 型系统,阶跃信号输入下的稳态误差为"0"。

3. 动态特性

当 $0<K_g\leqslant 4$ 时,所有闭环极点都位于实轴上,由第 3 章可知,系统为过阻尼,响应为非周期过程;当 $K_g=4$ 时,两个实数极点重合,系统为临界阻尼,响应仍为非周期过程;当 $K_g>4$ 时,闭环极点为共轭复数极点,系统为欠阻尼,响应为正弦衰减振荡。

4.2 根轨迹方程与基本条件

图 4-2 所示的根轨迹是通过求方程根的公式绘制的。然而,对高阶系统的特征方程根,并无求根公式可依。伊文思提出了绘制高阶代数方程根轨迹图的方法。

一、根轨迹方程

考虑图 4-3 所示的控制系统。

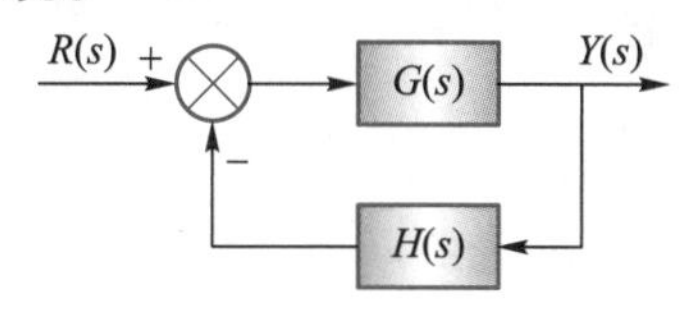

图 4-3 控制系统结构图

开环传递函数为

$$G_k(s)=G(s)H(s)$$

闭环传递函数为

$$\Phi(s)=\frac{Y(s)}{R(s)}=\frac{G(s)}{1+G(s)H(s)}=\frac{G(s)}{1+G_k(s)}$$

闭环特征方程为

$$1+G(s)H(s)=0$$

或写成

$$G(s)H(s)=-1 \tag{4-1}$$

称式(4-1)为“根轨迹方程”。满足式(4-1)的“s”值一定是闭环特征方程的根(极点);反过来,s平面上满足式(4-1)的“点”一定在根轨迹上。

二、基本条件

因为“s”是复变量,因此,开环传递函数 $G_k(s)=G(s)H(s)$ 是复数。式(4-1)两边可以写成“幅值”(模值)和“辐角”(相角)形式,即

$$|G(s)H(s)|\underline{/G(s)H(s)}=1\underline{/\pm(2k+1)\pi} \qquad (k=0,1,2,\cdots)$$

等号两边的幅值、相角必然相等,即

$$|G(s)H(s)|=1 \tag{4-2}$$

$$\underline{/G(s)H(s)}=\underline{/\pm(2k+1)\pi} \quad (k=0,1,2,\cdots) \tag{4-3}$$

称式(4-2)为幅值条件,式(4-3)为相角条件。

当系统的开环传递函数以零、极点形式表示时,式(4-1)为

$$G(s)H(s)=\frac{K_g\prod_{j=1}^{m}(s-z_j)}{\prod_{i=1}^{n}(s-p_i)}=-1$$

式中,$z_1,z_2,\cdots,z_m$ 为开环零点;$p_1,p_2,\cdots,p_n$ 为开环极点。根轨迹的“幅值条件”为

$$\frac{K_g\prod_{j=1}^{m}|s-z_j|}{\prod_{i=1}^{n}|s-p_i|}=1 \quad \Rightarrow \quad \frac{\prod_{j=1}^{m}|s-z_j|}{\prod_{i=1}^{n}|s-p_i|}=\frac{1}{K_g} \tag{4-4}$$

“相角条件”为

$$\sum_{j=1}^{m}\underline{/s-z_j}-\sum_{i=1}^{n}\underline{/s-p_i}=\pm180^\circ(2k+1)(k=0,1,2,\cdots) \tag{4-5}$$

例 4-1 已知某系统的开环传递函数为

$$G_k(s)=\frac{K_g(s+z_1)}{s(s+p_1)(s+p_2)}$$

零、极点分布图如图4-4所示。

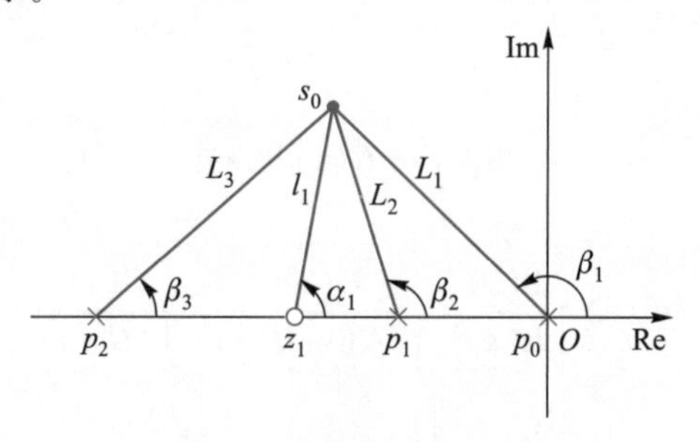

图4-4 零、极点分布图

若s平面上的点“s_0”是闭环系统的特征根,则量出该点至各开环极点和零点的长度,或计算该点至

各开环极点和零点的模，必满足幅值条件，即

$$K_{g0}=\frac{L_1L_2L_3}{l_1}$$

量出该点至各开环极点和零点与正实轴方向的夹角，或计算该点至各开环极点和零点的相角，必满足相角条件，即

$$\alpha_1-\beta_1-\beta_2-\beta_3=\pm180^\circ(2k+1)\quad(k=0,1,2,\cdots)$$

考察相角条件，它与开环增益值(K_g)无关。因此，满足相角条件的 s 值代入幅值条件的方程时，一定能求得一个对应的 K_g 值。

因此，"相角条件"是决定闭环极点的"充要条件"，而"幅值条件"可用来确定根轨迹上各点对应的 K_g 值。

4.3 绘制系统根轨迹的基本法则

依据根轨迹方程的两个条件，下面不加证明地介绍绘制系统根轨迹的基本法则。

法则 1：根轨迹条数(分支数)。根轨迹的条数等于系统的阶数。n 阶方程必有 n 个根，n 个根都会随参数的变化而连续地变化。

法则 2：根轨迹的对称性。特征方程是代数方程，其根只能是实数或共轭复数。共轭复数必然对称于实轴。

法则 3：根轨迹的起点与终点。根轨迹起始于开环极点，终止于开环零点。当分母阶数 n 大于分子阶数 m 时，有 $n-m$ 条根轨迹趋于无穷远处(又称无穷零点)。

根轨迹的起点是 $K_g=0$ 时的闭环极点。由根轨迹的幅值条件[式(4-4)]可知，当 $K_g=0$ 时，式(4-4)右边的值为∞。左边值要想为∞，只有 $s=p_i$，即开环极点；根轨迹的终点是$K_g=\infty$ 时的闭环极点。当 $K_g=\infty$ 时，式(4-4)右边的值为 0。若 $n=m$，式(4-4)左边的值要为 0，只有 $s=z_j$，即开环零点；当 $n>m$ 时，定有 $n-m$ 个 s 为无穷大，式(4-4)左边值才会为 0。

法则 4：根轨迹的渐近线。趋于无穷远处的 $n-m$ 条根轨迹将沿着渐近线方向趋于无穷远处。渐近线的起点均在实轴上的同一点，其坐标为

$$\sigma_\alpha=\frac{\sum_{i=1}^{n}(p_i)-\sum_{j=1}^{m}(z_j)}{n-m}=\frac{\sum_{i=1}^{n}\text{开环极点}-\sum_{j=1}^{m}\text{开环零点}}{n-m}\tag{4-6}$$

与实轴正方向的夹角为

$$\beta_\alpha=\pm\frac{(2k+1)}{n-m}\times180^\circ\quad(k=0,1,2,\cdots)\tag{4-7}$$

例 4-2 已知系统的开环传递函数，判断是否有根轨迹趋于无穷远处。

$$G_k(s)=\frac{K_g}{s(s+1)(s+2)}$$

解 由传递函数看出，系统无开环零点($m=0$)；有 3 个开环极点($n=3$)。$n-m=3$，有 3 条根轨迹分别从 0，-1，-2 出发，沿着 3 条渐近线延伸到无穷远处，如图 4-5 所示。渐近线的起点在实轴上的坐标为

$$\sigma_\alpha = \frac{\sum_{i=1}^{n}(p_i) - \sum_{j=1}^{m}(z_j)}{n-m} = \frac{\sum_{i=1}^{n}\text{开环极点} - \sum_{j=1}^{m}\text{开环零点}}{n-m} = \frac{0-1-2}{3} = -1$$

与实轴正方向的夹角为

$$\beta_\alpha = \frac{(2k+1)}{n-m}\times 180° = \frac{(2k+1)}{3}\times 180° = \begin{cases} \pm 60° & (k=0) \\ 180° & (k=1) \end{cases}$$

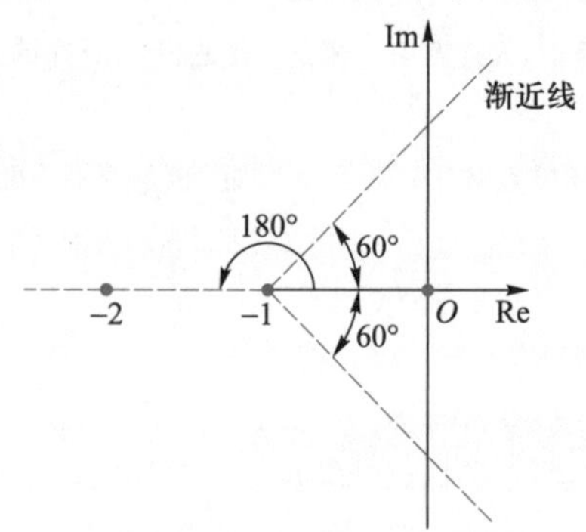

图 4-5 例 4-2 的渐近线

法则 5:实轴上根轨迹的分布。实轴上根轨迹处于零、极点之间的某一区段。若区段中的一点,其右边的开环零、极点总个数为奇数,则该区段必为根轨迹。

由相角方程易证明该法则。按照法则 5,例 4-2 中实轴上的“0~−1”和“−2~−∞”两区段均是根轨迹。

法则 6:根轨迹的分离点与会合点。两条根轨迹相遇后再分开的点称为分离点,如图 4-6(a)的“s_1”点。通常在两个极点之间的根轨迹上有分离点;两条根轨迹再相遇的点称为会合点,如图 4-6(b)的“s_2”点。通常在两个开环零点(含无穷零点)之间的根轨迹上有会合点。分离点和会合点都是于±90°的方向离开或会合的。

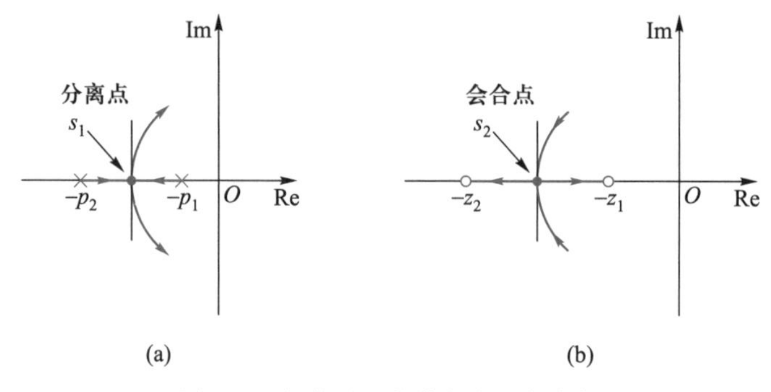

图 4-6 根轨迹上的分离点和会合点

分离点、会合点是特征方程的重根值,可按代数方程求重根的方法求取。

设系统开环传递函数 $G_k(s)$ 及特征方程 $D(s)$ 为

$$G_k(s) = \frac{K_g M(s)}{N(s)} \quad \Rightarrow \quad D(s) = 1 + \frac{K_g M(s)}{N(s)} = 0$$

$D(s)$对 s 求导数并令其为 0,可得

$$\frac{\mathrm{d}}{\mathrm{d}s}\left[1+\frac{K_g M(s)}{N(s)}\right]=\frac{\mathrm{d}}{\mathrm{d}s}\left[\frac{K_g M(s)}{N(s)}\right]=0$$

因此有

$$M(s)N'(s)-N(s)M'(s)=0 \tag{4-8}$$

式中,$M(s)$、$N(s)$分别是开环传递函数分子、分母 s 的多项式。

注意:只有处于根轨迹上的值才是真正的分离点或会合点;或者将该值代入特征方程求开环增益值,只有使 K_g 为正的才是分离点或会合点。

例 4-3 求例 4-2 系统的分离点和会合点。

解 系统无开环零点,有 3 个开环极点,分别为 0、-1 和-2。根据实轴上根轨迹的法则,0~-1 和 -2~-∞ 为根轨迹。

由开环传递函数

$$M(s)=1 \implies M'(s)=0$$

$$N(s)=s^3+3s^2+2s \implies N'(s)=3s^2+6s+2$$

代入式(4-8)可得

$$M(s)N'(s)-N(s)M'(s)=0 \implies 3s^2+6s+2=0$$

解方程有

$s_1=-0.423$;$s_2=-1.577$(不合格)。

由于 s_1 处于两个极点之间的根轨迹上,所以是分离点。若代入特征方程,对应的开环增益为 0.384。s_2 不处于根轨迹上,所以既不是分离点也不是会合点。

法则 7:根轨迹与虚轴的交点及增益。若根轨迹与虚轴有交点,说明闭环特征方程有"纯虚根",系统"临界稳定"。

令 $s=\mathrm{j}\omega$,代入特征方程,转化为实部和虚部,并分别令其为零,求解方程组,即可求出与虚轴的交点。

例 4-4 求下面系统根轨迹与虚轴的交点及其开环增益值。

$$G_k(s)=\frac{K_g}{s(s+1)(s+2)}$$

解 由系统的特征方程 $D(s)=1+G_k(s)=0$,有

$$s(s+1)(s+2)+K_g=0 \Rightarrow s^3+3s^2+2s+K_g=0$$

将 $s=\mathrm{j}\omega$ 代入特征方程,可得

$$(\mathrm{j}\omega)^3+3(\mathrm{j}\omega)^2+2\mathrm{j}\omega+K_g=0 \Rightarrow (K_g-3\omega^2)+\mathrm{j}(2\omega-\omega^3)=0$$

令

$$\begin{cases}K_g-3\omega^2=0\\2\omega-\omega^3=0\end{cases}$$

解上面方程组有

$$K_g=6;\ \omega=\pm\sqrt{2}\ \mathrm{rad/s}$$

法则 8:根轨迹的出射角和入射角。

出射角位于复平面上的开环极点处,根轨迹离开此极点与正实轴的夹角,如图 4-7(a)

所示。可以通过“量出”(或计算)该极点到所有其他零点的矢量与正实轴方向之间的角度φ,并相加,再“量出”(或计算)该极点到所有其他极点与正实轴方向之间的角度θ,并相加,依相角条件,用下式计算

$$\theta_{pk}=\pm 180^\circ(2k+1)+\sum_{j=1}^{m}\varphi_j-\sum_{i=1;i\neq k}^{n}\theta_i \quad (k=0,1,2,\cdots) \tag{4-9}$$

入射角位于复平面上的开环零点处,根轨迹进入此零点与正实轴的角度,如图 4-7(b)所示。可以通过“量出”(或计算)该零点到其他零点的矢量与正方向的角度φ,并相加,再“量出”(或计算)该零点到所有其他极点的矢量与正方向的角度θ,并相加,依相角条件,用下式计算

$$\varphi_{zk}=\pm 180^\circ(2k+1)-\sum_{j=1;j\neq k}^{m}\varphi_j+\sum_{i=1}^{n}\theta_i \quad (k=0,1,2,\cdots) \tag{4-10}$$

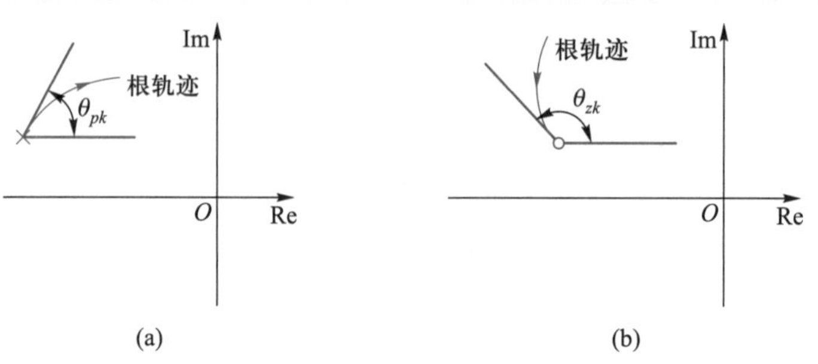

图 4-7 出射角、入射角示意图

法则 9:根轨迹的走向。n 阶系统有 n 条根轨迹。一般而言,一些根轨迹往左(或上)变化时(值变小),另一些根轨迹会往右(或下)变化(值变大),解释如下:

设高次代数方程式

$$s^n+a_{n-1}s^{n-1}+\cdots+a_1s+a_0=0$$

由韦达定理的“根之和”或“根之积”的关系,即 n 个根的和等于系数$-a_{n-1}$的值(定值),n 个根的积等于常数值(定值),可得

$$s_1+s_2+s_3+\cdots+s_n=-a_{n-1}$$

$$s_2^1s_2s_s\cdots s_n=(-1)^na_0$$

所以,一些根变大,另一些根必然变小。

根据以上法则,可以概略绘出系统的“根轨迹图”。

4.4 系统根轨迹的绘制

本节介绍如何应用上面的相关法则,绘制出一般系统的根轨迹图。

第一步,绘制复平面坐标系,用“×”标出系统开环极点 ,即根轨迹线的“起点”;用小圈“○”标出系统的开环零点,即根轨迹线的“终点”。

第二步,根据法则 4,当 $n>m$ 时,绘制出系统的渐近线。

第三步,根据法则 5,确定实轴上根轨迹的区段。

第四步,根据法则 6,判断实轴上的根轨迹是否存在分离点或会合点,若存在,则计算分离点和会合点。

第五步,若渐近线穿过虚轴,根据法则 7 计算根轨迹与虚轴的交点及其增益。

第六步,若系统存在开环复数极点、复数零点,则根据规则 8 计算并作出根轨迹的出射角和入射角。

根据以上得到的关键数值,在 s 平面上徒手画出平滑曲线。

例 4-5 已知系统的开环传递函数,试绘制系统的根轨迹图。

$$G_k(s)=\frac{K_g}{s(s+1)(s+2)}$$

解 (1) $n=3$,有 3 条根轨迹。

(2) 系统无零点($m=0$),有 3 个极点($n=3$)。$n-m=3$,有 3 条根轨迹,分别从开环极点 $p_1=0;p_2=-1;p_3=-2$ 出发,沿着 3 条渐近线伸到无穷远处。由例 4-2 可知,3 条渐近线与实轴的交点为“-1”,与正实轴夹角分别为±60°、180°。

(3) 实轴上,根轨迹在 0~-1 之间有分离点,由例 4-3 可知,分离点为“-0.423”。

(4) 根轨迹与虚轴有交点,由例 4-4 可知,$\omega=\pm\sqrt{2}$ rad/s;$K_g=6$。

根据以上得到的关键数值,在 s 平面上徒手画出平滑曲线,如图 4-8 所示。

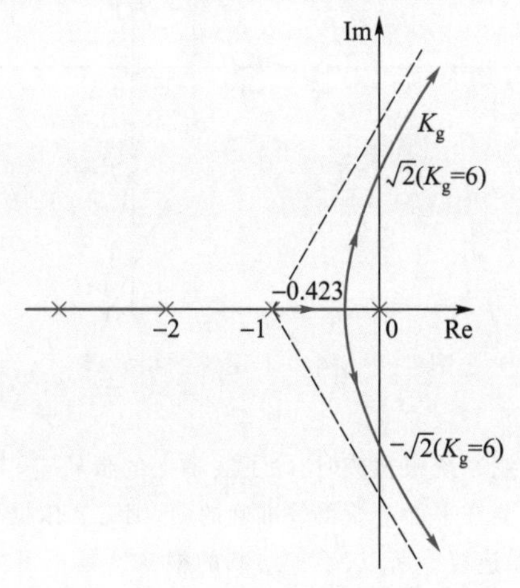

图 4-8 例 4-5 系统的根轨迹图

例 4-6 已知系统的开环传递函数,绘制系统的根轨迹。

$$G_k(s)=\frac{K_g(s+3)}{s(s+6)(s^2+2s+2)}$$

解 (1) $n=4$,有 4 条根轨迹。

(2) 系统有 4 个开环极点,1 个开环零点($n=4,m=1$)。根轨迹分别起于 $p_1=0,p_2=-6,p_3=-1+j1$,$p_4=-1-j1$。有 3 条根轨迹依 3 条渐近线趋于无穷远处。渐近线在实轴上的坐标 σ 及倾角为

$$\sigma_\alpha=\frac{\sum_{i=1}^{n}(p_i)-\sum_{j=1}^{m}(z_j)}{n-m}=\frac{\sum_{i=1}^{n}\text{开环极点}-\sum_{j=1}^{m}\text{开环零点}}{n-m}=\frac{0-6-1-j1-1+j1+3}{3}=\frac{-5}{3}=-1.67$$

$$\beta_\alpha=\pm\frac{2k+1}{n-m}\times180°=\frac{2k+1}{3}\times180°=\begin{cases}\pm60° & (k=0)\\180° & (k=1)\end{cases}$$

(3) 实轴上的根轨迹位于0~-3和-6~-∞,没有分离点和会合点。

(4) 计算根轨迹与虚轴上的交点。由特征方程

$$s^4+8s^3+14s^2+(12+K_g)s+3K_g=0$$

令 $s=\mathrm{j}\omega$,代入特征方程后,令实部和虚部均为0,可求出根轨迹与虚轴的交点为±j1.68,增益值 $K_g=10.48$。

(5) 离开复数极点(-1+j1)的出射角为

$$\begin{aligned}\theta_{(-1+\mathrm{j}1)}&=180°+\angle -1+\mathrm{j}1+3-\angle -1+\mathrm{j}1+0-\angle -1+\mathrm{j}1+6-\angle -1+\mathrm{j}1+1-\mathrm{j}1\\&=180°+26.6°-135°-11.3°-90°\\&=-29.7°\end{aligned}$$

根据根轨迹的对称性,离开复数极点(-1-j1)的出射角为29.7°。

由以上关键数值,绘制的系统的根轨迹,如图4-9所示。

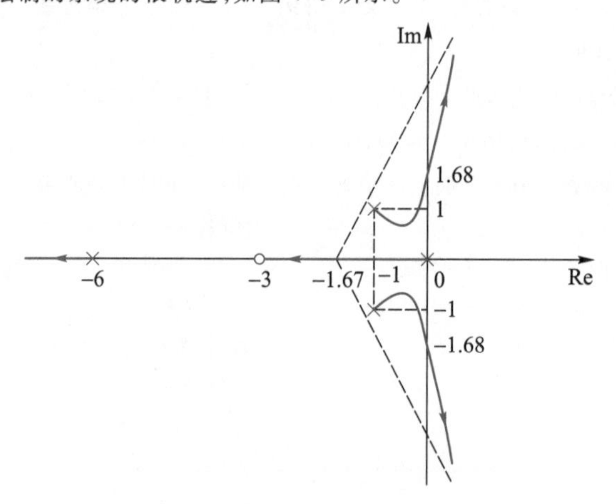

图4-9 例4-6系统的根轨迹

注意:采用上述方法手工绘制系统根轨迹时,除了实轴上的根轨迹、与虚轴的交点和出射角是准确的外,其他都是徒手绘制的。若要在平面上获得较准确的图,则需要依据相角条件并通过试探的方法确定出更多的关键点后用平滑曲线连接。所以,手工绘制的根轨迹是不可能很准确的。这也影响了它在系统分析中的应用。

4.5 参数根轨迹

除根轨迹增益(K_g)以外的其他参数(时间常数、反馈系数等)变化时所对应的根轨迹,称为“参数(或参量)根轨迹”。

参数根轨迹中,根轨迹增益 K_g 是变化值,处于开环传递函数分子因子外面,而其他定值参数处于分子或分母的因子中,所以不能直接用上面的“常规法则”绘制参数根轨迹。

在绘制参数根轨迹时,为了能继续用“常规法则”,要利用“等效开环传递函数”的概念。所谓“等效”是指与原系统具有完全相同的特征根,即闭环极点。

绘制参数根轨迹的具体方法和步骤：首先求出原系统的特征方程式，然后用不含有该参数的其余项去除特征方程式，便得到了系统的"等效开环传递函数"（原处于因子中的参变量移到了因子外面，相当于 K_g 位置），最后用常规法则绘制根轨迹。

例 4-7 绘制图 4-10 中微分常数"τ"变化时的系统根轨迹。

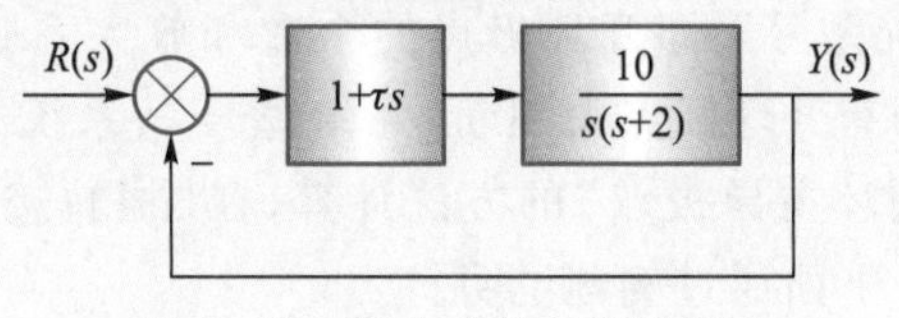

图 4-10 例 4-7 的系统结构图

解 系统特征方程为

$$D(s)=1+G_k(s)=1+\frac{10(1+\tau s)}{s(s+2)}=0 \Rightarrow D(s)=s^2+2s+10+10\tau s=0$$

特征方程两边除以不含有 τ 的项，即 $s^2+2s+10$，可得

$$1+\frac{10\tau s}{s^2+2s+10}=0 \Rightarrow 1+\frac{K_g^* s}{s^2+2s+10}=0$$

"等效开环传递函数"为

$$G_k^*(s)=\frac{K_g^* s}{s^2+2s+10}$$

式中，$K_g^*=10\tau$。

可利用上面介绍的常规法则，绘制 K_g^*，即"τ"从 $0\to\infty$ 变化的根轨迹，如图 4-11 所示。

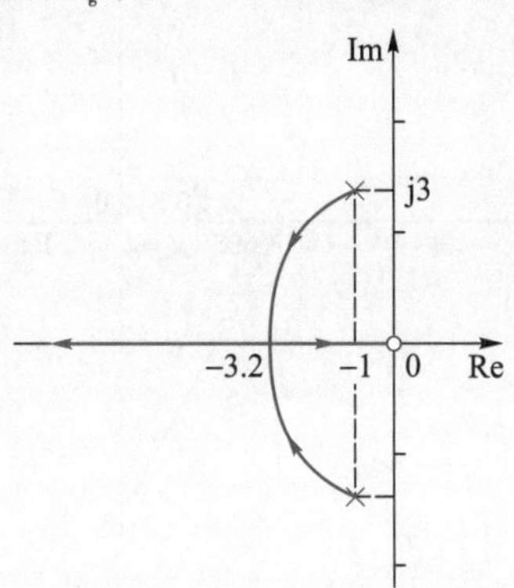

图 4-11 例 4-7 系统的根轨迹

4.6 系统性能的根轨迹分析

根据系统根轨迹可以分析系统的稳定性、动态特性和稳态特性。当这些性能未能满足要求时，要对根轨迹进行改造（校正）。

一、利用根轨迹分析系统性能

系统的稳定性，在“时域分析法”中是通过是否有正的闭环特征根，即正极点去判断的，在“根轨迹分析法”中是看 s 平面的右半平面上是否有根轨迹去判断的；系统的稳态性能，在“时域分析法”中可由“系统型号” 即开环极点的个数和放大系数值决定，在“根轨迹分析法”中可由坐标原点上是否有开环极点去判断“系统型号”；系统的动态性能，在“时域分析法”中，三阶以上系统用“闭环主导极点”的方法计算，在“根轨迹分析法”中，同样采用“闭环主导极点”的方法计算。下面通过例题说明。

例 4-8 系统的开环传递函数为

$$G_k(s)=\frac{8}{s(s+2)(s+4)}$$

(1) 绘制根轨迹图；(2) 分析系统性能（稳定性、动态性能和静态性能）。

解 (1) 绘制系统的根轨迹图。

依据“常规法则”，系统有 3 条根轨迹，起点：$p_0=0, p_1=-2, p_2=-4$，均终于无穷远处；有 3 条渐近线，与实轴的交点“$\sigma_a=-2$”，倾角“$\varphi=\pm60°$ 和 $180°$”；实轴上根轨迹区间为 $(-\infty,-4]$ 和 $[-2,0]$；实轴上 $[-2,0]$ 轨迹上有分离点“$s_1\approx0.84$”，分离点的根轨迹增益 $K_g=4.1$；根轨迹与虚轴有交点，对应的 $\omega=\pm2.83$ rad/s，$K_g=48$。

根据以上结果绘制的根轨迹如图 4-12 所示。

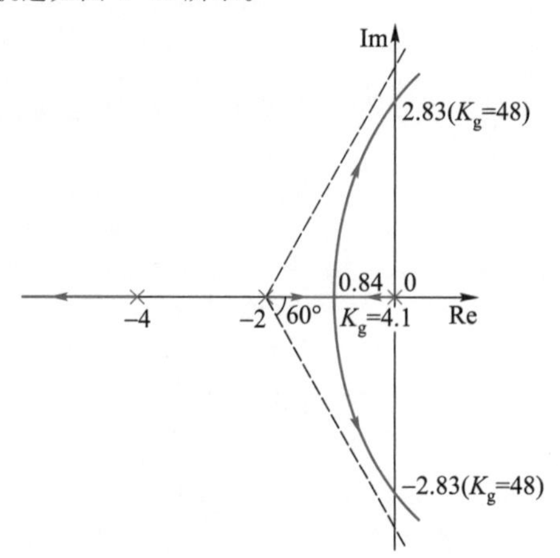

图 4-12 例 4-8 系统的根轨迹

(2) 分析系统性能。

① 稳定性及系统响应分析

由图 4-12 可知，当 $K_g>48$ 时，系统不稳定；$K_g<48$ 时，三个闭环极点均位于 s 平面的左半平面，系统稳定，其中，$4.1<K_g<48$ 时，有两条根轨迹位于 s 平面上，有一对负实部的共轭复根，系统的响应为正弦衰减振荡；当 $0<K_g<4.1$ 时，3 条根轨迹均位于负实轴上，3 个根均为负实数，系统响应为单调上升。

② 稳态性能分析

由图 4-12 可知，坐标原点有一个开环极点，因此，“系统为 Ⅰ 型”系统。阶跃信号输入时，稳态误差为 0；单位斜坡信号输入时，会有稳态误差，$e_{ss}=\frac{1}{k_v}=\frac{1}{K}=\frac{8}{8}=1$；加速度信号输入时，稳态误差为无穷大，系统不能输入加速度信号。

③ 动态性能分析

因为 $K_g=8$ 时根轨迹处于 s 平面的左半平面，其中有两条在平面上，对应有一对负实部共轭复根"$-\alpha\pm j\omega$"，另一条在$(-4\sim-\infty)$区段上，对应有一个负实根"s_1"。

在$(-4\sim-\infty)$区段上选几个值，用试探方法，去除特征方程式 $s^3+6s^2+8s+8=0$，求得 $s_1\approx-4.66$。

复数极点的负实部"α"可由代数方程(特征方程)根之和求出，即

$$s_1+2\alpha=-6\Rightarrow\alpha=\frac{-6-s_1}{2}=\frac{-6+4.66}{2}=-0.67$$

复数极点的虚部可由特征方程根之积求出，即

$$s_1s_2s_3=8\Rightarrow-4.66(-0.67+j\omega)(-0.67-j\omega)=8$$

解得

$$\omega\approx1.5\ \text{rad/s}$$

于是复数极点为 $s_{2,3}=-0.67\pm j1.5$。

因为 s_3 与 s_1 的实部之比为$\frac{4.66}{0.67}\approx7$，所以 s_3、s_2 可以认为是闭环主导极点，可按二阶系统处理，于是有

$$(s+s_2)(s+s_3)=s^2+1.34s+2.7=0$$

与二阶系统标准式相比，可得 $\omega_n\approx1.6\ \text{rad/s}$，$\zeta\approx0.4$。

超调量

$$\sigma\%=e^{-\frac{\zeta\pi}{\sqrt{1-\zeta^2}}}\times100\%\approx25\%$$

调节时间

$$t_s=\frac{3}{\zeta\omega_n}=\frac{3}{0.4\times1.6}\ \text{s}\approx4.7\ \text{s}$$

例 4-9 已知系统的开环传递函数为

$$G_k(s)=\frac{K_g}{s(s+1)(s+4)}$$

要求系统具有正弦衰减的动态过程，且在单位斜坡信号输入下的稳态误差 $e_{ss}\leqslant0.5$。用根轨迹分析法求 K_g 的取值。

解 (1) 按相关法则绘制系统根轨迹，如图 4-13 所示。

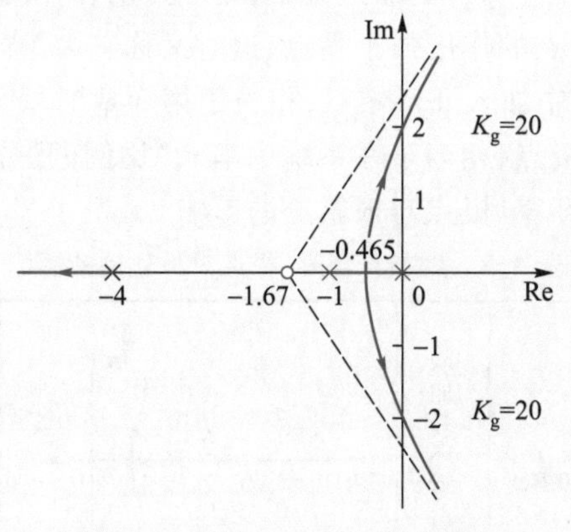

图 4-13 例 4-9 系统的根轨迹

(2) 由图 4-13 可知,系统处于正弦衰减状态时,其根轨迹应处在由分离点至虚轴交点之间。分离点 $s_d=-0.465$ 对应的 $K_{gd}=0.88$,于是, K_g 的取值范围为 $0.88<K_g<20$。

由于系统为Ⅰ型系统,其单位斜坡输入时稳态误差

$$e_{ss}=\frac{1}{k_v}=\frac{1}{K}=\frac{1}{K_g/4}=\frac{4}{K_g}\leqslant 0.5$$

故

$$K_g\geqslant 8$$

于是满足动态性能和稳态性能要求的 K_g 取值范围为

$$8\leqslant K_g<20$$

二、系统根轨迹的改造

根轨迹的形状由系统开环零、极点的分布决定。若开环零、极点的分布改变,根轨迹的形状就改变,系统的性能也就随之改变。因此,当系统的性能不能满足要求时,可在系统中加入适当的开环零点或极点。了解这种影响对系统设计或校正(综合)大有好处。

1. 增加开环零点对根轨迹的影响

增加开环零点,根轨迹将向该零点的方向弯曲。如果增加的零点位置位于左半平面,根轨迹会向左偏移,将改善系统的稳定性和动态性能,如果增加的零点位置越靠近虚轴,系统改善的动态性能越强;如果增加的零点位置位于右半平面,将使系统的动态性能变差;若加入的零点和极点相距很近,可称两者为“偶极子”,则两者的作用将相互抵消,因此,也常用加入零点的方法来抵消有损于系统性能的极点。

2. 增加开环极点对根轨迹的影响

增加开环极点后,根轨迹会向右偏移,使系统的精度提高但稳定性变差,甚至不稳定。

3. 增加开环“零、极点对”对根轨迹的影响

在系统设计或校正时,也常在负实轴上引入开环“零、极点”方法,其传递函数为

$$G_c(s)=k_c\frac{s+z_c}{s+p_c}$$

若零点($-z_c$)位置比极点($-p_c$)更靠近虚轴,则零点的作用强于极点,这时又称它为“超前”的微分校正;反之,若极点的作用强于零点,这时又称它为“滞后”的积分校正。

值得指出的是,在系统中加入开环零点,相当于第3章时域分析法中在系统中串入“比例-微分”(PD)环节;加入极点,相当于在系统中串入“比例-积分”(PI)环节。

表 4-2 给出了增加开环零、极点对根轨迹的影响。

表 4-2 增加开环零、极点对根轨迹的影响

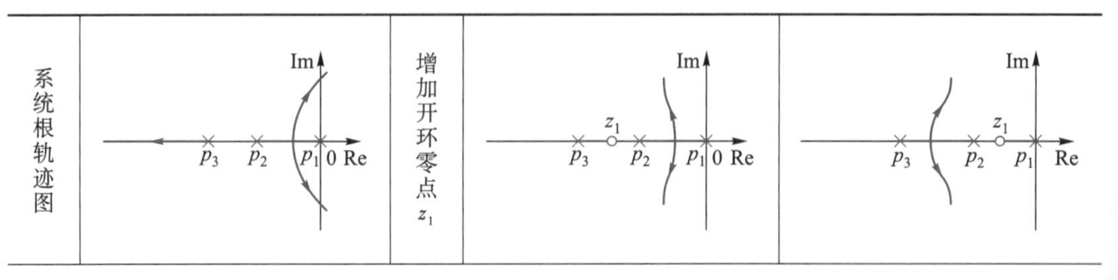

续表

系统根轨迹图	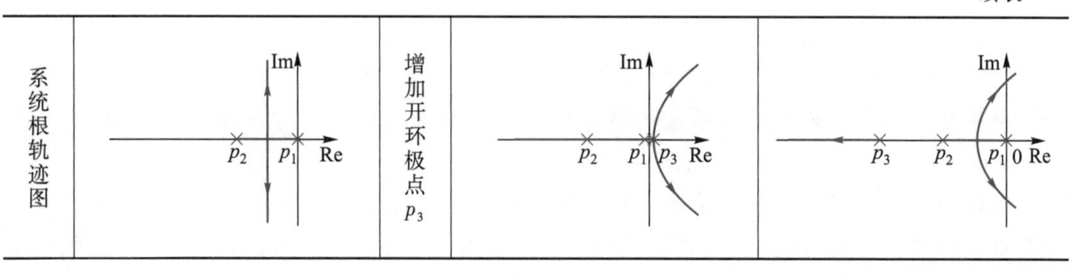	增加开环极点 p_3		

例 4-10 在图 4-14 的二阶系统中增加一个开环零点(-6)。绘制系统的根轨迹图,并分析增加的零点对系统性能的影响。

解 增加开环零点后系统的开环传递函数为

$$G_k(s)=\frac{K_g(s+6)}{s(s+4)}$$

(1) 绘制根轨迹图

根据相关绘制法则及证明可知,增加零点后系统的根轨迹是一个圆,圆心为 $\sigma_b=-6, \omega=0$,如图 4-14(b) 所示。这个圆与实轴的交点即为分离点和会合点。

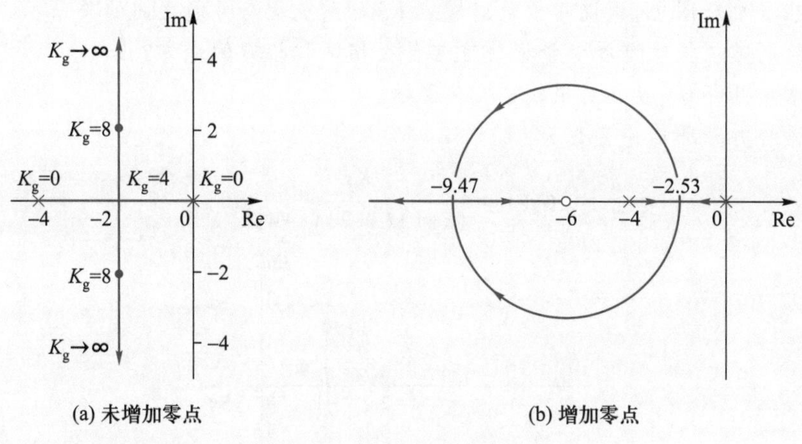

(a) 未增加零点　　(b) 增加零点

图 4-14　例 4-10 的根轨迹图

(2) 校正前后性能的比较

未增加零点前,系统的根轨迹如图 4-14(a)所示。在 s 平面上为一条垂线(分离点 $\sigma_b=-2$),根迹线比较靠近虚轴。闭环系统是稳定的,但动态性能会较差。

增加零点后,系统根轨迹如图 4-14(b)所示。系统根轨迹沿圆弧向左弯曲,且与虚轴的距离会变远。系统的稳定性和动态性能都会得到改善。

本章要点

根轨迹是指系统开环传递函数中某一参数从零变到无穷时,闭环特征方程的根,即极点在 s 平面上的变化轨迹。

绘制常规(K_g为参变量)根轨迹的方法是,根据已知的开环零、极点在s平面上的分布,遵循一些简单的法则绘制。对于非K_g为参变量的根轨迹,基于系统闭环特征方程不变的原则,将其转换为与常规根轨迹等效的开环传递函数形式后,可用常规法则绘制。

由根轨迹容易定性地分析系统的稳定性及动态和稳态性能。适当增加开环零、极点能直观看到根轨迹及系统性能的变化。

根轨迹分析法能直观地反映出系统参数和结构变化与性能之间的关系,但是,由于手工绘图难以确保准确度,而且也是通过试探或基于主导极点的方法,因此,一定程度上限制了根轨迹法在系统分析设计中的应用。

思考练习题

4-1 什么是根轨迹?为什么能用根轨迹分析系统的性能?

4-2 为什么可以依靠系统的开环零、极点绘制出闭环系统的根轨迹?

4-3 绘制根轨迹依据的两个条件是什么?如何运用这两个条件?

4-4 在根轨迹图上,试说明根轨迹增益K_g与系统动态性能之间的关系。

4-5 绘制常规根轨迹和参量根轨迹有什么相同和相异的地方?

4-6 增加开环零、极点对根轨迹有何影响?

4-7 系统的开环传递函数为

$$G_k(s)=\frac{K_g}{(s+1)(s+2)(s+4)}$$

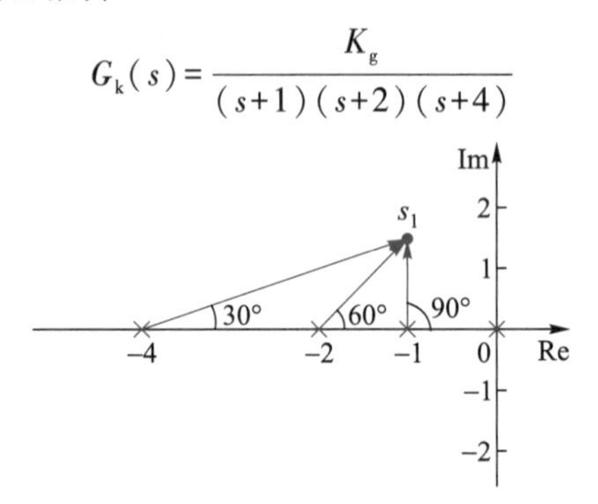

图4-15 题4-7系统的根轨迹图

证明:图4-15平面上的点$s_1=-1+j\sqrt{3}$在根轨迹上,并求出相应的根轨迹增益K_g和开环增益K。

4-8 已知开环零、极点如图4-16所示,用相关法则画出相应的根轨迹的草图。

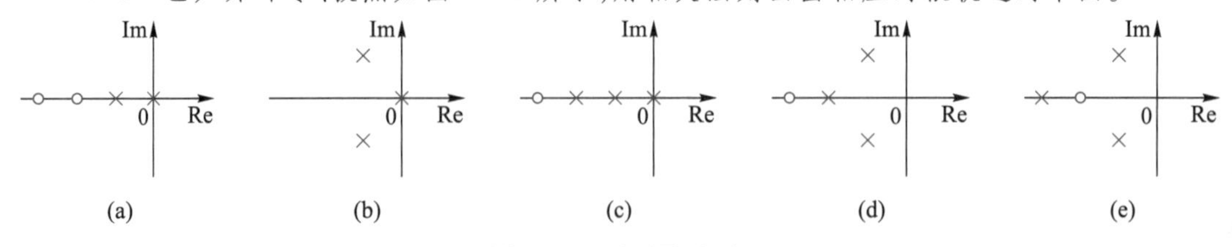

图4-16 开环零、极点

4-9　已知单位负反馈系统的开环传递函数，试概略绘出系统的根轨迹。

(1) $G_k(s)=\dfrac{K}{s(0.2s+1)(0.5s+1)}$

(2) $G_k(s)=\dfrac{K_g(s+5)}{s(s+2)(s+3)}$

(3) $G_k(s)=\dfrac{K_g(s+2)}{(s+1+j2)(s+1-j2)}$

4-10　已知系统的开环传递函数为

$$G_k(s)=\frac{K_g}{s(s^2+3s+9)}$$

试用根轨迹法确定使闭环系统稳定的开环增益 K_g 的取值范围。

4-11　试绘出下列多项式方程的根轨迹。

$$s^3+2s^2+3s+Ks+2K=0$$

4-12　已知单位反馈系统的开环传递函数，试绘制参数 b 从零变化到无穷大时的根轨迹，并写出 $b=2$ 时系统的闭环传递函数。

(1) $G_k(s)=\dfrac{20}{(s+4)(s+b)}$　　(2) $G_k(s)=\dfrac{30(s+b)}{s(s+10)}$

4-13　单位反馈系统结构图如图 4-17 所示，试分别绘出控制器传递函数 $G_c(s)$ 的根轨迹。

(1) $G_{c1}(s)=K_g$

(2) $G_{c2}(s)=K_g(s+3)$

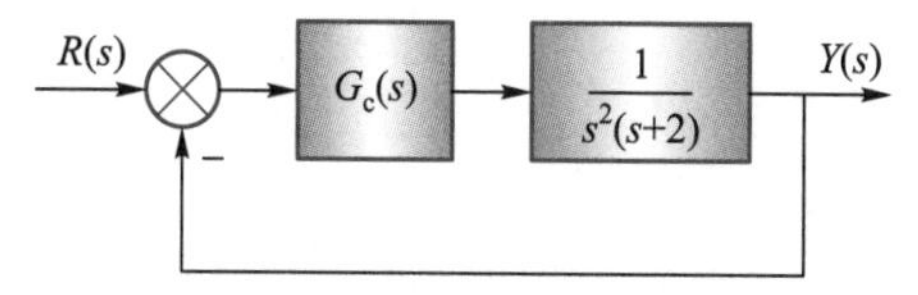

图 4-17　单位反馈系统结构图

第5章

控制系统的频率特性分析法

频率特性分析法是以环节或系统的“频率特性”作为“数学模型”去分析和设计线性定常系统的一种工程图解方法。

频率特性分析法,不但具有明确的物理意义,而且绘图方法简单、容易,与根轨迹图相比,具有更高的准确度;环节参数变化对系统性能的影响直观明了;特别是可通过实验求取那些机理不明或复杂系统的数学模型,所以在控制工程中得到非常广泛的应用。

5.1 频率特性的基本概念

一、频率特性的定义

理论分析表明,线性定常系统的输入为正弦信号时,输出的稳态值也是同频率的正弦信号,但其振幅不同,有相位差。若输入正弦信号的频率发生改变,其振幅和相位也随之改变。

图5-1(a)中,$\Phi(s)$是环节或系统的传递函数,$r(t)$是输入信号,$y(t)$是输出信号。图5-1(b)为系统输入输出波形示意图。

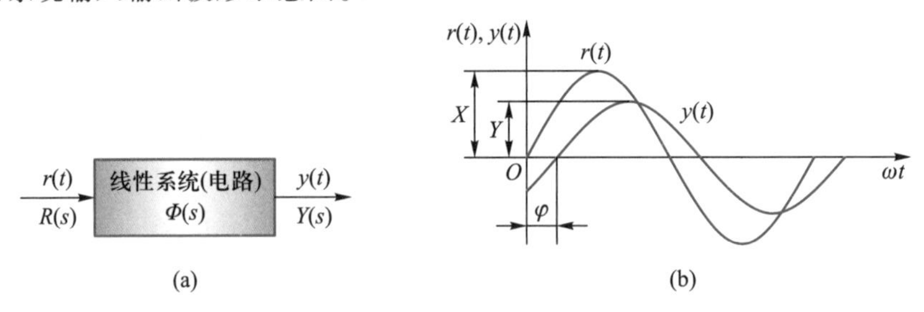

图5-1 系统(电路)的方块图及输入输出波形示意图

设输入$r(t)=A\sin\omega t$,A是振幅,ω是频率,则稳态输出为

$$y(t)=Y\sin(\omega t+\varphi^{\circ})=A\,|\Phi(\mathrm{j}\omega)|\,\sin[\omega t+\underline{/\Phi(\mathrm{j}\omega)}] \tag{5-1}$$

式中,$Y=A|\Phi(\mathrm{j}\omega)|$为振幅;$\underline{/\Phi(\mathrm{j}\omega)}$为相角;$\omega$是频率。

定义:线性定常系统在正弦信号作用下,系统稳态输出与输入的振幅比称为环节或系统的幅频特性,即

$$\frac{\text{输出振幅}}{\text{输入振幅}}=\frac{A|\Phi(\mathrm{j}\omega)|}{A}=|\Phi(\mathrm{j}\omega)| \tag{5-2}$$

输出与输入的相位差称为环节或系统的相频特性,即

$$\text{输出相位}-\text{输入相位}=\varphi^{\circ}-0^{\circ}=\underline{/\Phi(\mathrm{j}\omega)} \tag{5-3}$$

输出与输入的复数比,或者说幅频特性和相频特性,称为环节或系统的频率特性,表示为

$$\Phi(\mathrm{j}\omega)=\frac{Y(\mathrm{j}\omega)}{R(\mathrm{j}\omega)}=|\Phi(\mathrm{j}\omega)|\underline{/\Phi(\mathrm{j}\omega)}=|\Phi(\mathrm{j}\omega)|\mathrm{e}^{\mathrm{j}\varphi(\omega)} \tag{5-4}$$

二、频率特性与传递函数间关系

考察式(5-2)~式(5-4)容易发现,传递函数中的“s”变成“jω”,就是频率特性,即

$$\Phi(\mathrm{j}\omega)=\Phi(s)\Big|_{s=\mathrm{j}\omega} \tag{5-5}$$

因此,频率特性是 $s=\mathrm{j}\omega$ 时的“传递函数”,因此也是一种数学模型。

例 5-1 某系统结构图如图 5-2 所示,试根据频率特性的概念,求输入信号为 $r(t)=\sin 2t$ 时,系统的稳态输出。

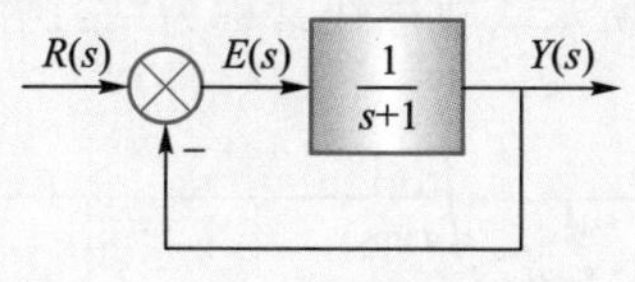

图 5-2 例 5-1 的系统结构图

解 系统的闭环传递函数和频率特性分别为

$$\Phi(s)=\frac{Y(s)}{R(s)}=\frac{1}{s+2},\quad \Phi(\mathrm{j}\omega)=\frac{1}{\mathrm{j}\omega+2}=\frac{2}{4+\omega^2}+\mathrm{j}\frac{-\omega}{4+\omega^2}$$

幅频特性

$$|\Phi(\mathrm{j}\omega)|=\frac{1}{\sqrt{4+\omega^2}}$$

相频特性

$$\varphi(\omega)=\arctan\left(\frac{-\omega}{2}\right)$$

当输入信号 $r(t)=\sin 2t$ 时,有 $A=1,\omega=2$。于是

$$|\Phi(\mathrm{j}\omega)|_{\omega=2}=\frac{1}{\sqrt{8}}=0.35,\quad \varphi(\mathrm{j}2)=\arctan\left(\frac{-2}{2}\right)=-45^\circ$$

由频率特性的基本概念,可得系统的稳态输出为

$$y_{ss}=|\Phi(\mathrm{j}2)|A\sin(2t+\varphi^\circ)=0.35\sin(2t-45^\circ)$$

5.2 开环频率特性的表示方法

一、代数解析法

上节指出,频率特性是一种复数形式的数学模型。复数可以化为实部和虚部,也可化为模和相角的形式,即

$$G(\mathrm{j}\omega)=P(\omega)+\mathrm{j}Q(\omega)=A(\omega)\mathrm{e}^{\mathrm{j}\varphi(\omega)} \tag{5-6}$$

式中,$A(\omega)=\sqrt{P^2(\omega)+Q^2(\omega)}$,$\varphi(\omega)=\arctan\dfrac{Q(\omega)}{P(\omega)}$

$P(\omega)$——实部,称为实频特性;

$Q(\omega)$——虚部,称为虚频特性;

$A(\omega)$——幅值,称为幅频特性;

$\varphi(\omega)$——相角,称为相频特性。

二、图形表示法

1. 奈奎斯特(Nyquist)图

“奈奎斯特图”简称“奈氏图”,也常称为“幅相频率特性图”“极坐标图”。它是在极坐标系(复平面)中,当频率 ω 从 0 变化到 ∞ 时,频率特性的幅值、相角(或实部与虚部)对应的端点所移动的轨迹图,如图 5-3 所示。轨迹线常称为“奈氏曲线”或“幅相曲线”。

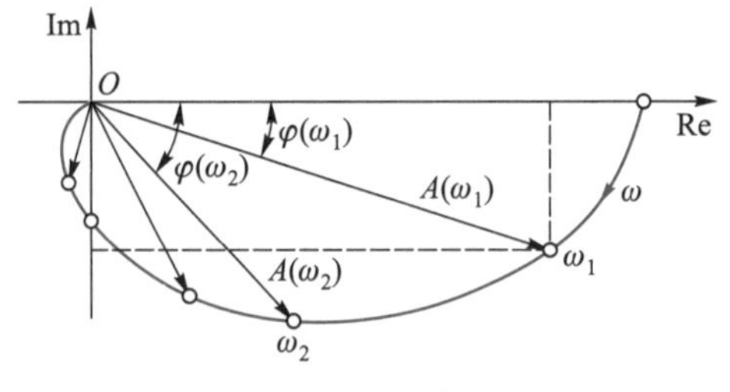

图 5-3 极坐标图

2. 伯德(Bode)图

“伯德图”也称为“对数频率特性图”或“对数坐标图”。伯德图由“对数幅频特性图”和“对数相频特性图”构成。两张图的横坐标相同。标注是频率“ω”,但按对数“$\lg\omega$”分刻度,单位是“弧度/秒(rad/s)”。

注意:对数 $\lg\omega$ 分刻度与直角坐标中的线性分刻度完全不同。按对数分度,不具有相同的“单位长度”,只有当频率每变化 10 倍时,才变化一个“单位长度”(称为十倍频程,即“dec”),而且没有“0”分度点,如图 5-4(a)所示。十倍频程中的分度值也不是线性的,如表 5-1 所示。按对数分度的最大优点是可大大扩展 ω 的范围。

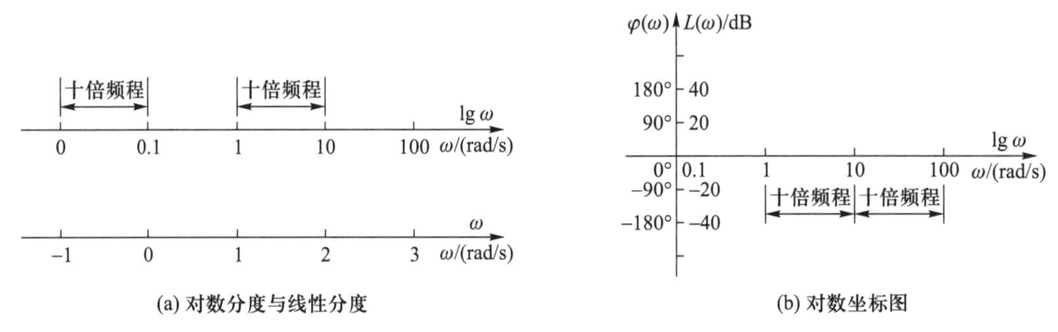

(a) 对数分度与线性分度　　(b) 对数坐标图

图 5-4 坐标轴的分度

表 5-1 十倍频程中的对数分刻度值

ω(rad/s)	1	2	3	4	5	6	7	8	9	10
lg ω	0	0.301	0.477	0.602	0.699	0.788	0.845	0.903	0.954	1

两张图的纵坐标不同。对数幅频的纵坐标为 $L(\omega)$,$L(\omega)=20\lg A(\omega)$,取对数可方便计算,乘法变成了加法运算,均匀分度,单位是“分贝”(dB);对数相频的纵坐标“$\varphi(\omega)$”,均匀分度,单位是“度”。

由于两张图的横坐标相同，因此又常常把两张图画在一起，如图 5-4(b)所示。

对数坐标图在系统分析和设计中获得最广泛的应用。

5.3 系统开环频率特性的绘制

一、奈氏图

奈氏图的绘制方法有两种：准确绘制法和概略绘制法。

1. 准确绘制法

把频率特性式转化为实部和虚部，或模和相角，有

$$G_k(j\omega)=P(j\omega)+jQ(j\omega)=A(\omega)\angle G_k(j\omega) \quad (n>m)$$

令 ω 取不同的值，可求出实部和虚部（或模和相角）的对应值，在直角坐标系中描点，最后用平滑曲线连接。

例 5-2 已知系统的开环传递函数 $G_k(s)=\dfrac{10}{(1+s)(1+5s)}$，绘制极坐标图。

解 系统的开环频率特性为

$$\begin{aligned}G_k(j\omega)&=\frac{10}{(1+j\omega)(1+j5\omega)}\\&=\frac{10(1-5\omega^2)}{(1+\omega^2)(1+25\omega^2)}+j\frac{-60\omega^2}{(1+\omega^2)(1+25\omega^2)}\\&=P(\omega)+jQ(\omega)\end{aligned}$$

令 ω 取不同的值，可求出频率特性的实部和虚部，如表 5-2 所示，并在直角坐标系中描点，最后用平滑曲线连接，如图 5-5 所示。

表 5-2 部分频率值对应频率特性的实部和虚部

ω/(rad/s)	0	0.05	0.1	0.15	0.2	0.3	0.4	0.446	0.8	1.0	2.0	∞
$P(\omega)$	10.0	9.27	7.5	5.56	3.85	1.55	0.34	0	−0.79	−0.77	−0.38	0
$Q(\omega)$	0	−2.82	−4.75	−5.63	−5.77	−5.08	−4.14	−3.72	−1.72	−1.15	−0.24	0

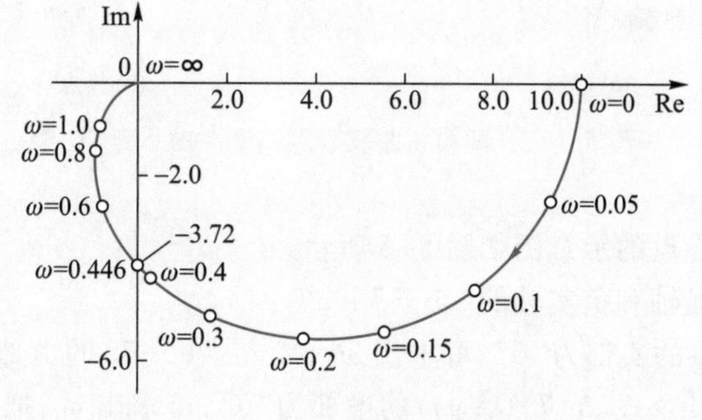

图 5-5 例 5-2 系统的极坐标图

2. 概略绘制法

实际工程中,奈氏图大多数情况下只用于判别闭环系统的稳定性,因此完全可用“概略图”。

绘制概略图,只需注意4个“关键点”,过这些点徒手画出平滑曲线即可。下面先介绍“关键点”的求法。

开环系统的传递函数及频率特性一般可表示为

$$G_k(s)=\frac{k\prod_{i=1}^{m}(\tau_i s+1)}{s^v\prod_{j=1}^{n-v}(T_j s+1)},\quad G_k(j\omega)=\frac{k\prod_{i=1}^{m}(j\omega\tau_i+1)}{(j\omega)^v\prod_{j=1}^{n-v}(j\omega T_j+1)}=|G_k(j\omega)|\angle G_k(j\omega)\,(n>m) \tag{5-7}$$

(1) 确定“起点”($\omega=0$)

当$v=0$时,即系统为0型系统。式(5-7)中,令$\omega=0$,有

$$|G_k(j\omega)|=k,\angle G_k(j\omega)=0°$$

当$v\neq0$时,即系统为非0型系统。式(5-7)中,令$\omega=0$,有

$$|G_k(j\omega)|=\infty,\angle G_k(j\omega)=-90°\times v$$

所以,0型系统幅相曲线的起点是正实轴上的“k”值。非0型系统幅相曲线的起点在无穷远处以($-90°\times v$)方向出发。

(2) 确定“终点”($\omega\to\infty$)

式(5-7)中,令$\omega\to\infty$,因$n>m$,有

$$|G_k(j\omega)|=0,\angle G_k(j\omega)=-90°\times(n-m)$$

因此,幅相曲线以$-90°\times(n-m)$的角度,终止于坐标的原点。

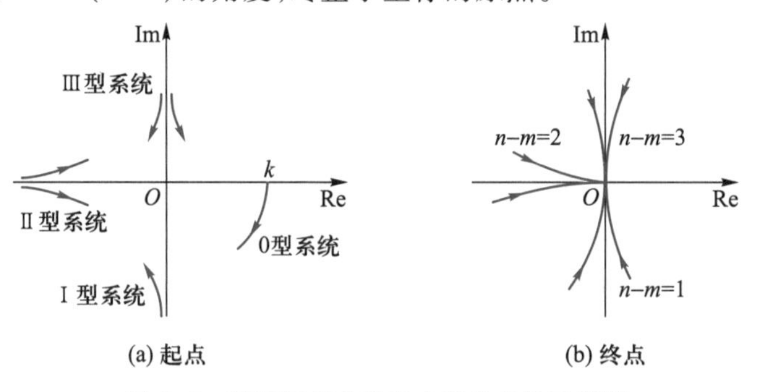

图5-6 开环幅相曲线起点和终点的示意图

开环幅相曲线起点和终点的示意图如图5-6所示。

(3) 频率特性与虚轴和负实轴的“交点”

令式(5-7)$G_k(j\omega)$的实部为“0”,可求出ω_σ,代入式(5-7)的虚部后所求得的“值”,就是与虚轴的交点坐标。令式(5-7)$G_k(j\omega)$的虚部为“0”,可求出ω_j,把求出的频率值代入式(5-7)的实部$P(\omega_j)$,求得的值就是与负实轴的交点坐标。

其实,起点和终点是不用计算的,只需计算频率特性与虚轴和负实轴的交点即可。其

中,与虚轴的交点决定了曲线的走向(按顺时针还是逆时针)。通过这些关键的点,任意勾画出一条平滑曲线,都属于概略的特性曲线。当 $m\neq 0$ 时,特性曲线可能会出现凹凸,但整条特性曲线整体仍是平滑的。

例 5-3 绘制例 5-2 的概略极坐标图。

解 起点:$v=0$,起点在正实轴的“10”,终点在坐标原点,以 $-90°\times(n-m)=-90°\times 2=-180°$ 进入并终于原点。

计算与虚轴的交点。由系统的开环频率特性可得

$$G_k(j\omega)=\frac{10}{(1+j\omega)(1+j5\omega)}=\frac{10(1-5\omega^2)}{(1+\omega^2)(1+25\omega^2)}+j\frac{-60\omega^2}{(1+\omega^2)(1+25\omega^2)}$$

令实部为“0”,即 $\dfrac{10(1-5\omega^2)}{(1+\omega^2)(1+25\omega^2)}=0 \Rightarrow \omega\approx 0.446\ \text{rad/s}$。

代入虚部,可得在虚轴上的交点为“-3.72”,与负实轴无交点。

在坐标轴上标出起点,与虚轴的交点及终点,过此 3 点,用任意的平滑曲线连接,可得概略极坐标图,如图 5-7 所示。值得指出,凡是经过上述关键点的平滑曲线均是该系统的“概略极坐标图”。

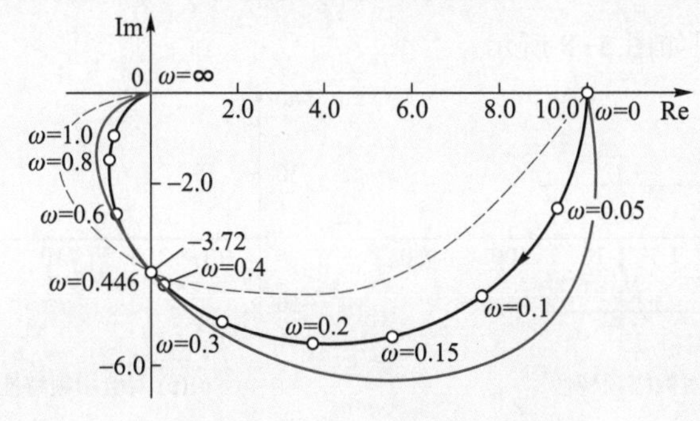

图 5-7 例 5-3 系统的概略极坐标图

二、伯德图

开环传递函数通常可看成是由一些典型环节的传递函数串联(相乘)组成,即

$$G_k(s)=\frac{k(\tau s+1)\cdots}{s(Ts+1)\cdots}=k\cdot(\tau s+1)\cdot\frac{1}{s}\cdot\frac{1}{Ts+1}\cdots=G_1(s)G_2(s)G_3(s)\cdots$$

令 $s=j\omega$,频率特性为

$$\begin{aligned}G_k(j\omega)&=G_1(j\omega)G_2(j\omega)G_3(j\omega)\cdots\\&=A_1(\omega)e^{j\varphi_1(\omega)}\cdot A_2(\omega)e^{j\varphi_2(\omega)}\cdot A_3(\omega)e^{j\varphi_3(\omega)}\cdots\\&=A(\omega)e^{j\varphi(\omega)}\end{aligned}\tag{5-8}$$

式中 ,$A(\omega)=A_1(\omega)A_2(\omega)A_3(\omega)\cdots$ 为系统的幅频特性;

$\varphi(\omega)=\varphi_1(\omega)+\varphi_2(\omega)+\varphi_3(\omega)+\cdots$ 为系统的相频特性。

对幅频特性取对数,有

$$L(\omega)=20\lg A=20\lg A_1(\omega)+20\lg A_2(\omega)+20\lg A_3(\omega)+\cdots\tag{5-9}$$

由此可见,系统的开环对数幅频特性和相频特性可由各环节的对应曲线叠加得到。下

面先介绍典型环节的对数坐标图。

1. 典型环节伯德图的绘制

(1) 比例环节

传递函数 $G(s)=K$，频率特性 $G(\mathrm{j}\omega)=K+\mathrm{j}0=K\mathrm{e}^{\mathrm{j}0^\circ}$

幅频特性

$$A(\omega)=K$$

相频特性

$$\varphi(\omega)=0^\circ$$

对数幅频特性

$$L(\omega)=20\lg K\ ;\ K>1,L(\omega)>0\ ,\ K<1,L(\omega)<0 \tag{5-10}$$

可见,特性曲线是一条平行于 ω 轴,相距为 $L(\omega)=20\lg K$ 的直线。当 $K>1$ 时,直线位于横轴上方;当 $K<1$ 时,直线位于横轴下方。

对数相频特性　　　　$\varphi(\omega)=0^\circ$,与 ω 轴重合。　　(5-11)

比例环节的伯德图如图 5-8 所示。

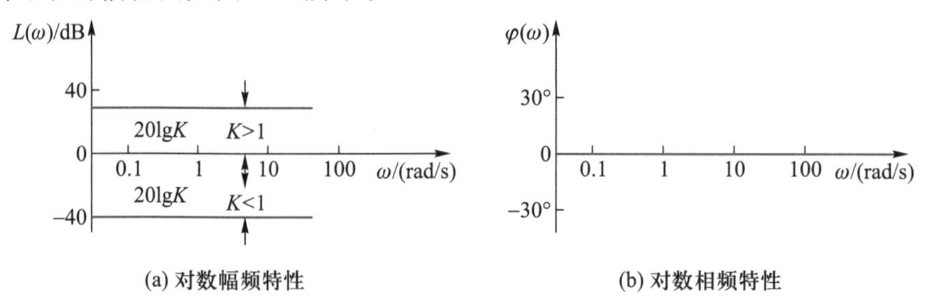

图 5-8　比例环节的伯德图

(2) 积分环节

传递函数为 $G(s)=\dfrac{1}{s}$,频率特性为 $G(\mathrm{j}\omega)=\dfrac{1}{\mathrm{j}\omega}=0-\mathrm{j}\dfrac{1}{\omega}=\dfrac{1}{\omega}\mathrm{e}^{-\mathrm{j}90^\circ}$,幅频特性为 $A(\omega)=\dfrac{1}{\omega}$,相频特性为 $\varphi(\omega)=-90^\circ$

对数幅频特性为

$$L(\omega)=20\lg A(\omega)=20\lg\left(\frac{1}{\omega}\right)=-20\lg\omega \tag{5-12}$$

当 $\omega=1$ 时, $L(\omega)=0$;当 $\omega=10$ 时, $L(\omega)=-20$ dB;当 $\omega=100$ 时, $L(\omega)=-40$ dB。可见,积分环节的对数幅频特性曲线是一条过横轴“1”,斜率为“-20 dB/dec”(-20 分贝/十倍频程)的直线,如图 5-9(a)所示。

对数相频特性为

$$\varphi(\omega)=-90^\circ \tag{5-13}$$

是一条与横轴的距离为 $-90^\circ\left(-\dfrac{\pi}{2}\right)$ 的水平线,如图 5-9(b)所示。

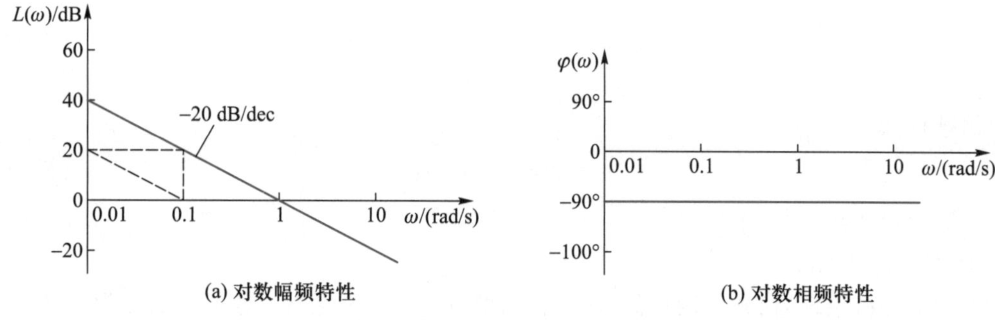

图 5-9 积分环节的伯德图

如果有 v 个积分环节串联,则有

$$G(s)=\frac{1}{s^{v}},G(\mathrm{j}\omega)=\frac{1}{\omega^{v}}\mathrm{e}^{-\mathrm{j}90^{\circ}\times v}$$

幅频特性和相频特性分别为

$$A(\omega)=\frac{1}{\omega^{v}},\varphi(\omega)=-90^{\circ}\times v$$

对数幅频特性为

$$L(\omega)=20\lg\frac{1}{\omega^{v}}=-20v\lg\omega \tag{5-14}$$

可见,对数幅频特性是一条过横轴“1”,斜率为“$-20v$ dB/dec”的直线。对数相频特性是一条与横轴的距离为$-90^{\circ}\times v$ 的水平线。

若 $v=2$,则 $L(\omega)=-40\lg\omega,\varphi(\omega)=-180^{\circ}$,伯德图如图 5-10 所示。

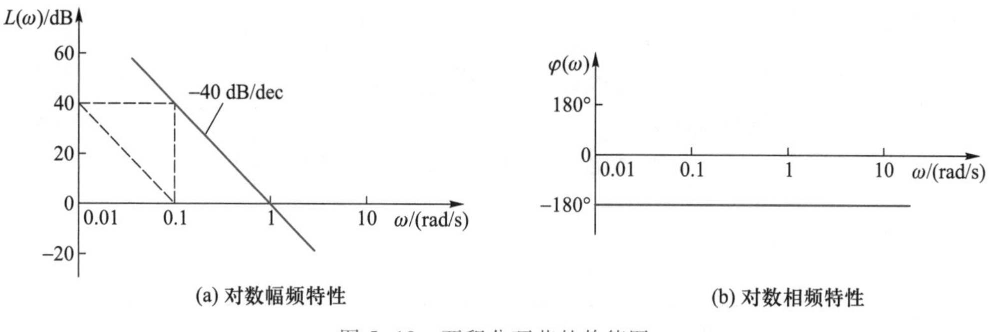

图 5-10 两积分环节的伯德图

(3) 惯性环节

惯性环节的传递函数为

$$G(s)=\frac{1}{Ts+1}$$

频率特性为

$$G(\omega)=\frac{1}{1+\mathrm{j}\omega T}=\frac{1}{1+T^{2}\omega^{2}}-\mathrm{j}\frac{T\omega}{1+T^{2}\omega^{2}}=\frac{1}{\sqrt{1+T^{2}\omega^{2}}}\mathrm{e}^{-\mathrm{j}\arctan(T\omega)}=A(\omega)\underline{/G(\mathrm{j}\omega)}$$

对数幅频特性

$$L(\omega)=20\lg A(\omega)=20\lg\frac{1}{\sqrt{1+(T\omega)^2}}=-20\lg\sqrt{1+(T\omega)^2} \tag{5-15}$$

对数相频特性

$$\varphi(\omega)=-\arctan T\omega \tag{5-16}$$

对数幅频特性曲线

① 渐近特性曲线

工程上分析系统时，常可用近似特性曲线，即以直线代替曲线。绘制方法非常方便：

低频段 当 $T\omega\ll 1$，即 $\omega\ll\frac{1}{T}$时，对数幅频特性可近似为

$$L_1(\omega)\approx -20\lg 1=0 \tag{5-17}$$

高频段 当 $T\omega\gg 1$，即 $\omega\gg\frac{1}{T}$时，对数幅频特性可近似为

$$L_2(\omega)\approx -20\lg\sqrt{(T\omega)^2}=-20\lg T\omega \tag{5-18}$$

这是一个直线方程。特性曲线为过 $\omega=\frac{1}{T}$，斜率为-20 dB/dec 的直线。

上面两条直线构成的折线，称为惯性环节的“渐近特性曲线”，如图 5-11(a)所示。交点处的频率值为 $\omega_n=\frac{1}{T}$，称为“转折频率”或“交接频率”。

② 精确特性曲线

若要绘制精确的特性曲线，可在“渐近特性曲线”的基础上进行修正，其“误差=真值-近似值”，修正式为

$$\Delta L(\omega)=\begin{cases}-20\lg\sqrt{1+(T\omega)^2} & \left(\omega\ll\frac{1}{T}\right)\\ -20\lg\sqrt{1+(T\omega)^2}+20\lg T\omega & \left(\omega\gg\frac{1}{T}\right)\end{cases} \tag{5-19}$$

惯性特性曲线修正表如表 5-3 所示。

表 5-3 惯性特性曲线修正表

ω/ω_n	0.1	0.25	0.5	1	2	4	10
$\Delta L(\omega)$/dB	-0.04	-0.32	-1,0	-3.0	-1.0	-0.32	-0.04

由上表可见，最大误差出现在转折频率 ω_n 处，且只有-3 dB。

对数相频特性曲线

按式(5-16)或按表 5-4 逐个描出每个点，再用平滑曲线连接，如图 5-11(b)所示。

表 5-4 相角与频率的对应值

ω/ω_n	→0	0.1	0.5	1	2	4	10	∞
φ°	0°	-5.7°	-26.6°	-45°	-63.4°	-75.9°	-84.3°	-90°

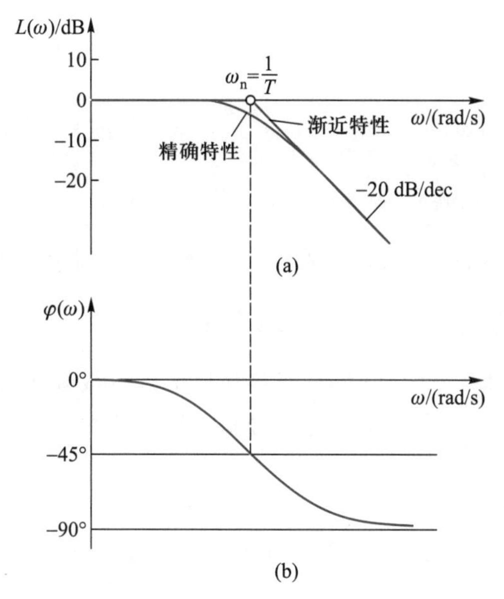

图 5-11 惯性环节伯德图

(4) 振荡环节

传递函数

$$G(s)=\frac{1}{T^2s^2+2\zeta Ts+1}(0<\zeta<1)$$

频率特性为

$$G(\mathrm{j}\omega)=\frac{1}{(1-T^2\omega^2)+\mathrm{j}2\zeta T\omega}=\frac{1}{\sqrt{(1-T^2\omega^2)^2+(2\zeta T\omega)^2}}\mathrm{e}^{-\mathrm{j}\arctan\frac{2\zeta T\omega}{1-(T\omega)^2}}=A(\omega)\underline{/G(\mathrm{j}\omega)}$$

幅频特性

$$A(\omega)=\frac{1}{\sqrt{(1-T^2\omega^2)^2+(2\zeta T\omega)^2}} \tag{5-20}$$

相频特性

$$\varphi(\omega)=-\mathrm{artan}\frac{2\zeta T\omega}{1-(T\omega)^2} \tag{5-21}$$

对数幅频特性的绘制

$$L(\omega)=-20\lg\sqrt{(1-T^2\omega^2)^2+(2\zeta T\omega)^2} \tag{5-22}$$

① 绘制渐近特性曲线,以直线代替曲线,绘制非常方便

低频段 当 $T\omega\ll1$,即 $\omega\ll\frac{1}{T}$时,对数幅频特性可近似为

$$L_1(\omega)\approx-20\lg1=0 \tag{5-23}$$

这是与横轴(ω)重合的一条直线。

高频段 当 $T\omega \gg 1$,即 $\omega \gg \frac{1}{T}$ 时,对数幅频特性可以近似为

$$L_2(\omega) \approx -20\lg\sqrt{(T^2\omega^2)^2} = -20\lg T^2\omega^2 = -40\lg T\omega \tag{5-24}$$

这是直线方程,是过 $\omega = \frac{1}{T}$,斜率为-40 dB/dec 的一条直线。

上面两条直线构成的折线,称为振荡环节的"渐近特性曲线",如图 5-13 所示。交点处的频率值为 $\omega_n = \frac{1}{T}$,称为"转折频率"或"交接频率"。

注意:工程上,当 $0.4 \leqslant \zeta \leqslant 0.7$ 时,可直接使用渐近对数幅频特性对系统进行分析和设计。在此范围外,应使用准确特性曲线进行分析。准确特性曲线可在渐近特性曲线的基础上进行修正。

② 绘制准确特性曲线

渐近特性曲线,一是没有考虑到转折频率处阻尼比"ζ"的影响;二是没有考虑到较小阻尼比时会出现谐振。工程上,尤其在 $0<\zeta<0.4$ 时,应对渐近对数幅频特性按图 5-12 进行修正。

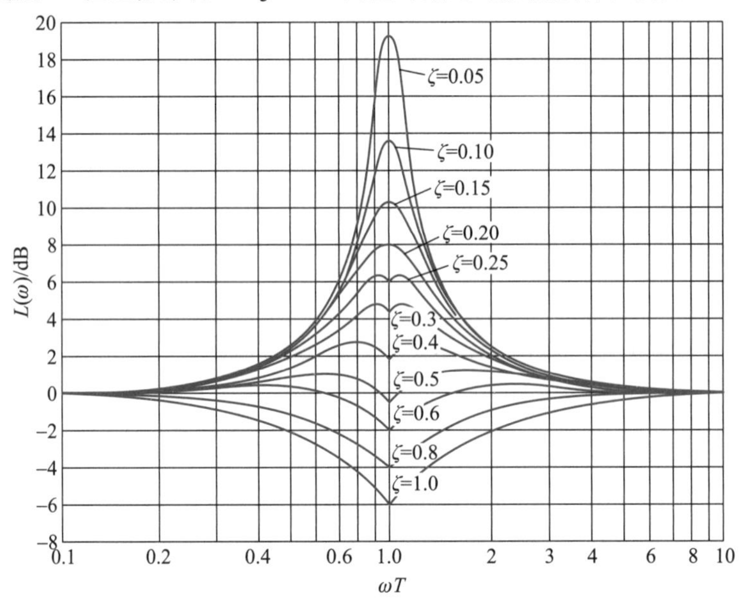

图 5-12 振荡环节的修正值

其中,在转折频率($\omega_n = \frac{1}{T}$)处的修正量为

$$\Delta L(\omega_n) = -20\lg 2\zeta \tag{5-25}$$

不同的 ζ,修正量不同,如表 5-5 所示。

表 5-5 转折频率处的修正值

ζ	0.05	0.1	0.25	0.4	0.5	0.6	0.7	0.8	1
$\Delta L(\omega)$	20	14	10.4	+2	0	−1.6	−3	−4	−6

下面介绍在谐振频率处修正量的计算。首先，式(5-19)中，$A(\omega)$对频率求导数并令其为0，可求得谐振频率 $\omega_p=\omega_n\sqrt{1-2\zeta^2}$。代入 $A(\omega)$，可得谐振峰值为

$$A_p(\omega)=\frac{1}{2\zeta\sqrt{1-\zeta^2}}$$

两边取对数，则修正量为

$$\Delta L_p(\omega_p)=20\lg A_p(\omega)=-20\lg 2\zeta\sqrt{1-\zeta^2} \tag{5-26}$$

对数相频特性的绘制

观察对数幅频特性，依著名的“伯德”定理可知，相频特性是一条-180°~0°平滑过渡的曲线。

工程上，依式(5-21)容易徒手绘制。先取3个相角值，$\omega\to 0$，$\varphi(0)=0°$；$\omega=\omega_n(=1/T)$，$\varphi(\omega_n)=-90°$；$\omega\to\infty$，$\varphi(\infty)=-180°$；然后，分别在 $0\sim\omega_n$ 和 $\omega_n\sim\infty$ 频段内选1~2个频率，并计算出对应的相角值描点；再用一条平滑曲线连接即可。选取的频率值越多，曲线越准确。

振荡环节的对数频率特性曲线(伯德图)如图5-13所示。

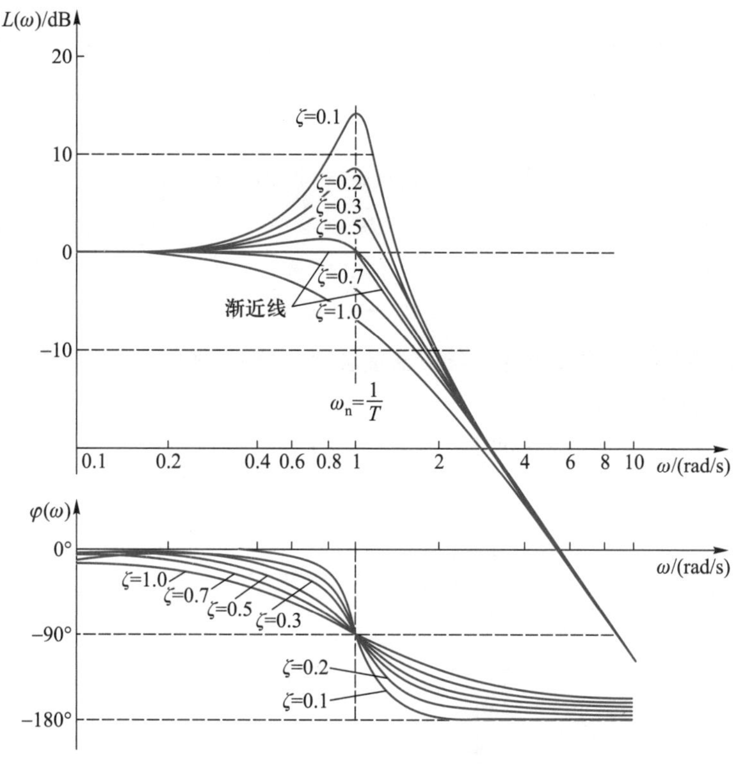

图5-13 振荡环节的对数频率特性曲线(伯德图)

(5) 微分环节

微分环节包含纯微分、一阶微分和二阶微分，其传递函数分别为 s、$\tau s+1$、$\tau^2s^2+2\zeta\tau s+1$，频率特性分别为

$$G(j\omega)=j\omega;\quad G(j\omega)=1+j\tau\omega;\quad G(s)=(1-\tau^2\omega^2)+j2\zeta\tau\omega$$

从传递函数或频率特性可看出，它们分别与积分环节、惯性环节和二阶振荡环节都互为倒数关系。因此，它们的对数频率特性曲线也分别是积分环节、惯性环节和二阶振荡环节相对于横轴互为镜像的频率特性曲线，如图 5-14 所示。

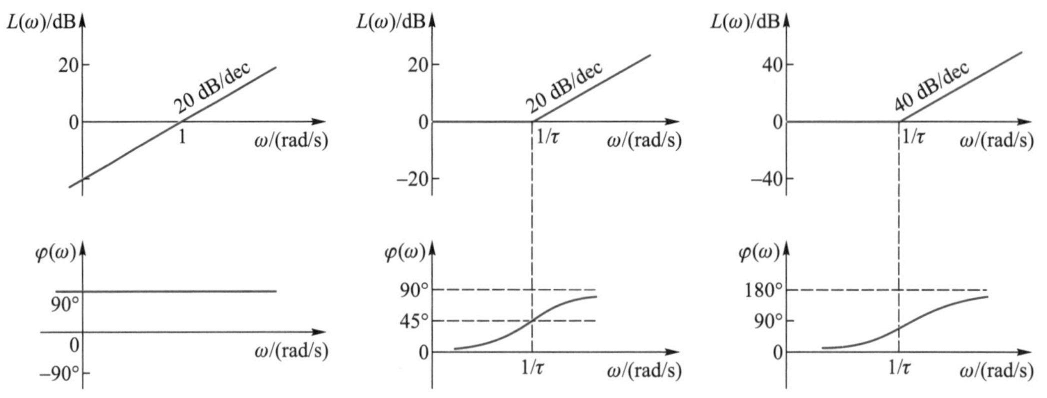

图 5-14 微分环节的对数频率特性曲线

*(6) 滞后(延迟)环节

滞后环节的传递函数为 $G(s)=e^{-\tau s}$，频率特性为 $G(j\omega)=e^{-j\tau\omega}$，幅频特性 $A(\omega)=1$，相频特性 $\varphi(\omega)=-\tau\omega$

对数幅频特性

$$L(\omega)=20\lg A(\omega)=20\lg 1=0\ \text{dB} \tag{5-27}$$

对数相频特性

$$\varphi(\omega)=-\tau\omega=\frac{-180^\circ}{\pi}\times\tau\omega=-57.3^\circ\times\tau\omega \tag{5-28}$$

可见，滞后环节的对数幅频特性与横轴重合，相频特性随频率增加，滞后相角也增加，其对数频率特性如图 5-15 所示。

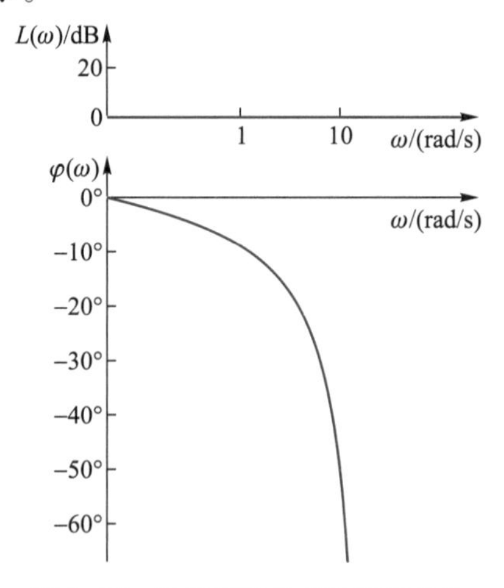

图 5-15 滞后环节的对数频率特性

2. 开环系统伯德图的绘制

方法一:典型环节特性叠加,在半对数坐标平面上绘出各环节的特性曲线后再相加。

例 5-4 已知系统的开环传递函数 $G_k(s)=\dfrac{10}{s+1}$,绘制系统的对数频率特性图(伯德图)。

解 系统由比例环节 $k=10$ 和惯性环节$\dfrac{1}{s+1}$两个环节组成。各环节的对数频率特性为

$L_1=20\lg10=20$,是一条与横轴距离为 20 dB 的水平线,相频特性 $\varphi_1=0°$;$L_2=-20\lg\omega$,是一条过转折频率“1”,左边与横轴重合,右边为-20 dB/dec 斜率的直线;相频特性 $\varphi_2=-\arctan\omega$。

系统的对数频率特性 $L_k=L_1+L_2$,$\varphi_k=\varphi_1+\varphi_2$,伯德图如图 5-16。

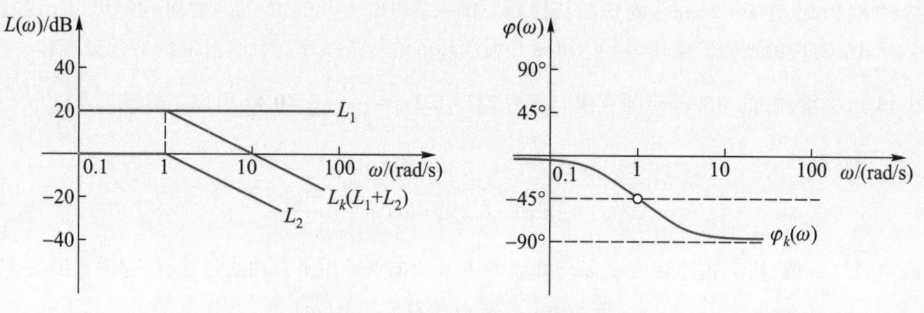

图 5-16 例 5-4 系统的伯德图

若系统包含的环节较多,则使用环节特性叠加的方法并非易事。

方法二:斜率相加。

由于平面上的直线叠加可按照斜率相加,因此,对于多环节的对数幅频特性,用斜率相加的方法,能快速、容易地绘制出系统的对数幅频特性曲线,方法及步骤如下:

(1) 画出半对数坐标;

(2) 将开环传递函数转化为典型环节形式相乘(常数项为 1)的形式,并求出各环节的转折频率,从小到大依次标在 ω 轴上;

(3) 根据开环增益(放大系数),计算出 $20\lg k$ 值;

(4) 在横轴 $\omega=1$,高度为 $20\lg k$ 的点处,做斜率为 $-20\times v$ dB/dec 的直线到第一个转折频率对应的地方。v 为积分环节的个数,若 $v=0$(0 型系统),做高度为 $20\lg k$ 的水平线;

(5) 每遇转折频率,依以下规则改变线段的斜率:

遇惯性环节的转折频率,斜率减少-20 dB/dec;

遇一阶微分环节的转折频率,斜率增加+20 dB/dec;

遇振荡环节的转折频率,斜率减少-40 dB/dec;

遇二阶微分环节的转折频率,斜率增加+40 dB/dec。

(6) 若振荡环节的阻尼比 $\zeta<0.4$,则在转折频率、谐振频率及其附近对渐近线进行修正。

注意,绘图时,要求横轴的分度及每一段的斜率都要准确。为了使斜率准确,可先在横轴坐标某处定一个“十倍频程”,并画出不同斜率的短线,绘制特性图时再用平移的方法;或用直角三角板,底边选定为十倍频程,垂直边定好斜率数,不用画出边长,只需确定斜边对应两个点的位置即可。

例 5-5 已知系统的开环传递函数,绘制伯德图。

$$G_k(s)=\frac{10}{(0.25s+1)(0.25s^2+0.2s+1)}$$

解 (1) 系统由3个环节组成:比例环节、惯性环节和振荡环节。

$k=10, 20\lg 10=20$ dB;惯性环节的转折频率 $\omega_{n1}=\frac{1}{T}=\frac{1}{0.25}$ rad/s $=4$ rad/s;

振荡环节的转折频率 $\omega_{n2}=\frac{1}{T}=\frac{1}{\sqrt{0.25}}$ rad/s $=\frac{1}{0.5}$ rad/s $=2$ rad/s。

(2) 过 $\omega=1$ rad/s, $L(1)=20$ dB 作水平线至 $\omega=2$ rad/s 对应处为止。由于 $\omega=2$ rad/s 是振荡环节的转折频率,因此,在 $\omega=2$ rad/s 对应的特性处应作一条斜率为−40 dB/dec(增加−40 dB/dec)的直线直到 $\omega=4$ rad/s 对应的地方。由于 $\omega=4$ rad/s 是惯性环节的转折频率,因此,对应的特性处应作一条斜率为−60 dB/dec(增加−20 dB/dec)的直线。因为 $2\zeta T=0.2$; $\zeta=\frac{0.2}{2\times0.25}=0.4$,可以不修正。

(3) 相频特性

$$\varphi(\omega)=-\arctan 0.25\omega-\arctan\frac{0.4\omega}{1-0.25\omega^2}$$

取不同的 ω 值,按上式计算出 $\varphi(\omega)$,如表 5-6 所示描点后用平滑曲线连接,伯德图如图 5-17。

表 5-6 不同 ω 值对应的 $\varphi(\omega)$

ω/(rad/s)	0	0.5	1	1.5	2	3	4	6	10	…	∞
$\varphi(\omega)$	0	−14°	−42°	−86°	−117°	−170°	−197°	−220°	−239°	…	−270°

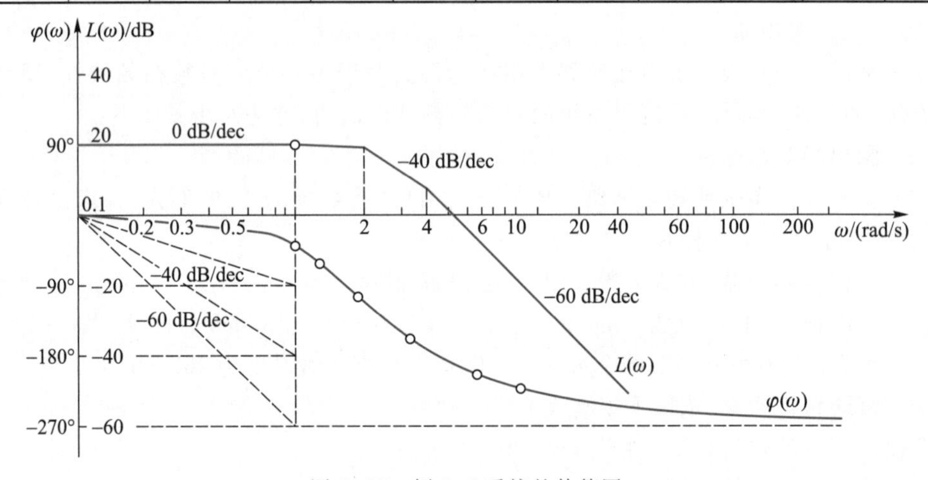

图 5-17 例 5-5 系统的伯德图

例 5-6 已知某系统的开环传递函数为

$$G_k(s)=\frac{0.001\ (1+100s)^2}{s^2(1+10s)(1+0.125s)(1+0.05s)}$$

试绘出系统的对数幅频特性曲线。

解 系统由8个环节组成,包括1个比例环节、2个积分环节、3个惯性环节、2个一阶微分环节。其中, $K=10^{-3}$,交接频率分别是

$$\omega_1=\frac{1}{10}=0.1\ \mathrm{rad/s},\omega_2=\frac{1}{0.125}=8\ \mathrm{rad/s},\omega_3=\frac{1}{0.05}=20\ \mathrm{rad/s},\omega_4=\frac{1}{100}=0.01\ \mathrm{rad/s}$$

按方法二的有关步骤，绘出该系统的开环对数幅频特性曲线，如图 5-18 所示。

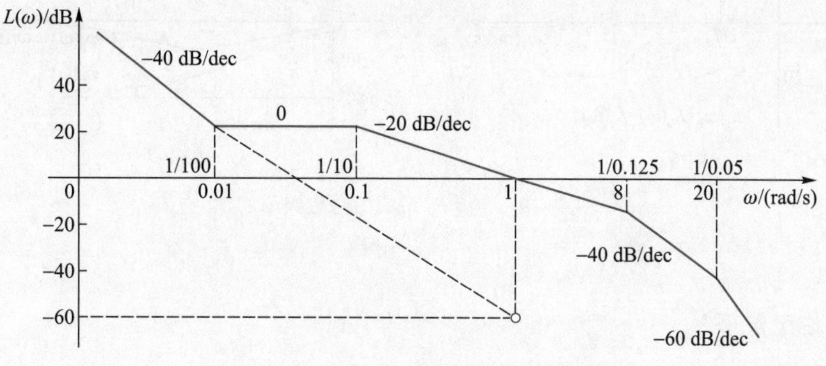

图 5-18 例 5-6 系统的对数幅频特性曲线

5.4 最小相位系统与伯德定理

一、最小相位系统

如果系统的全部零、极点都位于 s 平面的左半平面，而且不包含滞后环节，则称该系统为最小相位系统，否则称为非最小相位系统。

最小相位的含义是，幅频特性完全相同的系统中，相位变化范围是最小的。

例 5-7 已知 3 个系统的开环传递函数（$T_1>T_2$）分别为

$$G_a(s)=10\frac{T_2s+1}{T_1s+1};G_b(s)=10\frac{T_2s-1}{T_1s+1};G_c(s)=10\frac{T_2s+1}{T_1s-1}$$

判定哪个系统是最小相位系统。

解 3 个系统的频率特性分别为

$$G_a(\mathrm{j}\omega)=10\frac{T_2(\mathrm{j}\omega)+1}{T_1(\mathrm{j}\omega)+1}=10\left|\frac{T_2(\mathrm{j}\omega)+1}{T_1(\mathrm{j}\omega)+1}\right|\underline{/\arctan(T_2\omega)-\arctan(T_1\omega)}$$

$$G_b(\mathrm{j}\omega)=10\frac{T_2(\mathrm{j}\omega)-1}{T_1(\mathrm{j}\omega)+1}=10\left|\frac{T_2(\mathrm{j}\omega)-1}{T_1(\mathrm{j}\omega)+1}\right|\underline{/-\arctan(T_2\omega)-\arctan(T_1\omega)}$$

$$G_c(\mathrm{j}\omega)=10\frac{T_2(\mathrm{j}\omega)+1}{T_1(\mathrm{j}\omega)-1}=10\left|\frac{T_2(\mathrm{j}\omega)+1}{T_1(\mathrm{j}\omega)-1}\right|\underline{/\arctan(T_2\omega)+\arctan(T_1\omega)}$$

可见，3 个系统的幅频特性相同，但相频特性不同，对数频率特性如图 5-19 所示。

从对数相频率特性可看出，系统 a 的相位变化范围比其他两个系统的小，故系统 a 为最小相位系统。

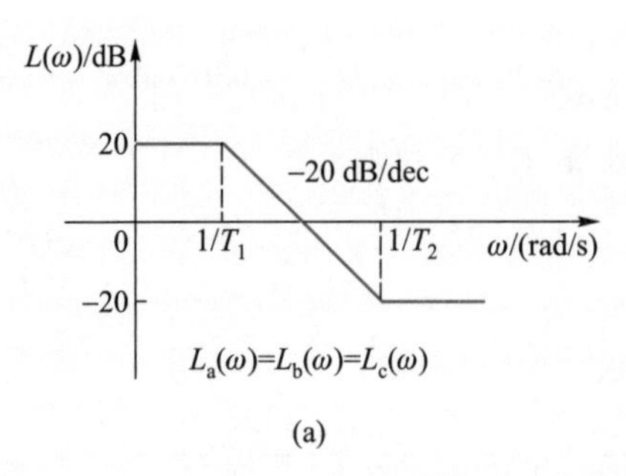

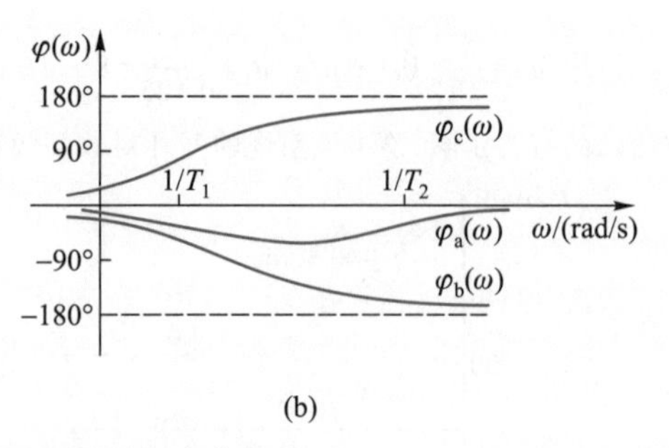

图 5-19 例 5-7 系统的对数频率特性

二、伯德定理

伯德定理指出,对于最小相位系统,其对数幅频特性与相频特性之间存在确定的对应关系。因此,在分析研究、设计最小相位系统时,只需单独画出对数幅频特性就可以了,从而省去了工作量很大的绘制相频特性的麻烦。

另一方面,对数幅频特性的渐近特性曲线与系统的开环传递函数也有一一对应的关系。因此,可由渐近特性曲线求出开环传递函数。具体方法、步骤如下:

从伯德图的最左边(低频段)开始。

(1) 根据最左边段的斜率$-20\times v$ dB/dec,确定开环传递函数积分环节的个数 v。

(2) 从左至右,根据斜率的变化和对应的转折频率,写出系统包含环节的类型和参数。例如,斜率变化“-20 dB/dec”,对应“惯性环节”;斜率变化“-40 dB/dec”,对应有“两个惯性环节”或“二阶振荡环节”,等等。

(3) 最后确定开环增益(放大系数)“k”的值。k 值可以通过给出的已知条件求出。例如,若已知 $\omega=1$ rad/s 的分贝数 $L(1)$,可由反对数求出 k 值;若给出 $L(\omega)$ 与横轴相关的频率值 ω,可通过列出$L(\omega)$方程求出 k,或利用三角形边长与斜率关系求出 k。要注意的是,横轴标度是对数分度的。

例 5-8 已知最小相位系统的开环对数幅频渐近特性如图 5-20 所示。求其开环传递函数。

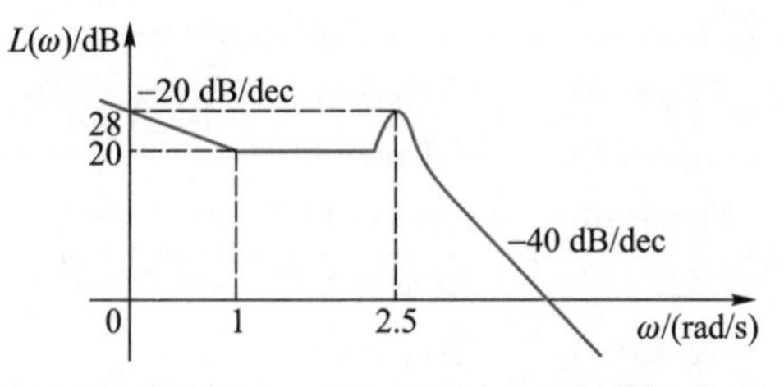

图 5-20 例 5-8 系统的对数幅频渐近特性

解 (1) 由开环幅频渐近特性写出开环传递函数。

低频段斜率为-20 dB/dec,有一个积分环节;根据斜率的变化及转折频率,系统应有一个比例微分环节和一个二阶振荡环节,故有

$$G_k(s)=\frac{k\left(\dfrac{1}{\omega_1}s+1\right)}{s\left[\left(\dfrac{1}{\omega_2}\right)^2 s^2+2\zeta\dfrac{1}{\omega_2}s+1\right]}$$

式中,转折频率 $\omega_1=1\ \text{rad/s}$,$\omega_2=2.5\ \text{rad/s}$。

(2) 求阻尼系数。

$$M(\omega_n)=-20\lg 2\zeta=28-20\quad\Rightarrow\quad\zeta=0.2$$

$$\left(\frac{1}{\omega_2}\right)^2=T^2\quad\Rightarrow\quad T=\frac{1}{2.5}\ \text{s}=0.4\ \text{s}$$

(3) 求 k 值。

$$20\lg k=20\quad\Rightarrow\quad k=10$$

于是,系统开环传递函数为

$$G_k(s)=\frac{10(s+1)}{s[0.4^2\times s^2+0.16s+1]}$$

例 5-9 某单位负反馈最小相位系统的伯德图如图 5-21,求系统的闭环传递函数。

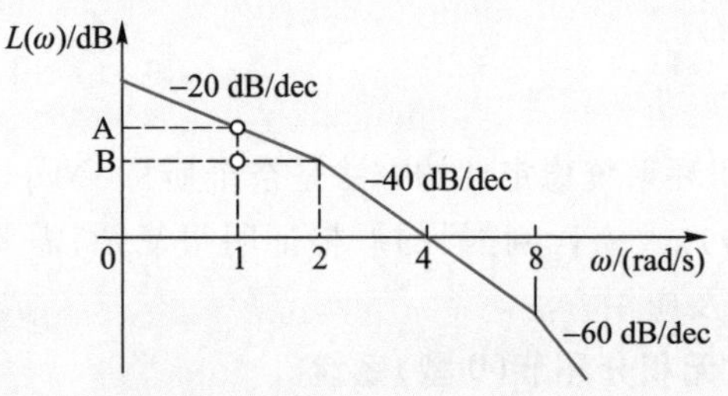

图 5-21 例 5-9 系统的伯德图

解 (1) 由开环幅频渐近特性的斜率变化,可写出开环传递函数为

$$G_k(s)=\frac{k}{s(T_1s+1)(T_2s+1)}$$

(2) 时间常数

$$T_1=\frac{1}{\omega_1}=\frac{1}{2}\ \text{s}=0.5\ \text{s};\quad T_2=\frac{1}{\omega_2}=\frac{1}{8}\ \text{s}=0.125\ \text{s}$$

(3) 求 k 值。

方法一:由 $\omega=1\ \text{rad/s}$ 的分贝数求解。

$\omega=1\ \text{rad/s}$ 时对应的分贝数(A)等于两段相加(B+BA),如图 5-21 所示。利用直角三角形边长与斜率之间的关系,有

$$L(1)=20\lg k=40(\lg 4-\lg 2)+20(\lg 2-\lg 1)=40\lg 2+20\lg 2=20\lg 2^3$$

所以

$$k=8$$

方法二:利用 0 dB 时的频率值“$L(4)=0$”列方程。由于转折频率“8”在频率“4”的后面,其对应特性不会影响 0 dB 的频率值,所以,由开环传递函数可列出

$$L(\omega_c=4)=20\lg k-20\lg\omega_c-20\lg\frac{1}{2}\omega_c=0$$

即

$$20\lg\frac{k}{0.5\times4^2}=20\lg1,\quad \frac{k}{0.5\times4^2}=1 \quad\Rightarrow\quad k=8$$

两种方法计算的 k 值相同。

(4) 系统的开环传递函数为

$$G_k(s)=\frac{8}{s(0.5s+1)(0.125s+1)}$$

(5) 闭环传递函数为

$$\Phi(s)=\frac{G_k(s)}{1+G_k(s)}=\frac{8}{s(0.5s+1)(0.125s+1)+8}$$

5.5 奈氏图在系统分析中的应用

工程上,奈氏图(又称为极坐标图、幅相频率特性图)通常只用来分析闭环系统的稳定性,而且可用"概略特性"图。

一、稳定性判据

频率分析法中,判别闭环系统稳定性的方法是奈奎斯特(Nyquist)提出的,常称为"奈奎斯特判据"(简称奈氏判据)。"奈氏判据"的严格证明很复杂,需要用到复变函数理论。本节仅介绍判据的主要内容及应用方法。

1. 系统开环传递函数无积分环节(0型)系统

判据1:若系统的开环传递函数在 s 平面的右半平面有 P 个极点(开环不稳定),则闭环系统稳定的充分必要条件是开环幅相频率特性曲线 $G_k(j\omega)$,当 ω 从0变化到 $+\infty$ 时,逆时针绕 $(-1,j0)$ 点的圈数"N"乘以2等于 P,否则,闭环系统不稳定。

判据2:若系统的开环传递函数在 s 平面的右半平面没有极点,即 $P=0$(开环稳定),则闭环系统稳定的充分必要条件是,开环幅相频率特性曲线 $G_k(j\omega)$,当 ω 从0变化到 $+\infty$ 时,不包围 $(-1,j0)$ 点,即圈数 $N=0$,否则,闭环系统不稳定。

用公式表示两个判据为

$$Z=P-2N \tag{5-29}$$

式中,Z——闭环传递函数在 s 平面的右半平面的极点个数;

P——开环传递函数在 s 平面的右半平面的极点个数;

N——开环幅相频率特性曲线绕 $(-1,j0)$ 点的圈数,1圈为 $360°(2\pi)$。逆时针绕时,N 取"正",顺时针绕时,N 取"负"。

推论1:顺时针绕 $(-1,j0)$ 点,闭环系统不会稳定。

推论2:若通过 $(-1,j0)$ 点,闭环系统临界稳定。处于临界稳定点时

$$|G_k(j\omega_g)|=1,\ \angle G_k(j\omega_g)=-\pi \tag{5-30}$$

通过上式可求出处于临界稳定点时的开环增益(放大系数)值。

例 5-10 已知系统的开环传递函数为

$$G_{\mathrm{k}}(s)=\frac{5.2}{(s+2)(s^2+2s+5)}$$

用奈氏判据判定闭环系统的稳定性。

解 (1) $G_{\mathrm{k}}(s)$在 s 平面的右半边无极点：$P=0$。

(2) 绘制幅相特性曲线。

起点位于正实轴的“5.2”处(0 型系统,$k=5.2$)；终点的 $n-m=3$，相角为 $-270°$，曲线终于坐标原点；与虚轴交点：令特性实部 $\mathrm{Re}[G_{\mathrm{k}}(\mathrm{j}\omega)]=0$，求得 $\omega=\sqrt{2.5}$ rad/s，代入虚部可得 $\mathrm{Im}[G_{\mathrm{k}}(\mathrm{j}\omega)]=-5.1$；与负实轴交点：$\mathrm{Im}[G_{\mathrm{k}}(\mathrm{j}\omega)]=0$，$\omega=3$ rad/s，$\mathrm{Re}[G_{\mathrm{k}}(\mathrm{j}\omega)]=-2$。极坐标图如图 5-22。

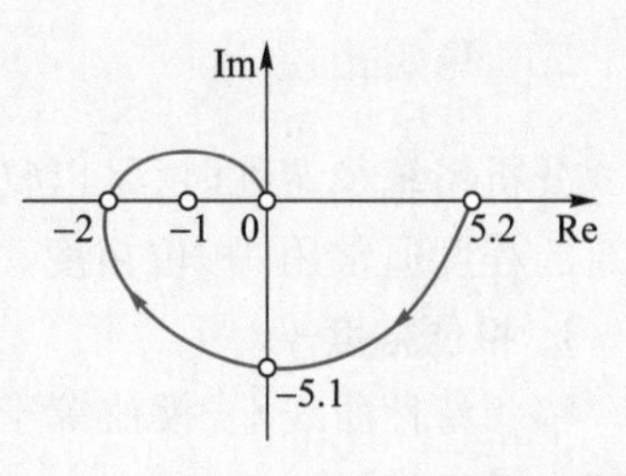

图 5-22 例 5-10 系统的极坐标图

(3) 计算特性曲线围绕$(-1,\mathrm{j}0)$点的圈数。

以$(-1,\mathrm{j}0)$为支点，ω 从正实轴的“5.2”起，沿着奈氏曲线转至坐标原点，一共顺时针转了 1 圈，即$N=1$。

(4) 计算位于 s 平面右半平面的极点数。

$$Z=P-2N=0-2\times(-1)=2$$

有两个正根，闭环系统不稳。

2. 系统开环传递函数有积分环节(非 0 型系统)

对含有 ν 个积分环节的非 0 型系统，用奈氏判据时，绘出 $\omega:0\to+\infty$ 的 $G_{\mathrm{k}}(\mathrm{j}\omega)$幅相特性曲线后应作“奈氏增辅圆弧”。从起点($\omega=0_+$)处开始，逆时针补画一个半径为$\infty$，相角为 $90°\times\nu$ 的圆弧，增补奈氏特性到实轴上，并视实轴的点为起点，如图 5-23 所示，再按 0 型系统的方法去判定闭环系统的稳定性。

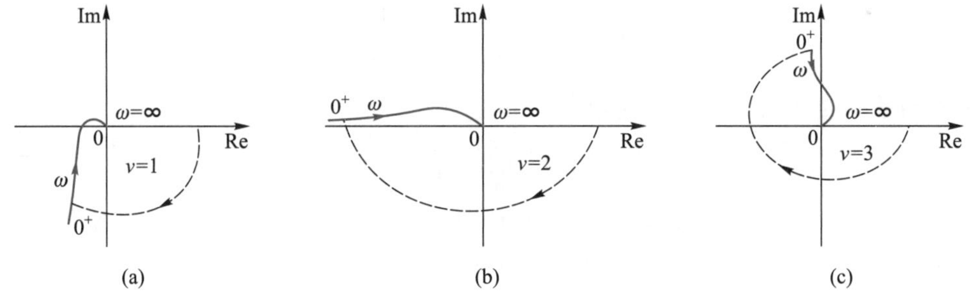

图 5-23 非 0 型系统奈氏曲线的增补特性

例 5-11 已知图 5-24 中 4 个系统的奈氏图，用奈氏判据判定闭环系统的稳定性。

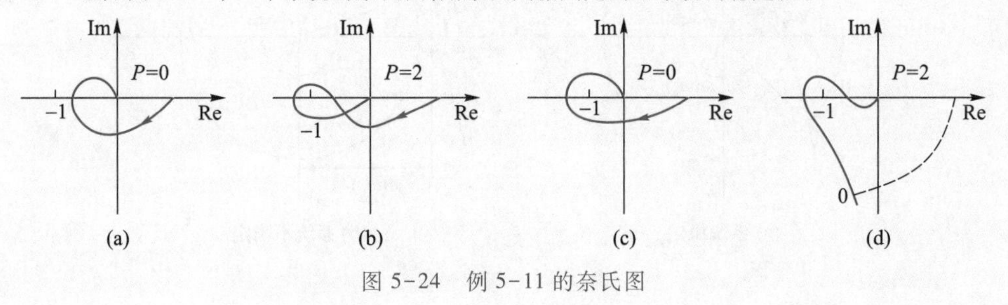

图 5-24 例 5-11 的奈氏图

解 系统 a:$P=0$,奈氏曲线不包围$(-1,\mathrm{j}0)$,$Z=0$,系统稳定。

系统 b:$P=2$,奈氏曲线逆时针包围$(-1,\mathrm{j}0)$1圈,$Z=0$,系统稳定。

系统 c:$P=0$,奈氏曲线顺时针包围$(-1,\mathrm{j}0)$1圈,$Z=2$,系统不稳定。

系统 d:$P=2$,奈氏曲线顺时针包围$(-1,\mathrm{j}0)$1圈,$Z=4$,系统不稳定。

二、稳定裕度

分析系统稳定性时,是以复平面负实轴上的$(-1,\mathrm{j}0)$点作为"临界稳定"点。评价系统稳定的程度通常用"相位裕度""幅值裕度"去评价。

1. 相位裕度 γ

幅相特性曲线上,模值等于1的矢量与负实轴的夹角为相位裕度,如图5-25所示。用公式表示为

$$\gamma=180^\circ+\angle G_\mathrm{k}(\mathrm{j}\omega_\mathrm{c}) \tag{5-31}$$

模值等于1的频率"ω_c"称为开环截止频率,即

$$A(\omega_\mathrm{c})=|G_\mathrm{k}(\mathrm{j}\omega_\mathrm{c})|=1 \tag{5-32}$$

相位裕度的含义是,对于稳定的系统,其相角再滞后这个度数,系统就处于临界稳定;对于不稳定的系统,其相角必须再增加这个度数,系统就达到临界稳定。

2. 幅值裕度 *GM*

幅相特性曲线与负实轴交点处幅值的倒数为幅值裕度,也称为增益裕度,如图5-25所示,用公式表示为

$$GM=\frac{1}{|G_\mathrm{k}(\mathrm{j}\omega_\mathrm{g})|}=\frac{1}{A(\mathrm{j}\omega_\mathrm{g})} \tag{5-33}$$

交点处的频率称为相位穿越频率ω_g。

$$\varphi(\omega_\mathrm{g})=\angle G_\mathrm{k}(\mathrm{j}\omega_\mathrm{g})=180^\circ \tag{5-34}$$

幅值裕度的含义是,对于稳定的系统,开环增益再增大这个倍数,系统变成临界稳定;对于不稳定的系统,开环增益要减小这个倍数,系统将变成临界稳定。

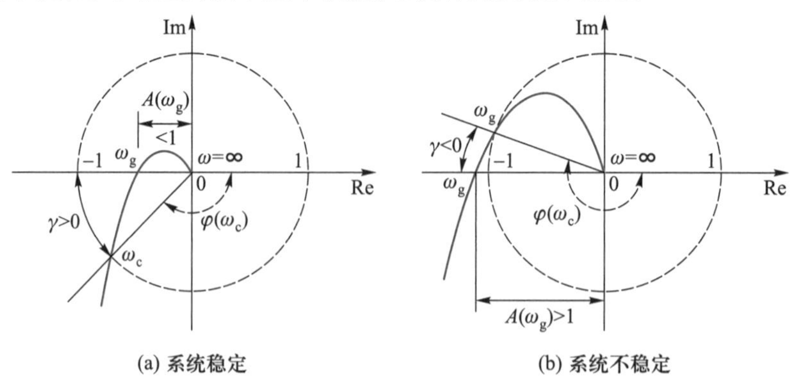

图5-25 幅值裕度

求稳定裕度的值,一是可从极坐标图中量出,但前提是极坐标图必须足够的准确;二是可通过公式具体计算。计算相位裕度时,应先求出截止频率 ω_c;计算幅值裕度时,应先求出相位穿越频率 ω_g。

例 5-12 已知系统的开环传递函数 $G_k(s)=\dfrac{2.8}{(0.01s+1)^3}$,求相位裕度。

解 首先求开环截止频率 ω_c。

$$A(\omega_c)=\left|\frac{2.8}{(1+j0.01\omega_c)^3}\right|=1 \quad\Longrightarrow\quad \omega_c=100\ \text{rad/s}$$

由相位裕度定义,可得

$$\gamma=180°+\varphi(\omega_c)=180°-3\arctan0.01\times100=45°$$

例 5-13 已知系统开环传递函数 $G_k(s)=\dfrac{100}{s(s+2)(s+10)}$,求幅值裕度。

解 首先求相位穿越频率 ω_g。由定义可得

$$\varphi(\omega_g)=-90°-\arctan\frac{\omega_g}{2}-\arctan\frac{\omega_g}{10}=-180°$$

$$\arctan\frac{\omega_g}{2}+\arctan\frac{\omega_g}{10}=90° \quad\Longrightarrow\quad \frac{\dfrac{\omega_g}{2}+\dfrac{\omega_g}{10}}{1-\dfrac{\omega_g^2}{20}}=\tan 90°$$

于是有 $\omega_g\approx4.5$ rad/s。

由幅值裕度公式可得

$$GM=\frac{1}{|G_k(j\omega_g)|}=\frac{\omega_g\sqrt{\omega_g^2+4}\sqrt{\omega_g^2+100}}{100}=2.4$$

5.6 伯德图在系统分析中的应用

控制工程中,在分析和设计系统时,伯德图(开环对数频率特性图)获得最广泛的应用。这是因为:一是绘图容易,尤其是对于最小相位系统,只需绘出对数频幅特性即可,且与根轨迹相比,准确性高;二是某个环节的参数变化或类型的改变对系统性能的影响直观明了;三是可以通过实验的方法获得复杂系统或机理不明确系统的数学模型。

利用伯德图分析、设计系统广泛采用“三频段”的概念。“低频段”通常是指第一个转折频率之前的频段;“中频段”通常是指特性过“0 dB”所处的区段;“高频段”是特性曲线后面的区段,如图 5-26 所示。

三频段的划分并没有严格的规定,但三频段的概念在分析系统性能和设计系统时指出了基本的原则和方向。

一、低频段特性:反映稳态性能

由伯德图可知,低频段特性的斜率完全由积分个数 v 决定,其高度与开环增益,即放大

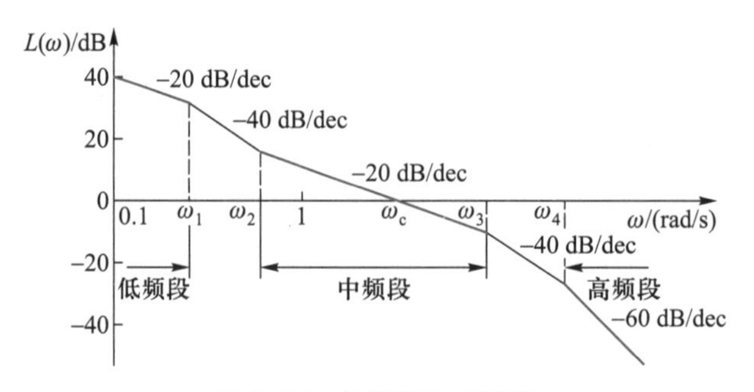

图 5-26 伯德图的三频段

系数 k 有关。因此,由低频段特性可看出 v 的个数;k 值可通过低频段特性方程的一些简单计算求出。低频段特性与稳态误差如图 5-27 所示。

低频段对应的开环传递函数为 $G(s)=\dfrac{k}{s^v}$,低频段特性方程为

$$L(\omega)=20\lg k-v\times20\lg\omega \tag{5-35}$$

0 型系统: $v=0, L_{低}(\omega)=20\lg k, k=10^{\frac{L(\omega)}{20}}$

Ⅰ型系统: $v=1, L(1)=20\lg k, k=10^{\frac{L(1)}{20}}; L_{延}(\omega)=20\lg k-20\lg\omega=0, k=\omega$

Ⅱ型系统: $v=2, L(1)=20\lg k, k=10^{\frac{L(1)}{20}}; L_{延}(\omega)=20\lg k-20\lg\omega^2=0, k=\omega^2$

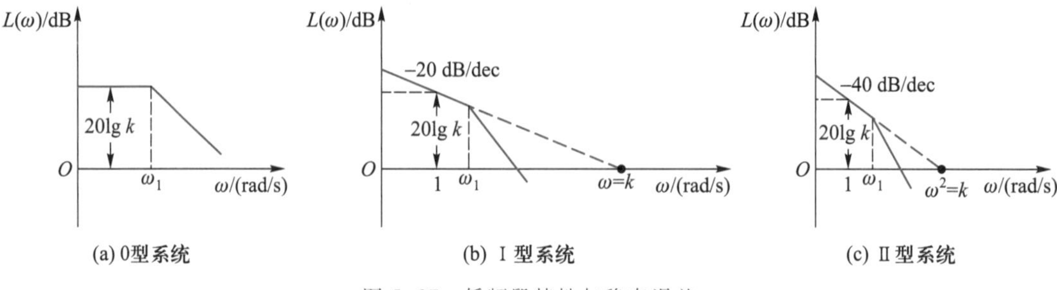

图 5-27 低频段特性与稳态误差

求 k 的值,还可以通过列相关方程等方法来求,见本章第 4 节。

求出 v,k 后,应用表 3-1 就能得出系统的稳态误差值。

二、中频段特性:反映稳定性及动态性能

用频域法分析、设计系统时,为了评价系统在动态过程中的性能,也提出一些特征量作为性能指标,称为"开环频域指标"。在对数频率坐标图中,这些指标都处于"中频段"。

1. 截止频率 ω_c(幅值穿越频率)

截止频率的定义为对数幅频特性与 0 dB 线相交点的频率值,即

$$L(\omega_c)=20\lg|G_k(j\omega_c)|=0\ \text{dB} \tag{5-36}$$

或

$$|G_k(j\omega_c)|=1 \tag{5-37}$$

理论上可以证明,截止频率反映了系统的快速性。截止频率越高,系统的快速性能

越好。

2. 相位裕度 γ

相位裕度的定义：相频特性在 ω_c 时的相位 $\varphi(\omega_c)$ 与 $-180°$ 之差，用公式表示为

$$\gamma=\varphi(\omega_c)-(-180°)=\varphi(\omega_c)+180° \tag{5-38}$$

相位裕度的含义是：对于稳定的系统，当 $\varphi(\omega_c)$ 再滞后 γ 角度时，系统将处于临界稳定状态；对于不稳定的系统，$\varphi(\omega_c)$ 需增加 γ 角度时，系统才处于临界稳定状态。

最小相位系统的相位裕度与闭环系统稳定性有如下结论：

$\gamma>0$，稳定；$\gamma=0$，临界稳定；$\gamma<0$，不稳定。

3. 幅值裕度 GM

幅值裕度的定义：相角 $\varphi(\omega_g)=-180°$ 对应的幅频特性分贝值的反号。

$$GM=-20\lg|G_k(\mathrm{j}\omega_g)|=-20\lg A(\mathrm{j}\omega_g)\,(\mathrm{dB}) \tag{5-39}$$

ω_g 称为相位穿越频率。幅值裕度也称为增益裕度

幅值裕度的含义是：对于稳定的系统，当幅值减少 GM 时，系统将处于临界稳定状态；对于不稳定的系统，需增加 GM，系统才处于临界稳定状态。

对于最小相位系统，幅值裕度与闭环系统稳定性有如下结论：

$GM>0$，稳定；$GM=0$，临界稳定；$GM<0$，不稳定。

相位裕度、幅值裕度又常称它们为系统的“相对稳定性”，如图 5-28 所示。

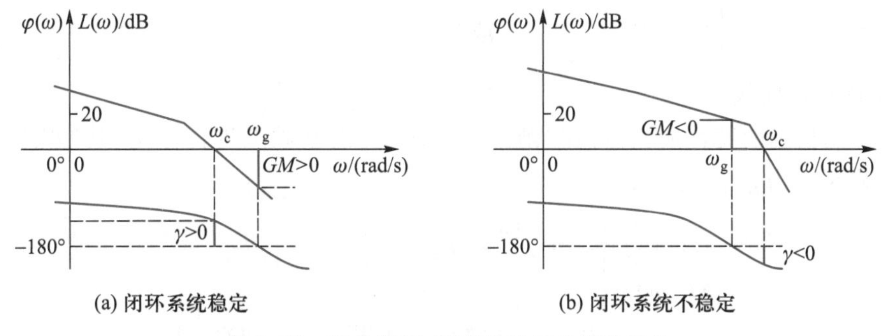

图 5-28 相位裕度、幅值裕度与系统稳定性

4. 中频宽

中频宽是斜率为-20 dB/dec 的直线过横轴的频段宽度，用公式表示为

$$h=\frac{\omega_3}{\omega_2} \tag{5-40}$$

理论上可以证明，中频段越宽，系统的平稳性越好，动态性能越好，工程上常要求中频宽为 5~10。

三、高频段特性：反映系统的抗干扰能力

高频段对应的都是系统中时间常数较小的环节。因此，一方面，对应的动态分量较小；另一方面，干扰信号的频率都较高，对应的幅频特性均处于高负斜率的负分贝值，负的分贝值越大，表示对抗干扰信号幅值的衰减越大，系统的抗干扰就越强。

例 5-14 已知最小相位系统的对数幅频特性如图 5-29 所示,求系统的精度。

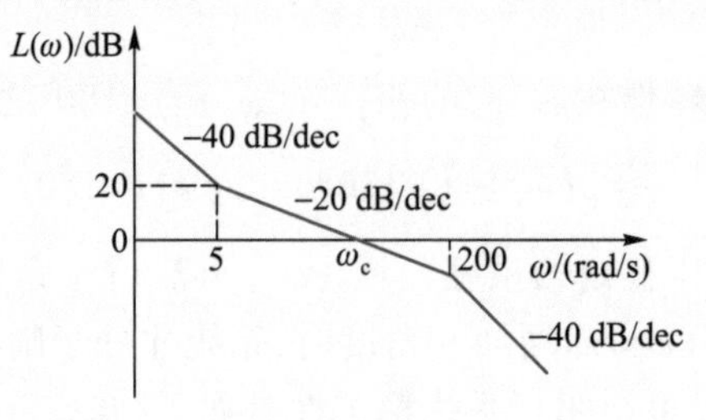

图 5-29 例 5-14 系统的对数幅频特性

解 系统低频段特性由开环增益和 2 个积分环节叠加而成,且当 $\omega=5$ 时,$L(5)=20$ dB,于是有

$$L(5)=20\lg k-20\lg 5^2=20\Rightarrow 20\lg\frac{k}{25}=20\lg 10\Rightarrow\frac{k}{25}=10$$

于是开环增益

$$k=250$$

系统为Ⅱ型系统,由第 3 章可知,系统稳定时,阶跃和速度输入信号作用下的稳态误差为 0,加速度输入信号作用下的稳态误差为

$$e_{ssa}=\frac{1}{250}=0.004$$

例 5-15 已知系统的开环传递函数 $G_k(s)=\dfrac{5}{s(s+1)(0.1s+1)}$,求系统的相位裕度、幅值裕度,并判断系统的稳定性。

解 两种方法。

方法一:绘图量测。

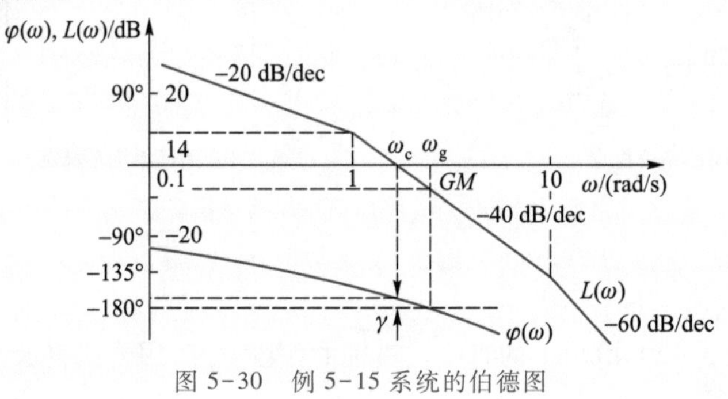

图 5-30 例 5-15 系统的伯德图

绘制系统伯德图,如图 5-30 所示。由图量得 $\gamma(\omega_c)\approx 12°>0$;$GM\approx 7$ dB>0,系统稳定。

方法二:计算法。

(1) 相位裕度。求截止频率,由定义 $L(\omega_c)=20\lg|G_k(j\omega_c)|=20\lg\left|\dfrac{5}{j\omega_c(j\omega_c+1)(0.1j\omega_c+1)}\right|=0\Rightarrow$ $\omega_c=2.3$ rad/s。由相位裕度公式,$\gamma(\omega_c)=180°-90°-\arctan(2.3)-\arctan(0.1\times 2.3)\approx 11.5°$

(2) 幅值裕度。求相位穿起频率,由定义,$\varphi(\omega_g)=-90°-\arctan(\omega_g)-\arctan(0.1\omega_g)=-180°$。上式是一个超越方程,不易求解,可用试探法近似求解:

$\omega_g=3$ rad/s, $\varphi(3)=-178°$; $\omega_g=3.2$ rad/s, $\varphi(3.2)=-180.4°$; $\omega_g=3.3$ rad/s, $\varphi(3.3)=-181.4°$，选 $\omega_g=$ 3.2 rad/s。

由幅值裕度公式 $GM=-20\lg|G_k(j\omega_g)|=-20\lg\left|\dfrac{5}{j\omega_g(j\omega_g+1)(0.1j\omega_g+1)}\right|_{\omega_g=3.2}\approx 6.2\text{ dB}$

(3) 因 $\gamma(\omega_c)>0$，$GM>0$，闭环系统稳定。

例 5-16 已知系统的开环传递函数 $G_k(s)=\dfrac{k}{(0.01s+1)^3}$，要求相位裕度为45°，求系统的 k 值。

解 由相位裕度公式，求 ω_c。

$$\gamma=180°+\varphi(\omega_c)=180°-3\arctan 0.01\times\omega_c=45° \Rightarrow \omega_c=100\text{ rad/s}$$

由截止频率的定义，有

$$L(\omega_c)=20\lg\left|\frac{k}{(0.01j\omega_c+1)^3}\right|_{\omega_c=100}=0 \Rightarrow k=2.8$$

注意：工程上，为了使系统具有较好的性能，往往要求系统的开环对数幅频特性的形状应有：低频段要有一定的高度和斜率；中频段应具有−20 dB/dec 的斜率，且有足够的宽度（5~10）（相位裕度相应为30°~70°，幅值裕度>6 dB）；高频段要有快速衰减的特性，以提高系统的抗干扰能力。

5.7 频域指标与时域指标的关系与转换

时域分析法中，系统的动态性能指标主要是“超调量”和“调节时间”，前者反映系统的平稳性，后者反映系统的快速性。频域（开环）分析法中，系统的动态性能指标主要是“相位裕度”和“截止频率”，前者反映系统的稳定性和动态过程中的平稳性，后者反映系统的快速性。

二阶系统中，两种动态性能指标之间有严格的对应关系。高阶系统有近似的对应关系。

一、二阶系统两种指标之间的关系

二阶系统开环传递函数与频率特性为

$$G_k(s)=\frac{\omega_n^2}{s(s+2\zeta\omega_n)} \qquad G_k(j\omega_n)=\frac{\omega_n^2}{j\omega(j\omega+2\zeta\omega_n)}$$

幅频特性与相频特性为

$$A(\omega)=\frac{\omega_n^2}{\omega\sqrt{\omega^2+(2\zeta\omega_n)^2}} \qquad \varphi(\omega)=-90°-\arctan\frac{\omega}{2\zeta\omega_n}$$

根据开环截止频率 ω_c 的定义，有

$$A(\omega_c)=\frac{\omega_n^2}{\omega_c\sqrt{\omega_c^2+(2\zeta\omega_n)^2}}=1$$

解上面的等式，得

$$\omega_c=\omega_n\sqrt{\sqrt{4\zeta^4+1}-2\zeta^2} \tag{5-41}$$

根据相位裕度的定义,有

$$\gamma=180°+\varphi(\omega_c)=-90°-\arctan\frac{\omega_c}{2\zeta\omega_n}=\arctan\frac{2\zeta\omega_n}{\omega_c}$$

将 ω_c 代入上式,得相位裕度为

$$\gamma=\arctan\frac{2\zeta}{\sqrt{-2\zeta^2+\sqrt{4\zeta^2+1}}} \tag{5-42}$$

由时域分析法可得,系统的超调量为

$$\sigma\%=e^{-\zeta\pi\sqrt{1-\zeta^2}}\times100\% \tag{5-43}$$

式(5-43)、式(5-44)表明,对于二阶系统,相位裕度和超调量都只与阻尼比 ζ 有准确的关系,如表5-7所示。

表5-7 γ(相位裕度)、$\sigma\%$(超调量)与 ζ(阻尼比)的对应关系

γ	0	11.42°	22.60°	33.25°	43.10°	51.8°	59.20°	65.5°	69.86°	73.50°
$\sigma\%$	100%	72.9%	52.7%	37.2%	25.3%	16.3%	9.5%	4.32%	1.5%	0.15%
ζ	0	0.1	0.2	0.3	0.4	0.5	0.6	0.7	0.8	0.9

阻尼比 ζ 与 $\frac{\omega_c}{\omega_n}$ 的关系如表5-8

表5-8 ζ 与 $\frac{\omega_c}{\omega_n}$ 的关系

ζ	0	0.1	0.2	0.3	0.4	0.5	0.6	0.7	0.8	0.9	1
ω_c/ω_n	1	0.99	0.96	0.91	0.85	0.79	0.72	0.65	0.59	0.53	0.49

二、高阶系统

高阶系统动态性能的两种指标之间没有准确的转换关系式,但通过对大量高阶系统的研究,有关文献推荐了两种指标之间的换算公式。

超调量与相位裕度之间关系为

$$\sigma\%=0.16+0.4\left(\frac{1}{\sin\gamma}-1\right) \tag{5-44}$$

调节时间与截止频率之间关系为

$$t_s=\frac{b\pi}{\omega_c} \tag{5-45}$$

式中,$b=2+1.5\left(\frac{1}{\sin\gamma}-1\right)+2.5\left(\frac{1}{\sin\gamma}-1\right)^2$

例 5-17 已知单位反馈系统的开环对数幅频特性如图 5-31 所示,求系统的时域性能。

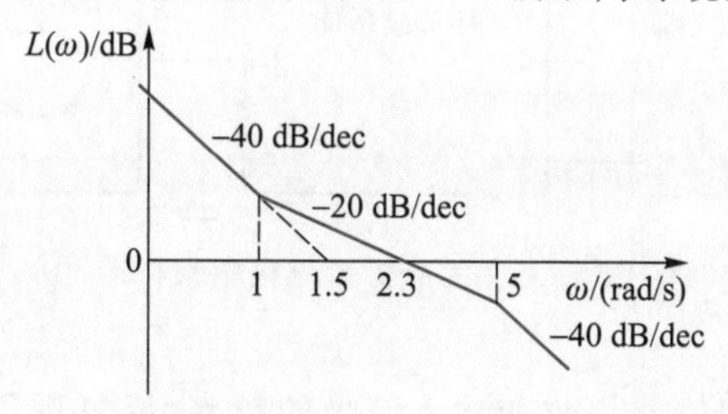

图 5-31 例 5-17 系统的开环对数幅频特性

解 (1) 求稳态误差。

先求开环增益。根据开环对数幅频特性的低频段延长线可知

$$K=1.5^2=2.25。$$

低频段斜率为-40 dB/dec,系统为Ⅱ型系统,所以阶跃、速度信号输入作用下,稳态误差均为 0,单位加速度输入作用下的误差

$$e_{ss}=\frac{1}{k_a}=\frac{1}{K}=\frac{1}{2.25}\approx 0.4$$

(2) 求超调量、调节时间。

由图 5-31 可求出系统的开环、闭环传递函数为

$$G_k(s)=\frac{2.25(s+1)}{s^2(0.2s+1)}$$

$$\Phi(s)=\frac{G_k(s)}{1+G_k(s)}=\frac{2.25(s+1)}{0.2s^3+s^2+2.25s+2.25}=\frac{11.5(s+1)}{s^3+5s^2+11.5s+11.5}$$

3 个闭环特征根为 $s_1=-2.25, s_{1,2}=-1.38\pm j1.78$,系统无主导极点。不能用主导极点的方法计算动态性能。

求相位裕度。根据相位裕度的计算公式,有

$$\gamma=180°-180°+\arctan\omega_c-\arctan 0.2\omega_c=\arctan 2.3-\arctan 0.2\times 2.3=42°$$

于是,根据高阶系统的近似转换公式,有

超调量

$$\sigma\%=0.16+0.4\left(\frac{1}{\sin 42°}-1\right)=35\%$$

调节时间

$$b=2+1.5\left(\frac{1}{\sin\gamma}-1\right)+2.5\left(\frac{1}{\sin\gamma}-1\right)^2=3.38$$

$$t_s=\frac{b\pi}{\omega_c}=\frac{3.38\times 3.14}{2.25}\approx 4.7\ \mathrm{s}$$

5.8 频率特性的实验测定及传递函数的求取

当机理不明或复杂的系统难以用解析方法求频率特性时,可用专门的“频率特性测试仪”,也可用图 5-32 所示的测试方法,求取环节或系统的频率特性。

信号发生器产生正弦输入信号,频率范围可选取 0.01~1 000 Hz;双线示波器用作测量

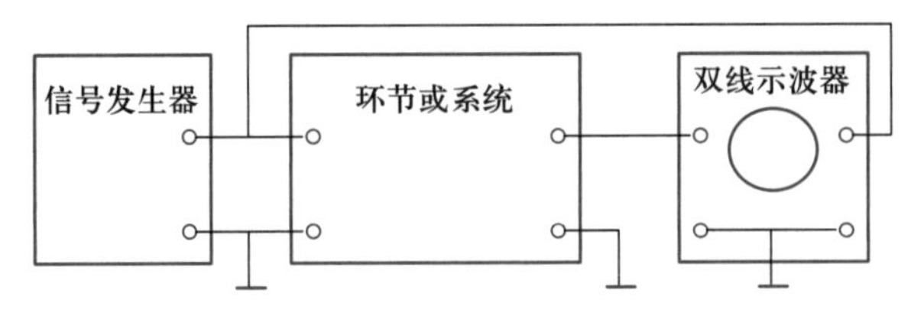

图 5-32 实验方法测得频率特性

输入-输出信号的幅值及相位差。改变输入信号的频率,反复进行上述测量,记录下相关数据,在坐标纸上描点,并用平滑曲线连接后,对实验所得到的对数幅频用 0; ±20 dB/dec; ±40 dB/dec;±60 dB/dec;… 直线分段近似,获得对数幅频渐近特性曲线。若是最小相位环节或系统,依伯德定理,按本章第 4 节介绍的方法,便可求出被测环节或系统的频率特性。

若所测到的对数幅频特性与相频特性不符合伯德定理指出的对应关系,则表明被测对象是非最小相位系统。

例 5-18 由"频率特性测量仪"得到的对数频率特性曲线如图 5-33 所示,求系统的开环传递函数。

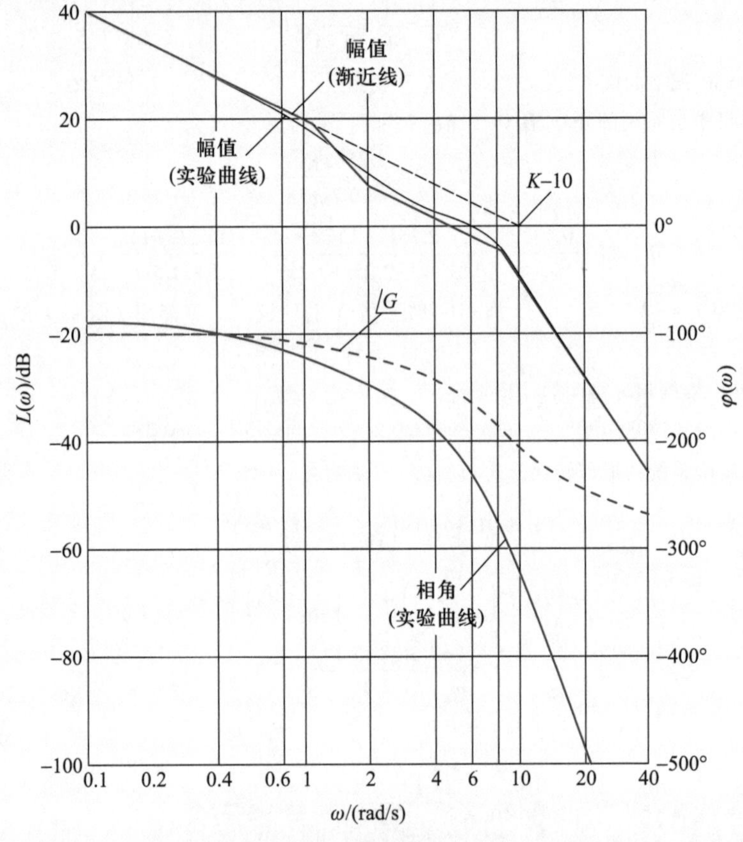

图 5-33 对数频率特性曲线

解 (1) 以标准斜率的直线段逼近实验得到的平滑曲线。

(2) 从低频段到高频段,依斜率的变化写出相应的典型环节。

系统含有比例环节、积分环节，惯性环节（$\omega=1$ rad/s）、比例微分环节（$\omega=2$ rad/s）、振荡环节（$\omega=8$ rad/s，$\zeta\approx0.5$）。

$$G_k(s)=\frac{10\left(\frac{1}{2}s+1\right)}{s(s+1)\left(\frac{1}{64}s^2+\frac{1}{8}s+1\right)}$$

（3）相频特性的变化与幅频特性斜率不符合伯德定理。经分析，系统还含有一个迟后环节。

由相频特性可以看出，当 $\omega=20$ rad/s 时，两条相位特性曲线交点的相位角分别约为240°和480°，多出240°是由滞后环节产生的。于是有

$$\varphi=\tau\omega\times\frac{360°}{2\pi}=20\tau\times\frac{360°}{2\pi}=240°\Rightarrow\tau\approx0.204\approx0.2$$

基于上面的分析，系统的开环传递函数为

$$G_k(s)=\frac{10\left(\frac{1}{2}s+1\right)}{s(s+1)\left(\frac{1}{64}s^2+\frac{1}{8}s+1\right)}e^{-0.2t}$$

本章要点

频率特性分析法主要通过两张图（极坐标图和伯德图）对系统进行分析研究。本质上，两张图都是通过系统的开环传递函数绘制的。极坐标图主要用来判别闭环系统的稳定性。根据开环零、极点数，由开环幅相频率特性曲线与（-1，j0）的关系，用奈氏判据去判定闭环系统的稳定性；伯德图由于计算简单、绘图容易，特别是能直观地显示出环节参数的变化对系统性能的影响，主要用于分析系统的性能及系统的设计。

对于最小相位系统，对数频率特性和对数相频特性有某种对应的确定关系。因此，分析、设计系统时，只需绘出对数幅频特性曲线即可。对数幅频特性的三频段概念为全面分析、计算系统的静态性能、动态性能和抗干扰性能提供了基本方法，为系统设计指明了方向。

经典控制理论中，频率法与根轨迹法同属图解法。由于频率法绘图简单方便，其准确度也完全能满足工程上的要求，因此获得最广泛的应用。

思考练习题

5-1　系统的频率特性与微分方程、传递函数有什么关系？

5-2　系统的时域分析法、根轨迹和频率特性分析法各有什么优缺点？

5-3　开环对数频率特性图（伯德图）的坐标系与普通坐标系有何不同？为什么？

5-4　在极坐标图、伯德图上判定系统稳定性，有什么异同？

5-5　在伯德图上提出的“三频段概念”是指哪三个频段？如何划分？有何重要意义？

5-6　系统结构图如题5-34图，求输入信号 $r(t)=\sin(t+30°)-\cos(2t-45°)$ 作用时，系

统的稳态误差 $e_s(t)$。

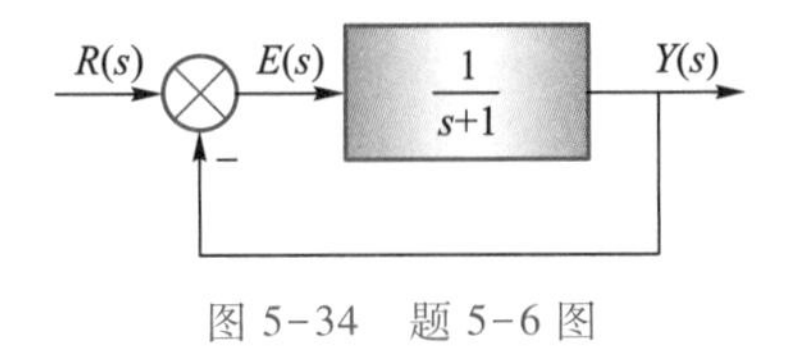

图 5-34 题 5-6 图

5-7 若系统单位阶跃响应为

$$y(t)=1-1.8e^{-4t}+0.8e^{-9t} \quad (t\geqslant 0)$$

试求系统的频率特性。

5-8 试绘制下列传递函数的奈氏图(幅相曲线)。

(1) $G_k(s)=\dfrac{5}{(2s+1)(8s+1)}$ (2) $G_k(s)=\dfrac{1}{s(s+1)(2s+1)}$

5-9 绘制下列传递函数的伯德图(对数频率特性图)。

(1) $G_k(s)=\dfrac{10}{(0.1s+1)(s+1)}$ (2) $G_k(s)=\dfrac{100}{s(0.1s+1)(0.01s)}$

(3) $G_k(s)=\dfrac{100}{s(s+1)(s+10)}$ (4) $G_k(s)=\dfrac{250(0.5s+1)}{s^2(0.1s+1)(s^2+4s+25)}$

5-10 三个最小相位系统传递函数的近似对数幅频特性曲线分别如图 5-35(a)、(b)和(c)所示,写出对应的传递函数。

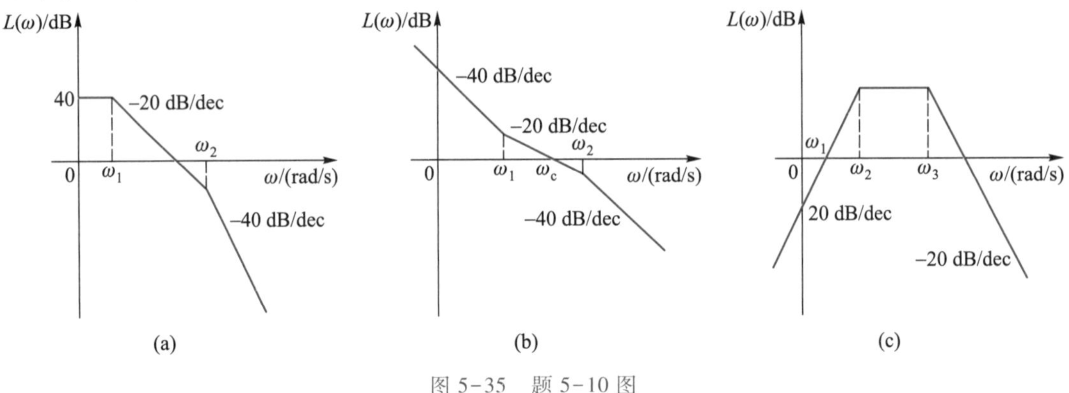

图 5-35 题 5-10 图

5-11 图 5-36 分别为 10 个系统对应的开环幅相特性曲线,用奈氏判据判别对应闭环系统的稳定性。P 为开环传递函数在 s 平面的右半平面的极点数。

5-12 已知系统的开环传递函数

$$G_k(s)=\frac{1}{s(0.2s+1)(0.05s+1)}$$

求相位裕度和幅值裕度。

5-13 已知系统的开环传递函数

$$G_k(s)=\frac{K}{s(0.1s+1)(0.5s+1)}$$

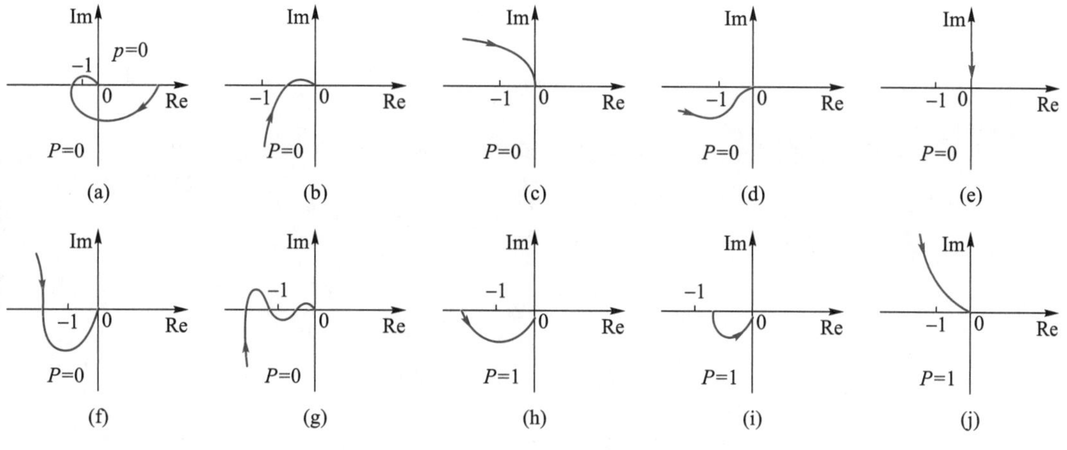

图 5-36　题 5-11 图

求相位裕度为 60°时的开环增益。

5-14　某最小相位系统的开环对数幅频特性如图 5-37 所示。要求：

（1）写出系统的开环传递函数；

（2）利用相位裕度判断系统的稳定性；

（3）将对数幅频特性向右平移十倍频程，试讨论对系统性能的影响。

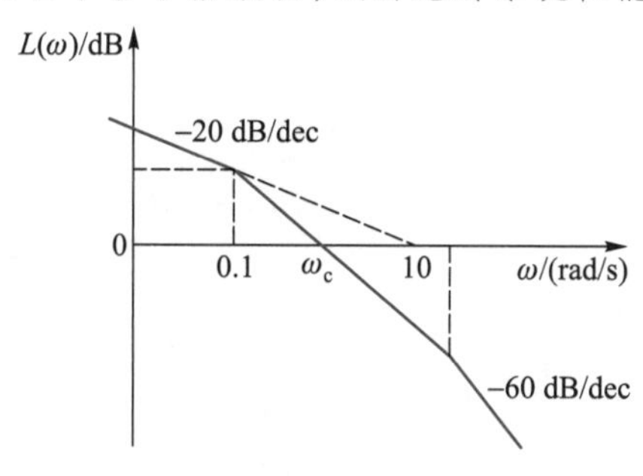

图 5-37　题 5-14 图

第6章

控制系统设计与校正

控制系统设计包含两大基本内容。首先根据被控对象和提出的性能指标，选择好组成系统的基本元部件，然后按照反馈控制原理，绘制出系统的结构原理图。

例如，要设计一个单闭环直流调速系统，首先根据负载的特性、要求的功率、调速范围、调速精度等选择好电动机、晶闸管整流装置、测速发电机等基本元部件，然后按照速度负反馈的控制原理，组成基本结构，如图 6-1 所示。

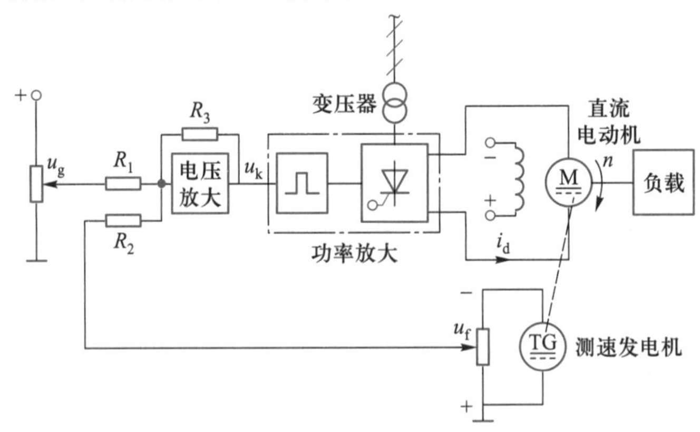

图 6-1 直流调速系统的基本结构

按照第 2 章介绍的相关方法求出图 6-1 中各部件系统的数学模型，并用时域、根轨迹或频率特性分析法，对系统的静态性能、动态性能进行分析。

通常，基本结构的控制系统都是难以满足性能指标要求的，必须在图 6-1 结构的基础上加入新的附加环节，以使系统全面满足所提出的性能指标要求。附加环节的选择及其参数计算的过程，称为系统的“校正”或“综合”，新附加的“环节”称为“校正装置”。

本章介绍基于开环对数频率特性“校正”的原理及方法。

6.1 性能指标与校正方式

一、性能指标

控制系统设计所关注的核心问题是系统的性能指标以及系统是否能满足性能指标的要求。系统性能指标在经典控制理论中，最常有如下二种。

静态指标：包括稳态误差值、静态误差系数、开环增益、无差度。

动态指标：包括时域（调节时间、超调量）、开环频域（截止频率、相位裕度，幅值裕度、中频宽度）。

用频率法对系统进行校正时，若给出的是时域性能指标，则要按第 5 章的相关内容换算成开环频域性能指标。

二、校正方式

校正方式主要有串联校正和并联（局部反馈）校正。

校正装置设置在误差信号后，与被校正对象串联，称为串联校正，如图 6-2(a)所示。

校正装置设置在某元部件的反馈通道中，称为并联校正，如图 6-2(b)所示。

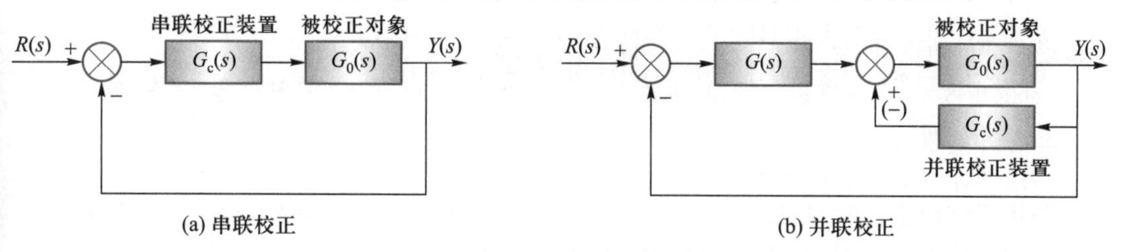

图 6-2　校正方式

串联校正因其结构简单、调试容易，价格低廉等优点，在工程上获得最广泛的应用，主要缺点是抗高频干扰性能较差。

并联校正的抗干扰能力较强，校正效果取决于校正元部件的质量，因此，并联校正对校正元部件的要求较高。

6.2 串联超前校正

一、校正装置

R,C 组成的无源超前校正装置(电路)如图 6-3 所示。

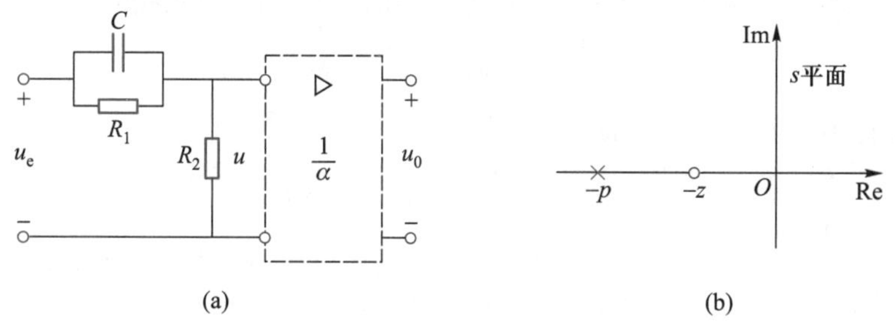

图 6-3　无源超前校正装置(电路)

1. 传递函数

$$G(s)=\frac{u(s)}{u_e(s)}=\frac{R_2}{R_1/(R_1Cs+1)+R_2}=\frac{R_2}{R_1+R_2}\cdot\frac{R_1Cs+1}{R_2/(R_1+R_2)R_1Cs+1}=\alpha\frac{Ts+1}{\alpha Ts+1}=\frac{s+z}{s+p} \tag{6-1}$$

式中，分压系数 $\alpha=R_2/(R_1+R_2)<1$；$T=R_1C$；$z=1/T$，$p=1/\alpha T$。

由式(6-1)可知，因 $\alpha<1$，当它与系统串联时会造成开环增益下降为原来的 $1/\alpha$，使原系统精度变差。为此，在校正装置后要引入放大倍数为“$1/\alpha$”的放大器，如图 6-2(a)中的点划线方块，或把原系统的增益增高“$1/\alpha$”倍。

带增益补偿的传递函数为

$$G(s)=\frac{u_0(s)}{u_e(s)}=\frac{Ts+1}{\alpha Ts+1} \tag{6-2}$$

从传递函数的角度看，分子（微分）的时间常数比分母大，微分的作用较强；从图6-3(b)所示的零、极点的角度看，零点靠近虚轴，起主要作用。所以，串联超前校正又常称为“微分校正”。

2. 频率特性

经增益补偿 $1/\alpha$ 后的频率特性为

$$G(j\omega)=\frac{j\omega T+1}{j\omega\alpha T+1}$$

对数幅频特性

$$L(\omega)=20\lg T\omega-20\lg\alpha T\omega \tag{6-3}$$

对数相频特性

$$\varphi(\omega)=\arctan T\omega-\arctan \alpha T\omega \tag{6-4}$$

由式(6-3)、式(6-4)可知，对数频率特性均与“α”有关。从相角方程可看出，会出现最大相角值。式(6-4)对频率求导并令其为0，相角峰值及频率值为

$$\omega_m=\frac{1}{T\sqrt{\alpha}} \quad 或 \quad \omega_m=\sqrt{\left(\frac{1}{T}\right)\left(\frac{1}{\alpha T}\right)} \tag{6-5}$$

$$L(\omega_m)=20\lg\frac{1}{\alpha} \tag{6-6}$$

式(6-5)表明，最大相角出现在两个转折频率的中点，而最大相角为

$$\varphi_m=\arcsin\frac{1-\alpha}{1+\alpha} \quad 或 \quad \alpha=\frac{1-\sin\varphi_m}{1+\sin\varphi_m} \tag{6-7}$$

由式(6-7)可见，最大超前相角仅与 α 值有关，α 越小，相位超前越大，但考虑到高频噪声影响，实际应取 $\alpha\geqslant0.07$。

带增益补偿的串联超前校正的伯德图如图6-4所示。在频率 $\frac{1}{T}$ 到 $\frac{1}{\alpha T}$ 之间，都是正的相角，即输出信号相位超前于输入信号的相位，故又称它为“超前校正”装置。

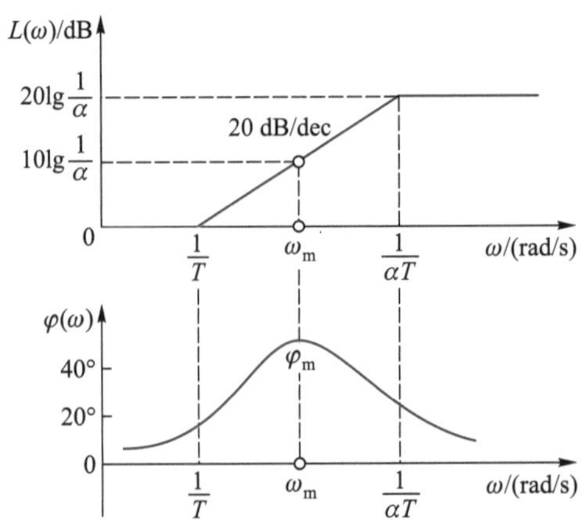

图6-4 带增益补偿的串联超前校正的伯德图

二、校正原理

超前校正电路的参数，应使其对数频率特性设置在原系统的中频段，如图 6-5 所示。利用校正装置的+20 dB/dec 斜率特性，提高了系统的中频段斜率，使其由-40 dB/dec 变成-20 dB/dec；利用校正装置的正相角特性，加大了系统的相位裕度，从而提高系统的动态性能。

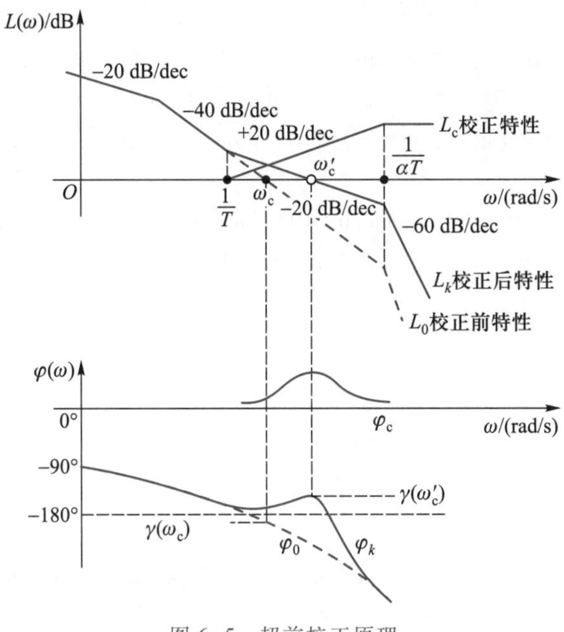

图 6-5 超前校正原理

三、校正电路的设计

通常，系统的动态性能指标是相位裕度 γ 和截止频率 ω_c。校正电路的设计方法并非唯一，一般步骤如下：

1. 判断系统是否适合使用超前校正

（1）根据稳态误差的要求值，确定开环增益 k。

（2）利用求得的 k 值，绘制原系统的对数频率特性 $L_0(\omega)$，并测量（或计算）出相位裕度 γ_0 及截止频率 ω_{c0}。若要求的截止频率 $\omega_c>\omega_{c0}$，说明适合采用超前校正。

2. 参数计算

超前校正有两个参数，即 α 和 T。

（1）算出需要增加的相位角。

$$\Delta\varphi=\varphi_m=\gamma_{要求值}-\gamma_0+(5^\circ\sim10^\circ)_{修正量}$$

（2）由式(6-7)可求出分压系数值 α，并取 $\omega_m\geqslant\omega_c$，由式(6-5)可求出 T。于是，可求出校正装置的传递函数。

（3）计算校正装置的两个转折频率：$\omega_1=\dfrac{1}{T}$；$\omega_2=\dfrac{1}{\alpha T}$。绘制校正装置的对数幅频特性

$L_c(\omega)$。

（4）绘制校正后系统的对数幅频特性 $L(\omega)=L_c(\omega)+L_0(\omega)$。

（5）检验。若不满足 γ、ω_c 的要求，则加大 $\Delta\varphi$ 或选大些的 ω_m。重复上面步骤，直到满足为止。

例 6-1 某位置随动控制系统被控对象的传递函数为

$$G_0(s)=\frac{k}{s(0.1s+1)(0.001s+1)}$$

要求系统性能为单位速度误差 $e_{ss}\geqslant 0.001$；相位裕度 $\gamma\geqslant 45°$，$\omega_c>150$ rad/s。系统是否需要校正？

解 因要求 $e_{ss}=1/k\geqslant 0.001$，所以，开环增益 $k\geqslant 1\ 000$，取 $k=1\ 000$。

（1）绘制 $k=1\ 000$ 时系统的对数频率特性，如图 6-6 所示，可得 $\gamma_0\approx 0°$；$\omega_{c0}=100$ rad/s。也可以采用计算方法，即

$$\gamma_0=180°-90°-\arctan(0.1\times 100)-\arctan(0.001\times 100)=0.01°$$

不满足性能要求，须校正。由于 $\omega_c>\omega_{c0}$，可用串联相位超前校正。

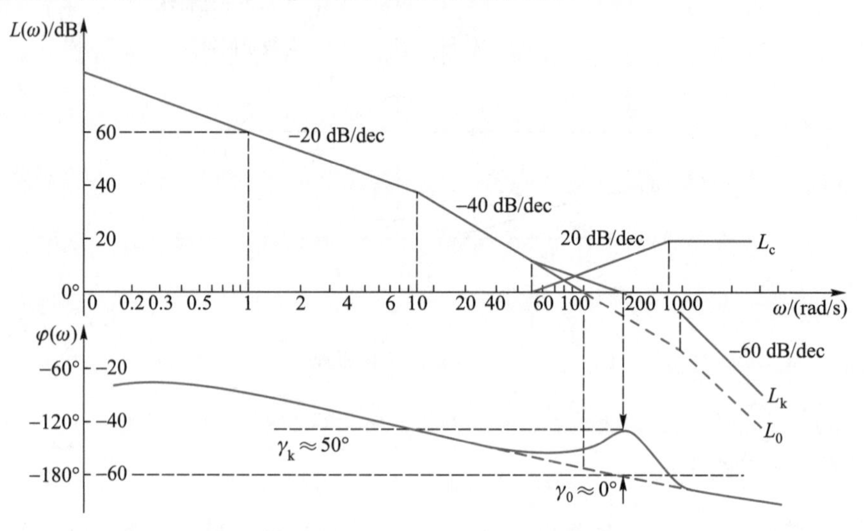

图 6-6 例 6-1 系统的对数频率特性

（2）计算须增加的相位裕度，即

$$\Delta\varphi=\varphi_m=45°-0.01°+10°\approx 55°$$

（3）由式(6-7)得，$\alpha=1-\sin 50°/1+\sin 50°\approx 0.1$。

（4）选 $\omega_m>\omega_c=180$ rad/s。由式(6-5)有

$$T=\frac{1}{\omega_m\sqrt{\alpha}}=\frac{1}{180\sqrt{0.1}}\ \text{s}\approx 0.017\ \text{s}\approx 0.02\ \text{s}。$$

（5）增益补偿后($1/\alpha=10$)的校正电路传递函数为

$$G_c(s)=\frac{Ts+1}{\alpha Ts+1}=\frac{0.02s+1}{0.002s+1}$$

（6）绘制校正电路的对数频率特性 $L_c(\omega)$（转折频率分别为 $\omega_{c1}=50$ rad/s；$\omega_{c2}=500$ rad/s）。校正后系统的传递函数为

$$G_k(s)=G_c(s)G_0(s)=\frac{0.02s+1}{0.002s+1}\cdot\frac{1\ 000}{s(0.1s+1)(0.001s+1)}$$

校正后系统的对数频率特性为 $L_k(\omega)$。由图 6-5 可知，$\omega_{ck}\approx 180\ \text{rad/s}$，$\gamma_k\approx 50°$。计算校正后系统的相位裕度为

$$\begin{aligned}\gamma_k&=180°+\arctan 0.02\omega_{ck}-\arctan 0.002\omega_{ck}-90°-\arctan 0.1\omega_{ck}-\arctan 0.001\omega_{ck}\\&=180°+74.5°-19.8°-90°-86.8°-10°\\&\approx 48°\end{aligned}$$

满足系统的稳态、动态性能的要求。

(7) 计算校正电路参数。

选电容 $C=0.1\ \mu\text{F}$，由 $T=R_1C=0.02\ \text{s}$，求得 $R_1=200\ \text{k}\Omega$。

$\frac{R_2}{R_1+R_2}=0.1$，于是，$R_2=\frac{1}{9}R_1\approx 22.2\ \text{k}\Omega\approx 22\ \text{k}\Omega$。校正电路如图 6-7 所示。

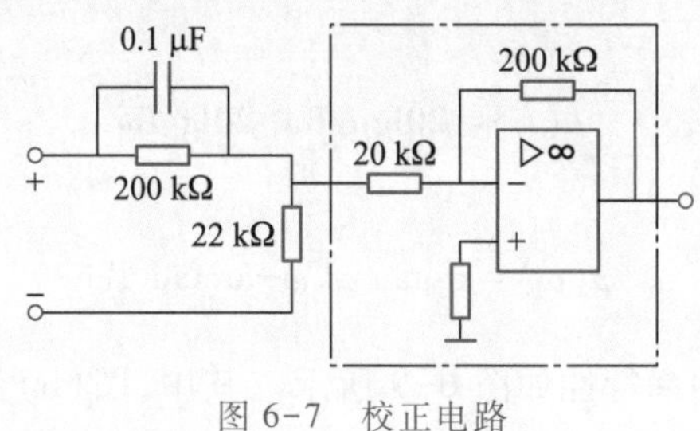

图 6-7 校正电路

强调指出：(1) 绘图的准确度直接影响到参数的计算值。

(2) 电阻和电容值是理论的计算值，只为系统调试提供了选择参数的依据，最终参数还须经调试后确定。

6.3 串联滞后校正

一、校正装置

R、C 组成的无源校正电路，如图 6-8 所示。

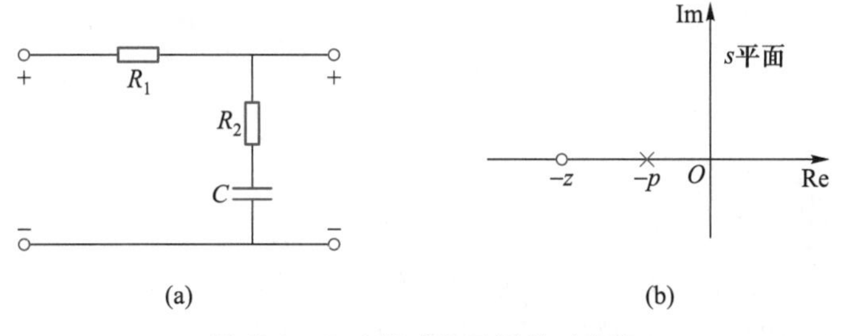

图 6-8 R、C 组成的无源校正电路

1. 传递函数

$$G(s)=\frac{R_2Cs+1}{(R_1+R_2)Cs+1}=\frac{\alpha Ts+1}{Ts+1}=\alpha\frac{s+z}{s+p} \tag{6-8}$$

式中，$\alpha=\frac{R_2}{R_1+R_2}<1$，$T=(R_1+R_2)C$，$z=\frac{1}{\alpha T}$，$p=\frac{1}{T}$。

由式(6-8)可知，分子(微分)的时间常数比分母小，积分的作用较强；从零、极点的角度看，极点靠近虚轴，起主要作用。所以，串联滞后校正又称为“积分校正”。

2. 频率特性

滞后电路的频率特性为

$$G(j\omega)=\frac{j\omega\alpha T+1}{j\omega T+1}$$

对数幅频特性

$$L(\omega)=20\lg\alpha T\omega-20\lg T\omega \tag{6-9}$$

对数相频特性

$$\varphi(\omega)=\arctan\alpha T\omega-\arctan T\omega \tag{6-10}$$

串联滞后校正的对数频率特性如图6-9所示。其中，图(b)带放大器。在频率$\frac{1}{T}$到$\frac{1}{\alpha T}$之间，具有负斜率和负相角，即输出信号相位滞后输入信号的相位，故又称它为“滞后校正”。

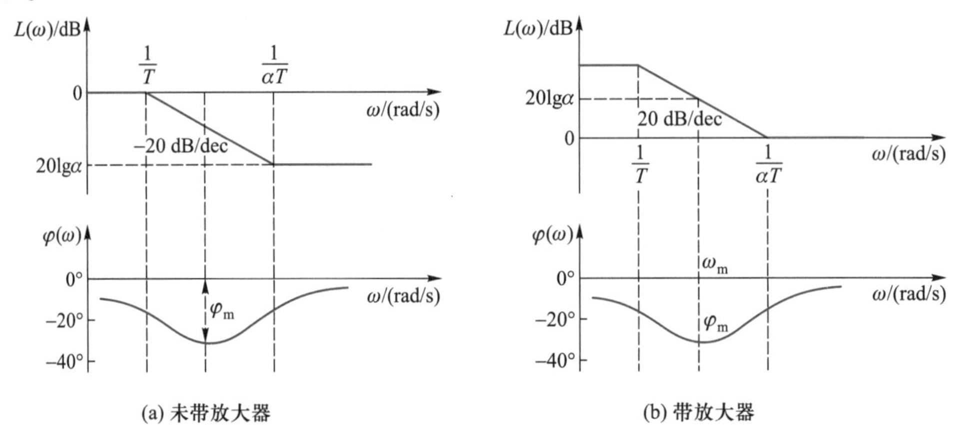

图6-9 串联滞后校正的对数频率特性

二、校正原理

1. 图6-9(a)中，主要利用中、高频幅值衰减特性来降低原系统的截止频率，以达到提高系统相位裕度的目的。这是以降低系统的快速性来换取系统稳定性的方法。

观察图6-10。校正前，中频段的斜率为-40 dB/dec，截止频率对应的相位裕度接近“0”，说明原系统的平稳性很差，甚至不稳定。

引进滞后校正后，系统的中频段斜率为-20 dB/dec，截止频率对应的相位裕度为“正”。

系统不但稳定,而且平稳性好。注意,截止频率下降了,快速性会变差。

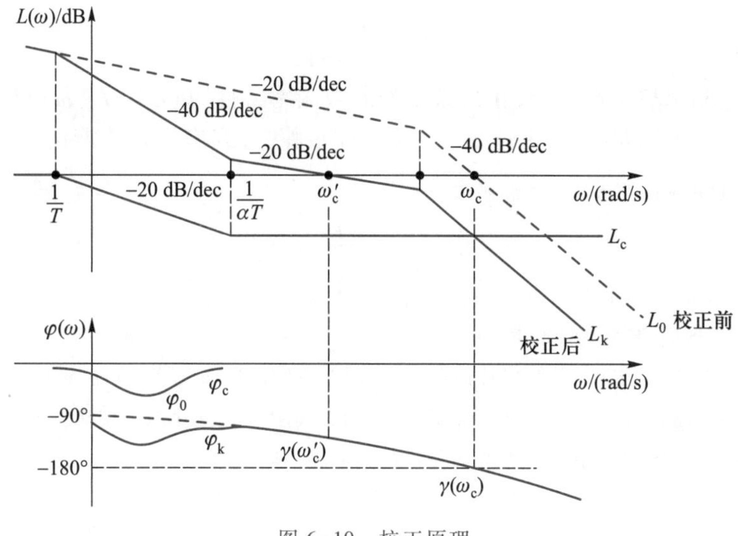

图 6-10 校正原理

2. 图 6-9(b)中,若校正电路带放大器,则会提高低频段的高度,可使系统的控制精度变好。其高频段为 0 dB,对原系统的动态性能、抗干扰能力不会有影响。本方法适用于原系统已经具有较好的动态性能,只需提高系统精度的场合。

三、校正电路设计

通常,滞后校正主要用在对快速性(截止频率 ω_c)要求不高的被控对象,设计的一般步骤如下:

1. 判断系统是否适合使用滞后校正

(1) 根据稳态误差的要求,确定开环增益 k。

(2) 利用求得的 k 值,绘制原系统的对数频率特性曲线 $L_0(\omega)$,并找(或计算)出截止频率 ω_{c0}。若系统对截止频率要求不高,或 $\omega_c<\omega_{c0}$,说明适合采用滞后校正。

2. 参数计算

主要有两个参数,即 α 和 T。

(1) 在相频特性曲线上找(或计算)出须满足相位裕度的频率值,并把该频率值确定为校正后的截止频率 ω_c'。

(2) 在幅频特性曲线上找出该频率的分贝数 $L(\omega_c')$,它就是使系统衰减到 0 dB 时的增益分贝值。令 $L(\omega_c')=20\lg\alpha$,从而确定出参数 α。

(3) 选取第二个转折频率 $\omega_2\left(=\dfrac{1}{\alpha T}\right)$。为了避免滞后电路负相角对截止频率 ω_c' 的影响,应选择离 ω_c' 远的频率值。通常选择

$$\omega_2=\left(\frac{1}{4}\sim\frac{1}{10}\right)\omega_c' \tag{6-11}$$

选定了 $\omega_2\left(=\dfrac{1}{\alpha T}\right)$,可以确定出 T。

于是，滞后校正电路的传递函数为

$$G_c(s)=\frac{\alpha Ts+1}{Ts+1}$$

(4) 分别绘制出校正电路、校正后系统的对数频率特性[$L(\omega)=L_c(\omega)+L_0(\omega)$]。

(5) 检验。若不满足 γ，则重选 ω_c'，并按上面步骤，直到满足条件为止。

例 6-2 设某控制系统被控对象的传递函数为

$$G_0(s)=\frac{k}{s(0.1s+1)(0.2s+1)}$$

要求系统的开环增益为 30，相位裕度 $\gamma\geqslant 45°$。问系统是否需要校正？

解 依要求的稳态性能，开环增益取 $k=30$。

(1) 绘制 $k=30$ 时系统的对数频率特性曲线，如图 6-11 中 $L_0(\omega)$，$\varphi_0(\omega)$。查出，$\omega_{c0}\approx 12$ rad/s，$\gamma_0\approx -20°$，不满足性能要求，须校正。由于未提出 ω_c 的要求，因此可用串联相位滞后校正。

(2) 在相频特性曲线上找出须满足相位裕度的频率值，即

$$\varphi(\omega)=-180°+45°=-135° \Longrightarrow \omega\approx 3\ \text{rad/s}=\omega_c'$$

在幅频特性曲线上找出 $\omega_c=3$ rad/s 频率对应的分贝数 $L(\omega_c')$。由式 $L(\omega_c')=20\lg\alpha$，可求得 $\alpha=0.1$。

(3) 选 $\omega_2=0.1\omega_c'=0.1\times 3$ rad/s $=0.3$ rad/s。由 $\omega_2\left(=\dfrac{1}{\alpha T}\right)$，可求出 $T\approx 33.3$ s。

(4) 滞后校正电路的传递函数为

$$G_c(s)=\frac{\alpha Ts+1}{Ts+1}=\frac{3.33s+1}{33.3s+1}$$

(5) 绘制校正电路的对数频率特性和系统的对数频率特性，如图 6-11 所示。可见，相位裕度 $\gamma'\approx 50°$，满足要求。

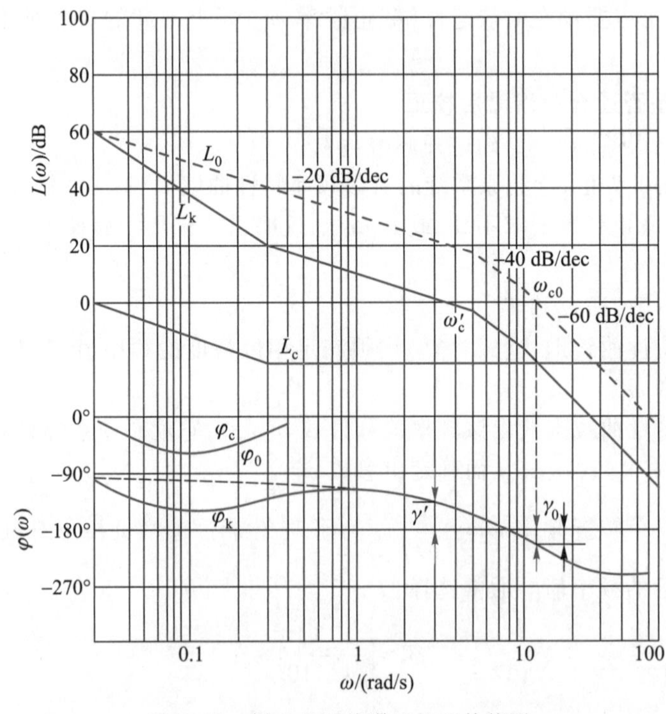

图 6-11 例 6-2 系统滞后校正伯德图

（6）参数计算：

$$G_c(s)=\frac{\alpha Ts+1}{Ts+1}=\frac{3.33s+1}{33.3s+1}$$

$$\alpha=R_2/(R_1+R_2),\alpha T=R_2C;T=(R_1+R_2)C$$

选电容 $C=100\ \mu\text{F}$，由于 $R_2=\frac{\alpha T}{C}=\frac{3.3}{100\times10^{-6}}\ \Omega=33\ 000\ \Omega=33\ \text{k}\Omega$，于是 $R_1=\frac{T}{C}-R_2=\left(\frac{33.3}{100\times10^{-6}}-33\ 000\right)\ \Omega=300\ 000\ \Omega=300\ \text{k}\Omega$。

校正电路如图 6-12 所示。

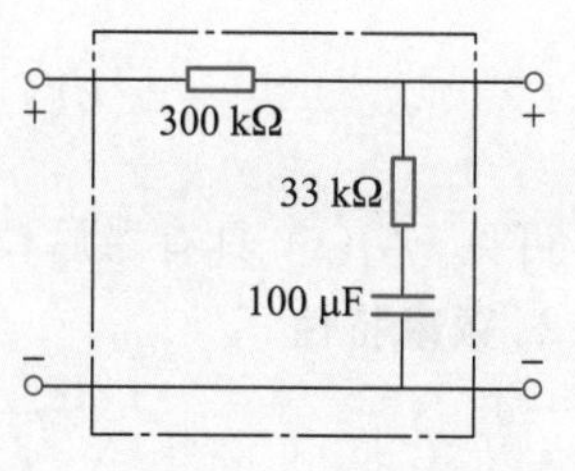

图 6-12　例 6-2 系统的校正电路

6.4　串联滞后-超前校正

一、校正装置

RC 无源相位滞后-超前校正电路如图 6-13 所示。

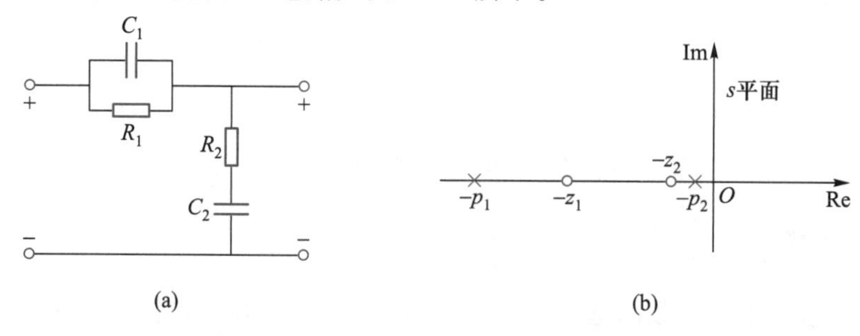

图 6-13　RC 无源相位滞后-超前校正电路

1. 传递函数

用复阻抗表示为

$$z_1=R_1/\!/C_1s=\frac{R_1}{1+R_1C_1s},\quad z_2=R_2+\frac{1}{C_2s}$$

所以有

$$G(s)=\frac{z_2}{z_1+z_2}=\frac{(R_1C_1s+1)(R_2C_2s+1)}{(R_1C_1s+1)(R_2C_2s+1)+R_1C_2s}\tag{6-12}$$

令

$$T_1=R_1C_1,T_2=R_2C_2,T_{12}=R_1C_2$$

$$T_1+T_2+T_{12}=\frac{T_1}{\beta}+\beta T_2$$

式中

$$\beta=\frac{T_1+T_2+T_{12}+\sqrt{(T_1+T_2+T_{12})^2-4T_1T_2}}{2T_2},\quad T_1<T_2,\quad \beta>1$$

则式(6-12)分母的二次方程可分解为两因子相乘,即

$$G(s)=\frac{T_2s+1}{\beta T_2s+1}\cdot\frac{T_1s+1}{T_1s/\beta+1}=G_1(s)G_2(s),\ \beta>1 \tag{6-13}$$

可见, $G_1(s)$ 具有滞后校正电路的传递函数, $G_2(s)$具有超前校正电路传递函数。

2. 频率特性

$$G(\mathrm{j}\omega)=\frac{\mathrm{j}\omega T_2+1}{\mathrm{j}\omega\beta T_2+1}\cdot\frac{\mathrm{j}\omega T_1+1}{\mathrm{j}\omega T_1/\beta+1} \tag{6-14}$$

串联滞后-超前校正的对数频率特性图如图6-14所示。

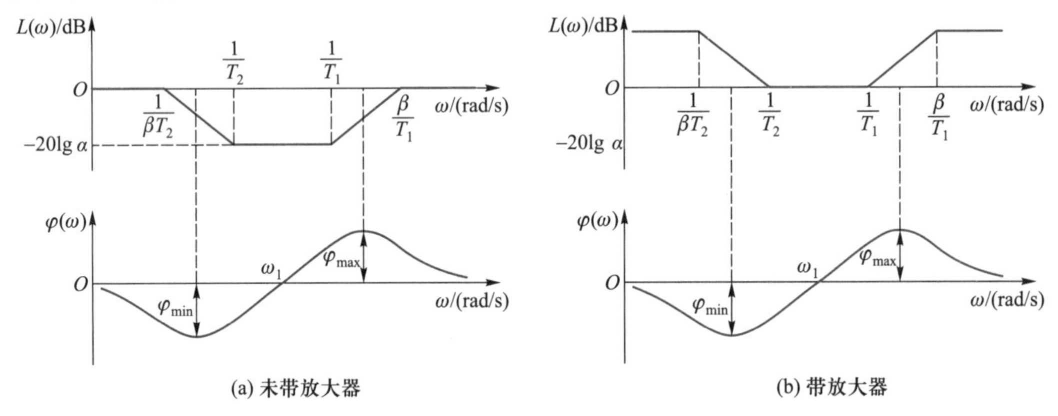

图6-14 串联滞后-超前校正的对数频率特性

二、校正原理

滞后-超前校正电路参数的选择,应使滞后部分的特性处于未校正系统的低频段特性处,改善稳态性能;超前部分的特性处于未校正系统的中频段特性处,增大相位裕度和截止频率。

考察图6-14(a),若滞后部分的特性处于未校正系统的低频段特性处,-20 dB/dec会造成低频段幅频特性衰减,起到滞后校正的作用;超前部分的20 dB/dec特性处于未校正系统的中频段,起到超前校正的作用。增大相位裕度和截止频率,可达到改善系统平稳性、快速性目的。

考察图6-14(b),利用超前部分+20 dB/dec,可提高中频段的斜率,增加相位裕度和截止频率;利用滞后部分提高的分贝数,提高了原系统的低频段高度,达到提高控制精度目的。

三、校正方法

1. 根据稳态误差要求,确定开环增益 k 值。
2. 由 k 值绘制未校正前的开环频率特性,量(或计算)出相位裕度和截止频率。
3. 确定校正后的开环截止频率。通常可选校正前相频曲线为负180°对应的频率值为开环截止频率值。
4. 先按照串联相位超前的设计方法,设计超前部分。

5. 按照串联相位滞后的设计方法,设计滞后部分。
6. 验算。

6.5 串联 PID 调节器

控制工程中,常把“带有 RC 校正电路的集成放大器”称为“有源校正装置”,又称为“调节器”或“控制器”。其中,PID 调节器,由于其结构简单、调整方便、对受控对象的依赖性较小、适应性及鲁棒性较强(受系统参数变化的影响较小),得到非常广泛的应用。

PID 是比例(proportion)、积分(integral)和微分(differential)三种校正方式相结合的一种控制方式,用三个英文单词的第一个字母组合来命名。PID 校正控制系统结构图,如图 6-15 所示。

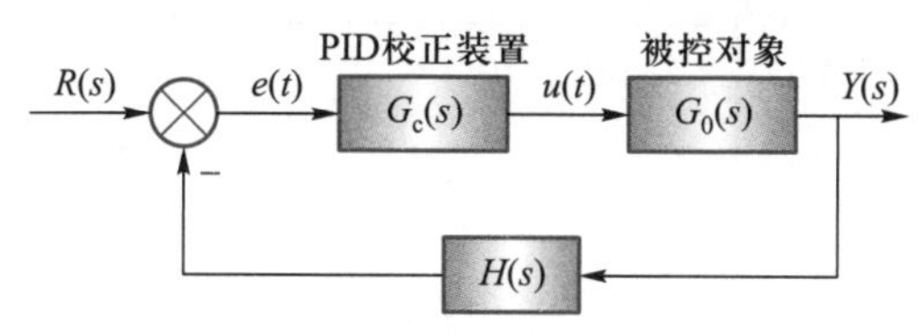

图 6-15 PID 校正控制系统结构图

PID 调节器的微分方程式为

$$u(t)=K_{\mathrm{P}}\left\{e(t)+\frac{1}{T_{\mathrm{I}}}\int_{0}^{t}e(t)\mathrm{d}t+\tau_{\mathrm{D}}\frac{\mathrm{d}e(t)}{\mathrm{d}t}\right\} \tag{6-15}$$

传递函数的“通用表达式”为

$$G(s)=\frac{U(s)}{E(s)}=K_{\mathrm{P}}+\frac{K_{\mathrm{I}}}{s}+K_{\mathrm{D}}s \tag{6-16}$$

式中,K_{P}、K_{I} 和 K_{D} 分别是比例、积分和微分的参数。改变参数值,便能方便地改变控制算法。PID 调节器中,最常用的是 PI(比例-积分),其次是 PD(比例-微分)和 PID(比例-积分-微分)。

一、比例-积分(PI)调节器

式 6-16 中,令 K_{D} 为 0,就是 PI 调节器的传递函数。

1. 电路构成

由运算放大器构成的一种 PI 调节器,如图 6-16 所示。

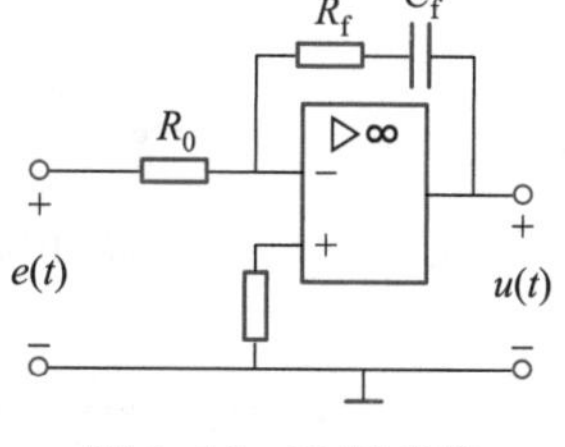

图 6-16 PI 调节器

2. 数学模型

由“模拟电路”的知识可知,采用算子阻抗方法,可求得其传递函数为

$$G(s)=K_{\mathrm{P}}+\frac{K_{\mathrm{I}}}{s}=K_{\mathrm{P}}\left(1+\frac{1}{T_{\mathrm{I}}s}\right)=K_{\mathrm{P}}\left(\frac{T_{\mathrm{I}}s+1}{T_{\mathrm{I}}s}\right) \tag{6-17}$$

式中，$K_{\mathrm{P}}=\dfrac{R_{\mathrm{f}}}{R_0}$；$T_{\mathrm{I}}=R_{\mathrm{f}}C_{\mathrm{f}}$。

3. 频率特性

PI 调节器的对数频率特性如图 6-17 所示。

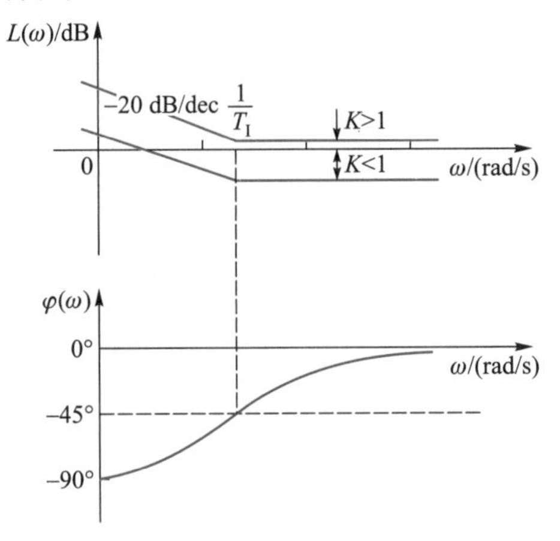

图 6-17 PI 调节器的对数频率特性

由图 6-17 可看出，PI 调节器具有低通滤波、相位滞后的特性，类似于"相位滞后"校正装置，只是低频段的斜率一直保持-20 dB/dec 而已 。PI 调节器提供了一个积分环节特性，增加了系统的无差度，提高了控制精度。若加大增益值，特性曲线向上平移，可进一步减少系统误差，但相位滞后带来的负相角，会影响系统的相位裕度，使稳定性变差。因此，对原开环传递函数中已经含有两个积分环节的系统，不宜采用 PI 校正。

为了避免 PI 调节器的相位滞后过大会影响系统的稳定性，转折频率的取值$\dfrac{1}{T_{\mathrm{I}}}$应靠近系统的低频段，即要注意 R_{f}、C_{f} 参数值的选取。

4. 校正原理

校正系统的原理可通过图 6-18 所示的对数幅频特性进一步说明。L_0 是原系统的对数幅频特性，由其特性可知，原系统具有"Ⅰ型系统"的稳态性能；由于 0 dB 段的斜率为

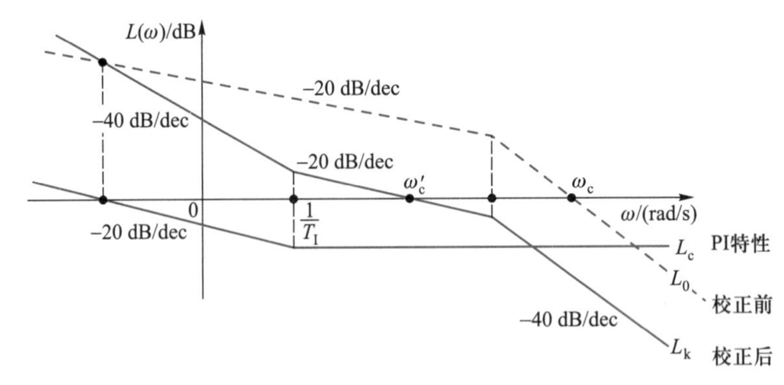

图 6-18 PI 调节系统对数幅频特性

-40 dB/dec，因此，平稳性较差，超调量较大。L_c 是 PI 调节器的对数幅频特性（放大系数取小于 1），L_k 是校正后系统的对数幅频特性。可见，校正后的低频段斜率，由-20 dB/dec 变成了-40 dB/dec，系统具有“Ⅱ型系统”的稳态性能；提高了系统的控制精度；0 dB 段的中频段斜率，由-40 dB/dec 变成了-20 dB/dec，增加了系统的平稳性，减小了超调量；高频段斜率虽然不变，但同一频率下的负分贝数值增大，表明抗干扰能力变强；但截止频率下降，意味着调节时间增加，系统的快速性变差。

二、比例-微分（PD）调节器

式 6-16 中，令 K_I 为 0，就是 PD 调节器的传递函数。

1. 电路构成

由运算放大器构成的一种 PD 调节器，如图 6-19 所示。

2. 数学模型

由“模拟电路”的知识可知，用算子阻抗方法可求得其传递函数为

$$G(s)=K_P+K_Ds=K_P\left(\frac{K_D}{K_P}s+1\right)=K_P(\tau_Ds+1) \tag{6-18}$$

式中，$K_P=R_f/R_0$，$\tau_D=R_0C_0$

3. 频率特性

PD 调节器的对数频率特性如图 6-20 所示。

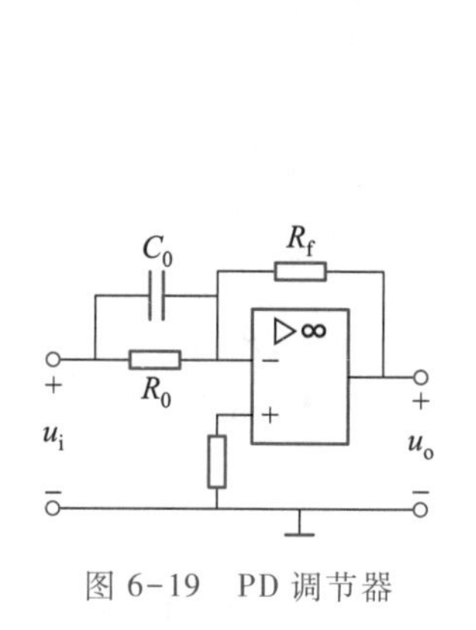

图 6-19 PD 调节器

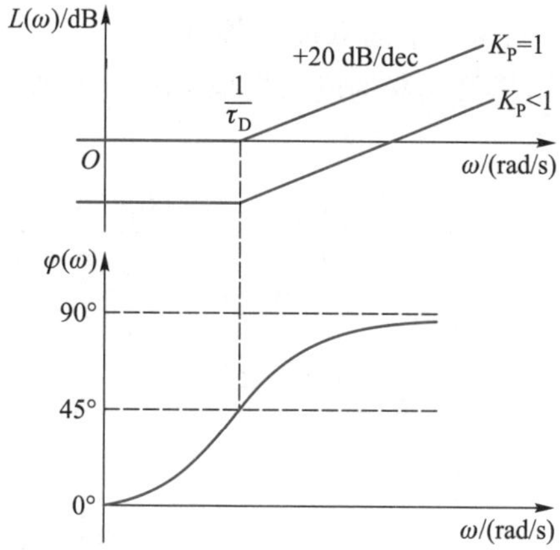

图 6-20 PD 调节器的对数频率特性

由图 6-20 可看出，PD 调节器在频率转折点后的斜率为+20 dB/dec，而整条相频特性曲线都处于正相角位移，最大趋于 90°。因此，若参数选得合适，便能提升中频、较高频段处的斜率及增益值，增加该频段的相位，使相位裕度增加，提高系统的稳定性；也能使系统的频带增宽，截止频率变大，使系统的快速性加强，调节时间减小；但也因具有高通滤波特性，易受高频干扰，其作用类似于“相位超前”校正环节。

为了利用 PD 调节器的正斜率、正相位特性，转折频率$\frac{1}{\tau_D}$的取值应放在中频段合适的位置上。

4. 校正原理

图 6-21 表示系统采用 PD 校正的对数幅频特性，其中，L_c 是 PD 调节器的放大系数取 1 时的特性。从校正后系统的对数幅频特性 L_k 可见，低频段斜率保持不变；中频段斜率由 -40 dB变成了-20 dB，提高了系统的平稳性，减小了超调量；截止频率上升，意味着调节时间减小，系统的快速性变好；高频段斜率变小，抗干扰能力变差。

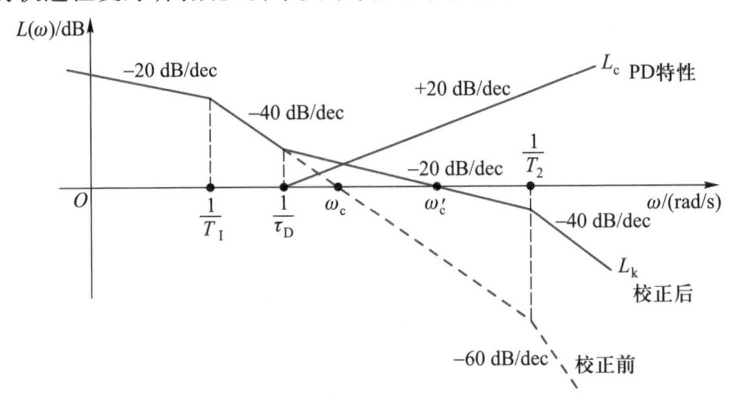

图 6-21 采用 PD 校正的对数幅频特性

三、比例-积分-微分(PID)调节器

PID 调节器的硬件电路有两种。

1. 方案一：由一个运算放大器构成

由一个运算放大器构成的模拟 PID 调节器如图 6-22 所示。

传递函数为

$$G(s)=\frac{U_o(s)}{U_i(s)}=\frac{(R_0C_0s+1)(R_fC_fs+1)}{R_0C_fs}=K_P\left(1+\frac{1}{T_Is}+\tau_Ds\right) \tag{6-19}$$

式中

$$K_P=\frac{R_fC_f+R_0C_0}{R_0C_f};T_I=(R_0C_0+R_fC_f);\tau_D=\frac{R_0C_0R_fC_f}{R_0C_0+R_fC_f}$$

频率特性如图 6-23 所示。

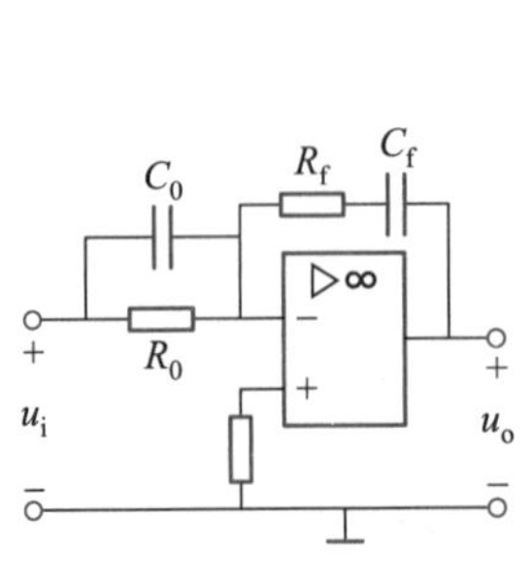

图 6-22 模拟 PID 调节器

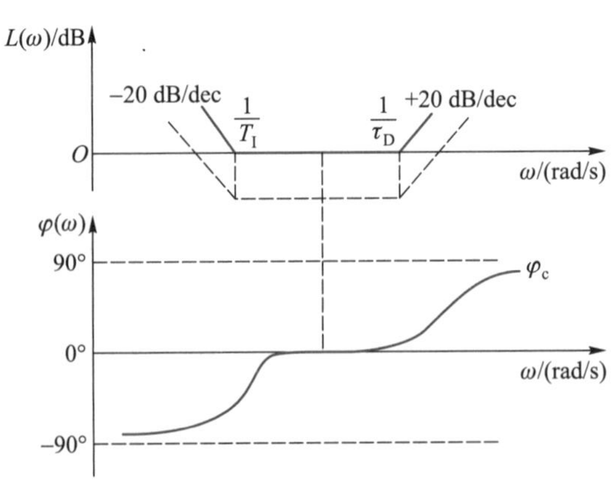

图 6-23 PID 调节器的频率特性

本方案的优点是电路由一个运算放大器构成,调节器结构简单;缺点是变更一个电阻或电容值,PID 的三个调节参数都受到影响,给系统的设计,尤其是调试工作带来困难。

2. 方案二:由三个集成放大器构成

由三个集成放大器构成的 PID 调节器电路如图 6-24 所示。由于每个集成放大器构成的电路参数只单独承担一种调节作用,因此不会相互干扰,为系统的设计、调试工作带来很大的方便。

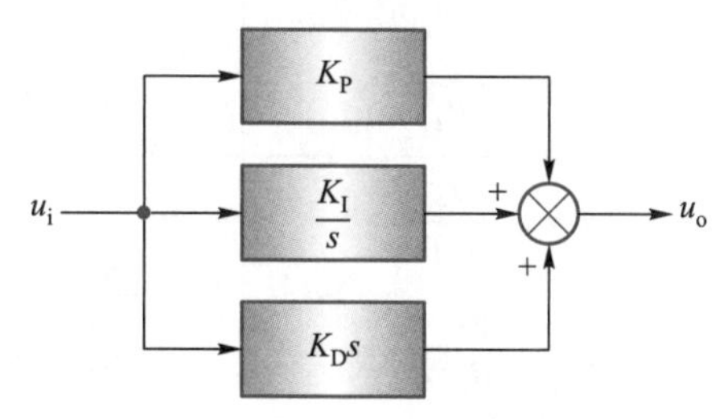

图 6-24 由三个集成放大器构成的 PID 调节器

PID 调节器的传递函数可以表示为 PD 调节器与 PI 调节器相串联,其调节系统的效果可视为具有 PD 与 PI 调节器的综合效果,类似于相位"滞后-超前"校正装置,具有更好的系统调节能力。

四、PI、PD 及 PID 参数计算

计算 PI、PD 及 PID 参数的方法有多种,可分为两大类。一类是理论计算。例如,由于它们分别类似串联滞后、串联超前和滞后-超前校正,所以可用上面介绍的频率法,用时域法、根轨迹法等也可以。对于线性定常系统,更为方便的方法可参阅 6.6 节"调节器的工程设计方法"。

另一类是经验法,这种方法主要用于数学模型不大明确或非最小相位系统、时滞系统等。它是在理论分析的基础上,通过实践总结出来的一种方法,常用的有临界比例法、动态特性参数法、衰减曲线法等,下面简要介绍临界比例法,其他方法的具体内容,可参阅相关资料。

应用临界比例法,首先将调节器选为纯比例调节器,改变比例系数值,使系统对阶跃输入的响应达到临界状态(稳定边缘),将这时的比例系数值记为 k_r,临界振荡周期记为 T_r,根据这两个基准值计算出不同类型调节器的参数值,如表 6-1 所示。

表 6-1 临界比例法确定模拟调节器参数

调节器类型	K_P	T_I	τ_D
P 调节器	$0.5k_r$		
PI 调节器	$0.45k_r$	$0.85T_r$	
PID 调节器	$0.6k_r$	$0.5T_r$	$0.12T_r$

按表中数值初步确定调节器参数后进入系统的调试,观察控制效果,并再适当调整参数,直到系统性能满意为止。

表6-2和表6-3分别为无源校正及有源校正网络的电路图、传递函数及对数幅频特性。

表6-2 无源校正网络

电路图	传递函数	对数幅频特性(分段直线表示)
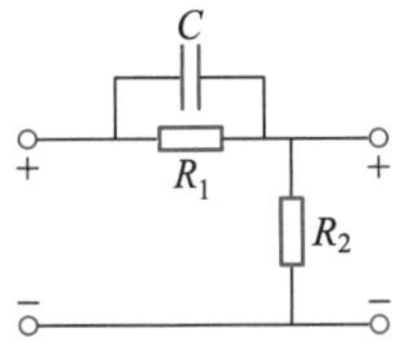 C, R_1, R_2	$G(s)=\alpha\dfrac{Ts+1}{\alpha Ts+1}$ $T=R_1C$ $\alpha=\dfrac{R_2}{R_1+R_2}$	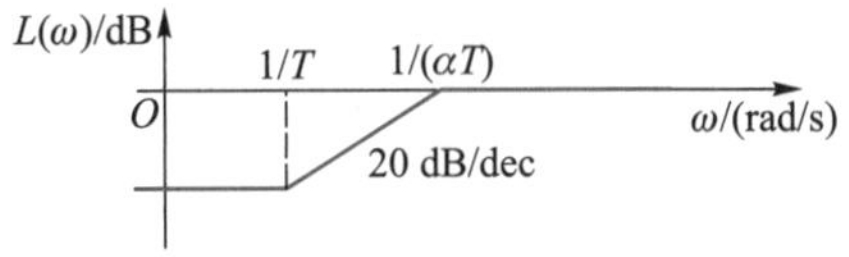 $L(\omega)$/dB, O, $1/T$, $1/(\alpha T)$, 20 dB/dec, ω/(rad/s)
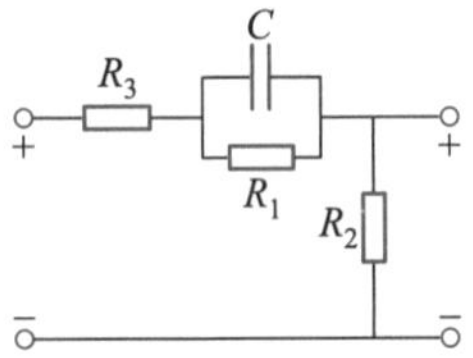 R_3, C, R_1, R_2	$G(s)=\alpha_1\dfrac{Ts+1}{\alpha_2Ts+1}$ $\alpha_1=\dfrac{R_2}{R_1+R_2+R_3}$ $T=R_1C$ $\alpha_2=\dfrac{R_2+R_3}{R_1+R_2+R_3}$	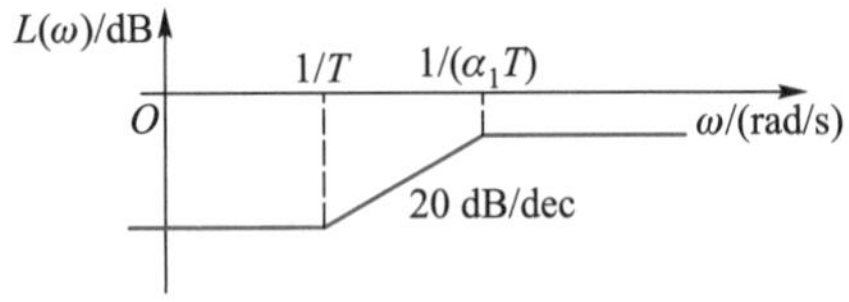 $L(\omega)$/dB, O, $1/T$, $1/(\alpha_1T)$, 20 dB/dec, ω/(rad/s)
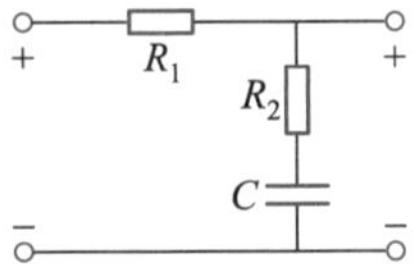 R_1, R_2, C	$G(s)=\dfrac{\alpha Ts+1}{Ts+1}$ $T=(R_1+R_2)C$ $\alpha=\dfrac{R_2}{R_1+R_2}$	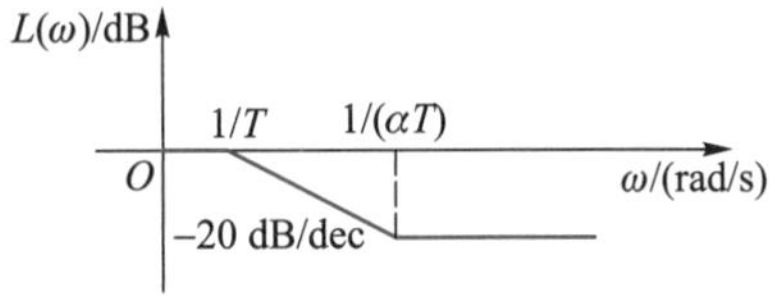 $L(\omega)$/dB, O, $1/T$, $1/(\alpha T)$, −20 dB/dec, ω/(rad/s)
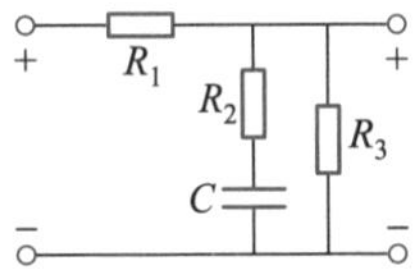 R_1, R_2, C, R_3	$G(s)=\alpha\dfrac{\tau s+1}{Ts+1}$ $T=\left(R_2+\dfrac{R_1R_3}{R_1+R_3}\right)C$ $\tau=R_2C,\alpha=\dfrac{R_3}{R_1+R_3}$	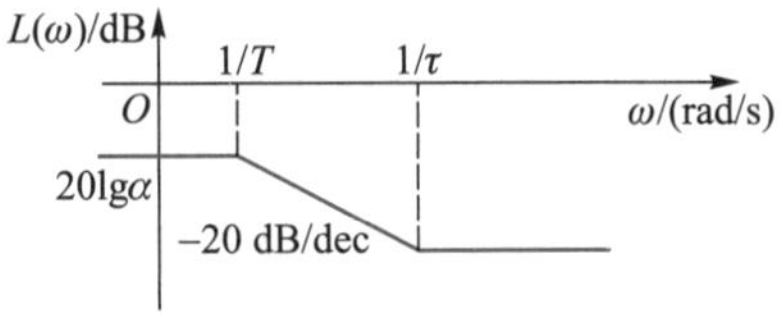 $L(\omega)$/dB, O, $1/T$, $1/\tau$, $20\lg\alpha$, −20 dB/dec, ω/(rad/s)
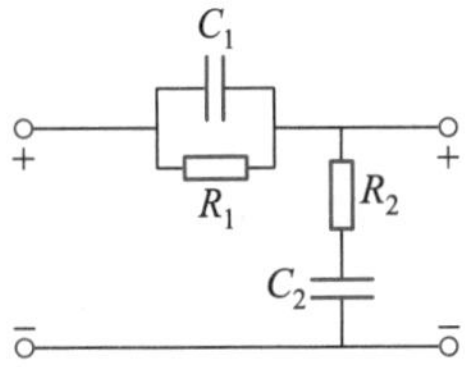 C_1, R_1, R_2, C_2	$G(s)=\dfrac{T_1T_2s^2+(T_1+T_2)s+1}{T_1T_2s^2+(T_1+T_2+T_{12})s+1}$ $T_1=R_1C_1$ $T_2=R_2C_2$ $T_{12}=R_1C_2$	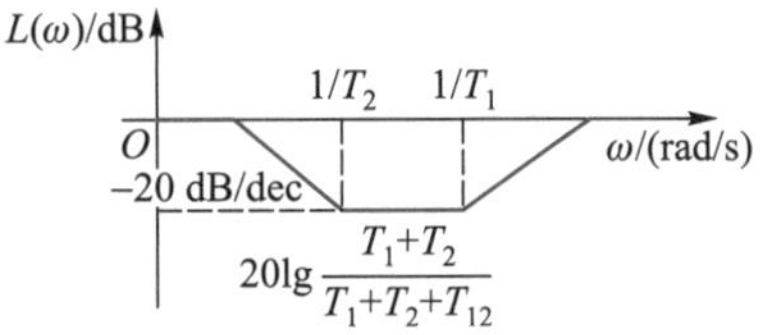 $L(\omega)$/dB, O, $1/T_2$, $1/T_1$, −20 dB/dec, $20\lg\dfrac{T_1+T_2}{T_1+T_2+T_{12}}$, ω/(rad/s)

表6-3 有源校正网络

电路图	传递函数	对数幅频特性(分段直线表示)
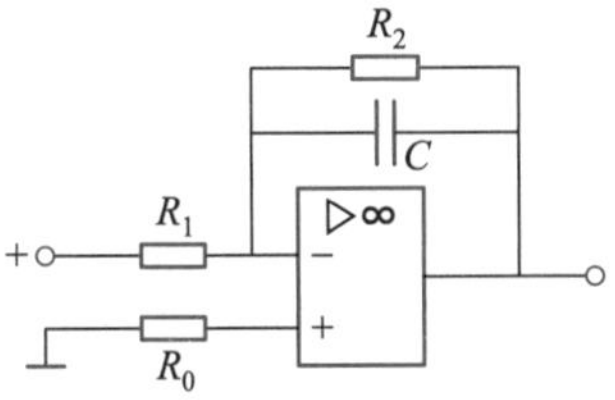 R_2, C, R_1, R_0, ▷∞	$G(s)=\dfrac{K}{Ts+1}$ $T=R_2C_1,K=\dfrac{R_2}{R_1}$	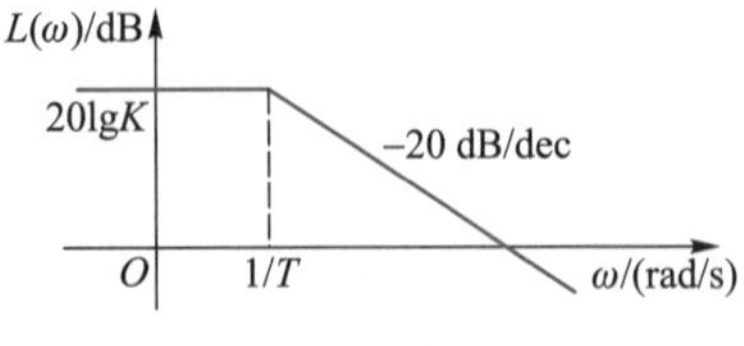 $L(\omega)$/dB, $20\lg K$, −20 dB/dec, O, $1/T$, ω/(rad/s)

续表

电路图	传递函数	对数幅频特性（分段直线表示）
R_2, C_1, C_1, R_1, R_0, ▷∞	$G(s)=\dfrac{(\tau_1 s+1)(\tau_2 s+1)}{Ts}$ $\tau_1=R_1C_1,\tau_2=R_2C_2$ $T=R_1C_2$	$L(\omega)$/dB; −20 dB/dec; 20 dB/dec; O; $1/\tau_1$; $1/T$; $1/\tau_2$; ω/(rad/s)
R_2, C_2, R_3, R_1, R_0, ▷∞	$G(s)=\dfrac{\tau s+1}{Ts}$ $\tau=\dfrac{R_2R_3}{R_2+R_3}C_2$ $T=\dfrac{R_1R_3}{R_2+R_3}C_2$	$L(\omega)$/dB; −20 dB/dec; O; $1/\tau$; $1/T$; ω/(rad/s)
R_2, R_3, C_2, R_1, R_0, ▷∞	$G(s)=K(\tau s+1)$ $\tau=\dfrac{R_2R_3}{R_2+R_3}C_2$ $K=\dfrac{R_2+R_3}{R_1}$	$L(\omega)$/dB; 20lg$K$; O; $1/\tau$; ω/(rad/s)
R_2, R_3, C_2, R_4, R_1, R_0, ▷∞	$G(s)=\dfrac{K(\tau s+1)}{Ts+1}$ $K=\dfrac{R_2+R_3}{R_1},T=R_4C_2$ $\tau=\left(\dfrac{R_2R_3}{R_2+R_3}+R_4\right)C_2$	$L(\omega)$/dB; 20 dB/dec; 20lg$K$; O; $1/\tau$; $1/T$; ω/(rad/s)

6.6 调节器的工程设计方法

无论是基于时域法、根轨迹法还是频率特性法，在对控制系统进行“校正”时，都要求设计者不但要有较扎实的理论基础，而且还要有一定的实际经验和设计技巧。

从 20 世纪 70 年代起，国际控制工程界兴起一种调节器的工程设计方法。该方法只需具有经典控制理论的基本知识，也不必绘制根轨迹图或伯德图，而是通过简单的设计公式或查找表格，便能完成对调节器类型的选择及其参数的计算，而且还可以使所设计的系统达到相对较好的性能。虽然该方法在理论上不是十分严格，也具有一定的局限性，但是简单、明了，在系统的设计中获得广泛的应用。

下面介绍两种系统的“典型模型”及性能分析。

一、两种典型系统及最佳设计

1. “典型Ⅰ型”系统

(1) 数学模型

“典型Ⅰ型”系统结构图和开环对数频率特性如图6-25所示。

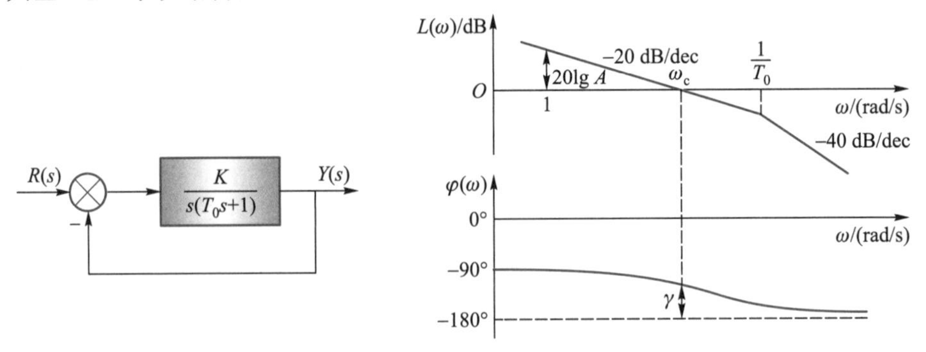

图6-25 “典型Ⅰ型”系统结构图和开环对数频率特性

图中，T_0 为被控对象的固有参数(已知)，K 是唯一待定的设计参数($K<\frac{1}{T_0}$)。系统的开环、闭环传递函数分别为

$$G_k(s)=\frac{K}{s(T_0s+1)};\quad \Phi(s)=\frac{K}{T_0s^2+s+K}=\frac{\frac{K}{T_0}}{s^2+\frac{1}{T_0}s+\frac{K}{T_0}}$$

(2) 性能与参数的关系

由第3章可知，系统欠阻尼时，ζ 及 ω_n 为

$$\zeta=\frac{1}{2}\sqrt{\frac{1}{KT_0}},\quad \omega_n=\sqrt{\frac{K}{T_0}} \tag{6-20}$$

阶跃响应为正弦衰减，性能指标如下：

超调量

$$\sigma\%=e^{-\zeta\pi/\sqrt{1-\zeta^2}}\times100\% \tag{6-21}$$

调节时间

$$t_s=\frac{(3\sim4)}{\zeta\omega_n} \tag{6-22}$$

当阻尼比 ζ 为0~0.707时，系统出现谐振峰值，即

$$M_p=\frac{1}{2\zeta\sqrt{1-\zeta^2}}\qquad \omega_p=\omega_n\sqrt{1-2\zeta^2}$$

由第5章可知，系统欠阻尼时，相位裕度

$$\gamma=\arctan\frac{2\zeta}{\left[\sqrt{4\zeta^4+1}-2\zeta^2\right]^{\frac{1}{2}}} \tag{6-23}$$

截止频率

$$\omega_c=\omega_n\left[\sqrt{4\zeta^4+1}-2\zeta^2\right]^{\frac{1}{2}} \tag{6-24}$$

阻尼比对控制系统的动态品质起着决定性的作用。由式(6-21)可知,按照超调量的要求值,可唯一地确定阻尼比值;由式(6-23)可知,按照相位裕度的要求值,可唯一地确定阻尼比。把该阻尼比代入式(6-20),就可算出 K 值。表 6-4 列出了"典型Ⅰ型"系统的参数选择与性能指标之间的关系。

表 6-4 "典型Ⅰ型"系统参数选择与性能指标之间的关系

参数kT_0	0.25	0.31	0.39	0.5	0.69	1.0
阻尼比 ζ	1.0	0.9	0.8	0.707	0.6	0.5
超调量 $\sigma\%$	0	0.15%	1.5%	4.3%	9.5%	16.3%
调节时间 t_s	$9.4T_0$	$7.2T_0$	$6T_0$	$8.4T_0$	$7.1T_0$	$8.1T_0$
相位裕度 γ	76.3°	73.5°	69.9°	65.5°	59.2°	51.8°
截止频率 ω_c	$0.24/T_0$	$0.29/T_0$	$0.37/T_0$	$0.46/T_0$	$0.6/T_0$	$0.79/T_0$

(3) 最佳设计

当阻尼比 $\zeta=0.707$ 时,称为"典型Ⅰ型"的"最佳设计",此时,称系统为二阶最佳系统。最佳系统性能如下:

稳态误差:阶跃输入下,$e_{ss}=0$。

动态性能:超调量 $\sigma\%=4.3\%$, $t_s=6T_0$。

2. "典型Ⅱ型"系统

(1) 数学模型

"典型Ⅱ型"系统结构图及开环对数频率特性如图 6-26 所示。

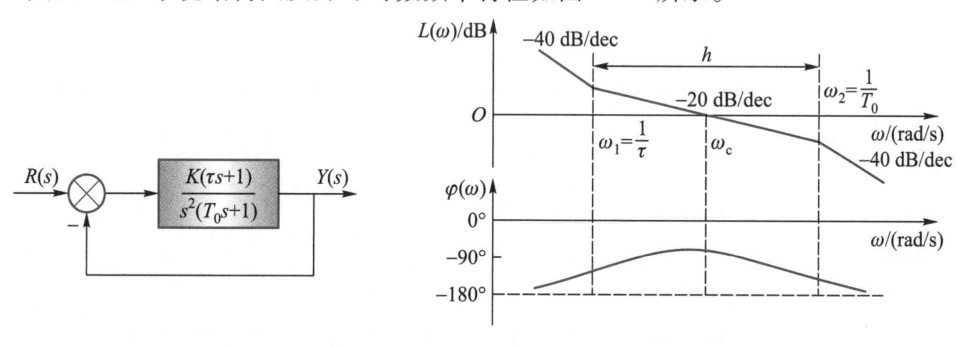

图 6-26 "典型Ⅱ型"系统结构图及开环对数频率特性

T_0 是被控对象的固有参数(已知);K、τ 是待定的设计参数。

(2) 性能与参数关系

系统的开环传递函数

$$G_{\mathrm{k}}(s)=\frac{k(\tau s+1)}{s^{2}(T_{0}s+1)},\quad \tau>T_{0} \tag{6-25}$$

图6-26中，h称为“中频宽”，是过横轴斜率为-20 dB/dec的中频段的宽度，即

$$h=\frac{\omega_{2}}{\omega_{1}}=\frac{\tau}{T_{0}} \tag{6-26}$$

“中频宽”是系统开环频域性能的指标之一，反映系统的超调量。因此，只要按照超调量性能指标的要求确定了h的值，就可以去求参数K、τ值。

国内外许多学者曾做过大量的研究工作，提出过确定K、τ参数的一些准则或方法，较有代表性的是“最大相位裕度”和“最小谐振峰值”准则。比较这两个不同准则设计的系统，其实性能接近。本文采用“最大相位裕度”准则。

相位裕度

$$\gamma=180^{\circ}+\varphi(\omega_{\mathrm{c}})=\arctan\tau\omega_{\mathrm{c}}-\arctan T_{0}\omega_{\mathrm{c}} \tag{6-27}$$

要使相位裕度值最大，对上式求导后令其为零，即

$$\frac{\mathrm{d}\gamma}{\mathrm{d}t}=0\quad\Rightarrow\quad\omega_{\mathrm{c}}=\sqrt{\frac{1}{\tau T_{0}}}=\sqrt{\omega_{1}\omega_{2}} \tag{6-28}$$

可见，截止频率ω_{c}恰好处于两个转折频率的几何中心值上。

相位裕度最大值

$$\gamma_{\max}=\arctan\left(\frac{\omega_{\mathrm{c}}}{T_{0}}\right)=\arctan\frac{h-1}{2\sqrt{h}} \tag{6-29}$$

相位裕度最大值时的开环增益为

$$K=\frac{1}{h\sqrt{h}\,T_{0}^{2}} \tag{6-30}$$

由上式可知，只要得到性能指标“h”的值，就可以算出K值。表6-5列出了“典型Ⅱ型”系统的参数选择与系统性能之间的关系。

表6-5 “典型Ⅱ型”系统的参数选择与系统性能之间的关系

性能h选择	2.5	3	4	5	7.5	10
超调量σ%	58%	53%	43%	37%	28%	23%
调节时间t_{s}	$21T_0$	$19T_0$	$16.6T_0$	$17.5T_0$	$19T_0$	$26T_0$
上升时间t_{r}	$2.5T_0$	$2.7T_0$	$3.1T_0$	$3.5T_0$	$4.4T_0$	$5.2T_0$
相位裕度γ	25°	30°	37°	42°	50°	55°

(3) 最佳设计

当选$h=4$时，系统既有较小的超调量，又有较短的上升时间和调节时间。于是，把具有这种参数配合的“典型Ⅱ型系统”称为“Ⅱ型最佳系统”(又称三阶最佳系统)。它适用于要

求响应速度快又不允许有过大超调量的场合。

由此可得"Ⅱ型最佳系统"相关参数为

$$h=\frac{\omega_2}{\omega_1}=\frac{\tau}{T_0}=4 \quad \Rightarrow \quad \tau=4T_0, K=\frac{1}{8T_0^2} \tag{6-31}$$

开环 、闭环传递函数为

$$G_k^*(s)=\frac{K(\tau s+1)}{s^2(T_0s+1)}=\frac{1}{T_0\sqrt{h^3}}\cdot\frac{hT_0s+1}{s^2(T_0s+1)}=\frac{4T_0s+1}{8T_0^2s^2(T_0s+1)} \tag{6-32}$$

$$\Phi^*(s)=\frac{4T_0s+1}{8T_0^3s^3+8T_0^2s^2+4T_0s+1} \tag{6-33}$$

稳态误差:阶跃、斜坡输入下,$e_{ss}=0$。

动态性能:超调量 $\sigma\%=43\%$,$16.6T_0$。

由于闭环传递函数分子项存在 $4T_0s+1$,是一个零点,根据控制原理,闭环零点会使超调量增大。为了限制超调量,通常在典型Ⅱ系统的输入通道中串入传递函数为$\frac{1}{4T_0s+1}$的"给定滤波器",如图 6-27 所示。

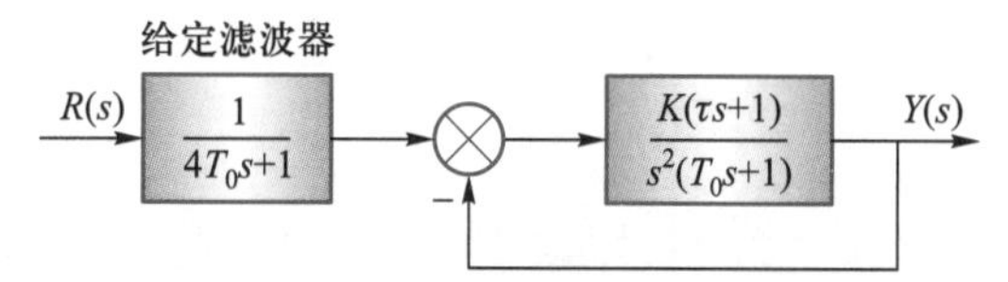

图 6-27 带给定滤波器的典型Ⅱ系统结构

系统的闭环传递函数为

$$\Phi^*(s)=G_+\Phi(s)=\frac{1}{4T_0s+1}\cdot\frac{4T_0s+1}{8T_0^3s^3+8T_0^2s^2+4T_0s+1}=\frac{1}{8T_0^3s^3+8T_0^2s^2+4T_0s+1} \tag{6-34}$$

典型Ⅱ系统带与不带给定滤波器时的性能指标如表 6-6 所示。

表 6-6 典型Ⅱ型系统带与不带给定滤波器时的性能指标

	带给定滤波器	不带给定滤波器
t_r/T_0	7.6	3.1
t_s/T_0	13.3	16.6
$\sigma\%$	8.1%	43.4%

二、两种典型系统的比较

典型Ⅰ型系统和典型Ⅱ型系统除了在稳态误差上的区别以外,在动态性能方面,典型Ⅰ型系统在跟随性能上可以做到超调小,但抗扰性能稍差;典型Ⅱ型系统的超调量相对较大,但抗扰性能比较好,这是设计时选择典型系统的重要依据。

三、调节器的工程设计方法

调节器工程设计的基本方法是在未校正系统中通过引入某种调节器后，把系统校正成为“典型系统”，如图 6-28 所示。表 6-7 和表 6-8 给出了调节器结构选择及参数配合。

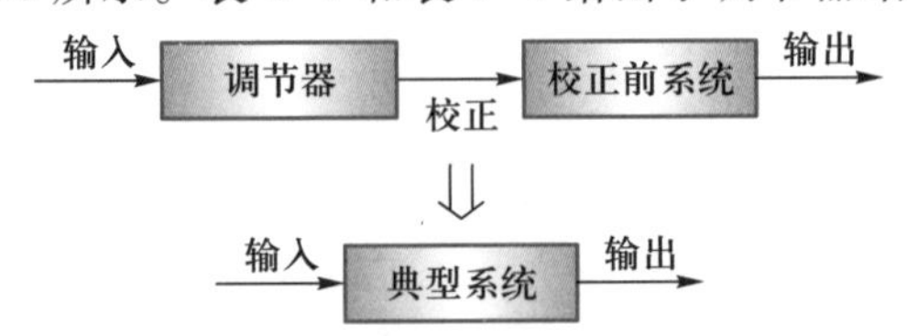

图 6-28 调节器的工程设计方法

表 6-7 列出了 5 种不同的被控对象，校正为典型 I 型系统时的调节器的结构选择。

表 6-7 调节器的结构选择及参数配合（典型 I 型系统）

被控对象	$\dfrac{K_2}{(T_1s+1)(T_2s+1)}$ $T_1>T_2$	$\dfrac{K_2}{Ts+1}$	$\dfrac{K_2}{s(Ts+1)}$	$\dfrac{K_2}{(T_1s+1)(T_2s+1)(T_3s+1)}$ T_1、$T_2>T_3$	$\dfrac{K_2}{(T_1s+1)(T_2s+1)(T_3s+1)}$ $T_1\gg T_2,T_3$
调节器结构	$\dfrac{K_{PI}(\tau_1s+1)}{\tau_1s}$	$\dfrac{K_1}{s}$	K_P	$\dfrac{(\tau_1s+1)(\tau_2+1)}{\tau s}$	$\dfrac{K_{PI}(\tau_1s+1)}{\tau_1s}$
参数配合	$\tau_1=T_1$			$\tau_1=T_1,\tau_2=T_2$	$\tau_1=T_1$，$T_\Sigma=T_2+T_3$

表 6-8 列出了 5 种不同的控制对象，校正成典型 II 型系统时的调节器结构选择方法及参数配合。

表 6-8 调节器的结构选择及参数配合（典型 II 型系统）

被控对象	$\dfrac{K_2}{s(Ts+1)}$	$\dfrac{K_2}{(T_1s+1)(T_2s+1)}$ $T_1\gg T_2$	$\dfrac{K_2}{s(T_1s+1)(T_2s+1)}$ T_1,T_2 相近	$\dfrac{K_2}{s(T_1s+1)(T_2s+1)}$ T_1,T_2 都很小	$\dfrac{K_2}{(T_1s+1)(T_2s+1)(T_3s+1)}$ $T_1\gg T_2,T_3$
调节器结构	$\dfrac{K_{PI}(\tau_1s+1)}{\tau_1s}$	$\dfrac{K_{PI}(\tau_1s+1)}{\tau_1s}$	$\dfrac{(\tau_1s+1)(\tau_2+1)}{\tau s}$	$\dfrac{K_{PI}(\tau_1s+1)}{\tau_1s}$	$\dfrac{K_{PI}(\tau_1s+1)}{\tau_1s}$
参数配合	$\tau_1=hT$	$\tau_1=hT_2$ 认为：$\dfrac{1}{T_1s+1}\approx\dfrac{1}{T_1s}$	$\tau_1=hT_1$（或 hT_2）$\tau_2=hT_2$（或 T_2）	$\tau_1=h(T_1+T_2)$	$\tau_1=h(T_2+T_3)$ 认为：$\dfrac{1}{T_1s+1}\approx\dfrac{1}{T_1s}$

若依靠串入调节器的方法(表 6-5、表 6-6)未能把系统校正成典型系统结构,就要先对被控对象的环节传递函数进行一些近似处理,使被控对象具有表中的形式。下面介绍对被控对象的环节进行近似处理的方法。

1. 高频段小惯性环节的近似处理

实际系统中往往有若干个小时间常数的惯性环节,这些小时间常数所对应的频率都处于频率特性的高频段,形成一组小惯性群。当系统有一组小惯性群时,在一定的条件下,可以将它们近似地看成是一个小惯性环节,其时间常数等于小惯性群中各时间常数之和,即

$$\frac{1}{\cdots(T_3s+1)(T_4s+1)}\Rightarrow\frac{1}{\cdots(T_3+T_4)s+1} \tag{6-35}$$

近似条件为

$$\omega_c\leqslant\frac{1}{3\sqrt{T_3T_4}} \tag{6-36}$$

2. 高阶系统的降阶近似处理

$$\frac{1}{as^3+bs^2+cs+1}\Rightarrow\frac{1}{cs+1} \tag{6-37}$$

近似条件为

$$\omega_c\leqslant\frac{1}{3}\min\left(\sqrt{\frac{1}{b}},\sqrt{\frac{c}{a}}\right) \tag{6-38}$$

3. 低频段大惯性环节的近似处理

当系统中存在一个时间常数特别大的惯性环节时,可以近似地将它看成是积分环节,即

$$\frac{k}{(T_1s+1)(T_2s+1)}\Rightarrow\frac{\frac{k}{T_1}}{s(T_2s+1)} \tag{6-39}$$

近似条件为

$$T_1>hT_2 \tag{6-40}$$

注意:(1) 用典型工程系统方法设计系统,都是针对单位反馈系统结构的,因为只有单位负反馈系统,其开环和闭环传递函数之间才有确定的对应关系。设单位反馈的正向通道传递函数为 $G(s)$,则开环、闭环传递函数为

$$G_k(s)=G(s);\Phi_1(s)=\frac{G(s)}{1+G(s)}=\frac{G_k(s)}{1+G_k(s)}$$

对于非单位反馈系统,其开环和闭环传递函数之间没有确定的对应关系。设反馈传递函数为 $H(s)$,则 $G_k(s)=G(s)H(s)$,闭环传递函数为

$$\Phi(s)=\frac{1}{H(s)}\cdot\frac{G(s)H(s)}{1+G(s)H(s)}=\frac{1}{H(s)}\cdot\frac{G_k(s)}{1+G_k(s)}=\frac{1}{H(s)}\Phi_1(s)$$

可以看出,非单位反馈的闭环传递函数,相当于具有开环传递函数 $G(s)H(s)$ 的单位反馈系统和传递函数 $\frac{1}{H(s)}$ 环节的串联。因此,对非单位反馈系统施行设计时,要把它先转换

为等效的单位反馈系统，再对等效的单位反馈系统进行设计。当考虑原系统性能时，必须注意还有$\dfrac{1}{H(s)}$的影响。

（2）从表6-5、表6-6可以看出，同样校正为典型Ⅰ型或典型Ⅱ型系统，调节器的考虑及选择是不唯一的。

例6-3 已知图6-29所示系统的开环传递函数为

$$G_k(s)=\frac{10}{(0.1s+1)(0.01s+1)}$$

要求阶跃输入时，$e_{ss}=0$；$\sigma\%\leqslant10\%$，试设计调节器。

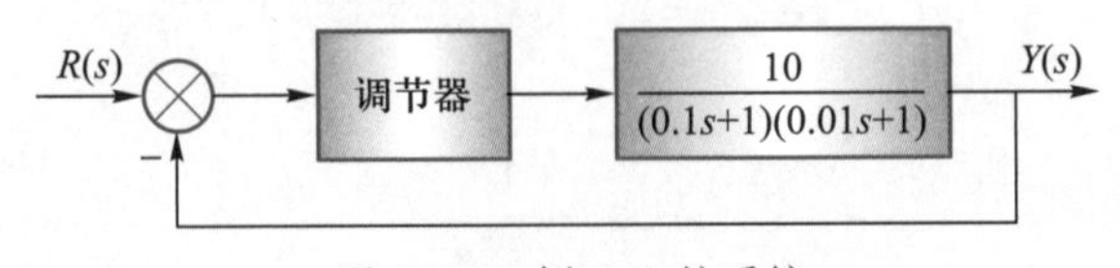

图6-29 例6-3的系统

解 根据性能要求，该系统可校正为典型Ⅰ型系统，也可以校正为典型Ⅱ型系统后再加给定滤波器。考虑到典型Ⅱ型系统比典型Ⅰ型系统抗干扰性能强，把系统校正为典型Ⅱ型系统，并选取$h=4$。

（1）环节的处理

由于$T_1=0.1$，$hT_2=4\times0.01=0.04$，$T_1>hT_2$，因此可以把大惯性环节视为积分环节，$\dfrac{1}{0.1s+1}\Rightarrow\dfrac{1}{0.1s}=\dfrac{10}{s}$，被控对象近似为

$$G_0(s)=\frac{100}{s(0.01s+1)}$$

（2）调节器的选择

查表6-8可知，采用PI调节器，即

$$G_c(s)=K_P\cdot\frac{\tau s+1}{\tau s}$$

校正后系统开环传递函数为

$$G_k(s)=K_P\cdot\frac{\tau s+1}{\tau s}\cdot\frac{100}{s(0.01s+1)}=\frac{\left(\frac{100K_P}{\tau}\right)(\tau s+1)}{s^2(0.01s+1)}=\frac{K(\tau s+1)}{s^2(0.01s+1)}$$

式中，$K=\dfrac{100K_P}{\tau}$

（3）调节器参数的计算

按最大相位裕度准则：$\tau=4T_0=0.04$

$$K=\frac{100K_P}{\tau}=\frac{1}{8T_0^2}\Rightarrow\frac{100K_P}{0.04}=\frac{1}{8\times0.01^2}$$

求上式有

$$K_P=\frac{0.04}{100\times8\times(0.01)^2}=0.5$$

于是调节器传递函数

$$G_c(s)=0.5\times\frac{0.04s+1}{0.04s}=12.5\times\frac{0.04s+1}{s}$$

查表 6-6 可知,这时系统的超调量、调节时间为

$$\sigma\%=43\%;t_s=16.6\times0.01\ \text{s}=0.166\ \text{s}$$

为了减小超调量,引入给定滤波器,即

$$H_+(s)=\frac{1}{4T_0s+1}=\frac{1}{4\times0.01s+1}=\frac{1}{0.04s+1}$$

这时系统的超调量 $\sigma\%=8.1\%<10\%$,满足性能要求。

(4) 调节器的物理实现

选 $R_0=50\ \text{k}\Omega$,由 $k_p=R_f/R_0=0.5$,则 $R_f=25\ \text{k}\Omega$。

由于 $\tau=R_fC_f=0.04\ \text{s}$,于是 $C_f=1.6\ \mu\text{F}$;

由于 $4T_0=R_0C_0$,所以 $C_0=\frac{4T_0}{R_0}=\frac{0.04\ \text{s}}{50\ \text{k}\Omega}=0.8\ \mu\text{F}$。

调节器的物理实现如图 6-30 所示。

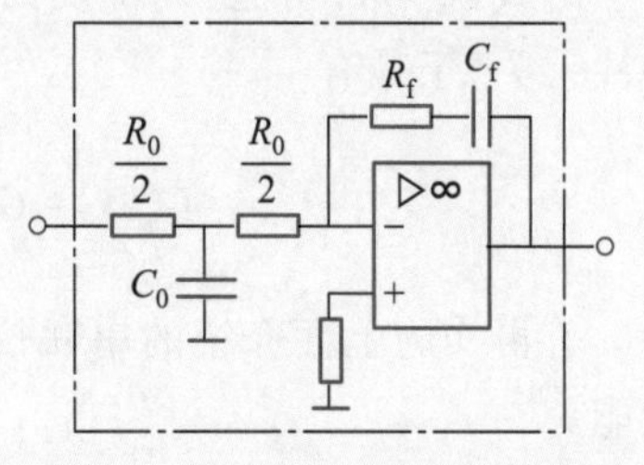

图 6-30 调节器的物理实现

6.7 并联(反馈)校正

若未校正系统中含有结构或参数易变的环节,采用上面介绍的串联校正方法将无法达到设计要求。这时,可采用局部反馈和串联校正相结合的方式。局部反馈校正的目的是改变被反馈包围的环节特性。

设图 6-31(a)所示的未校正系统中的 $G_2(s)$ 环节具有不良的特性,需引入局部反馈校正。

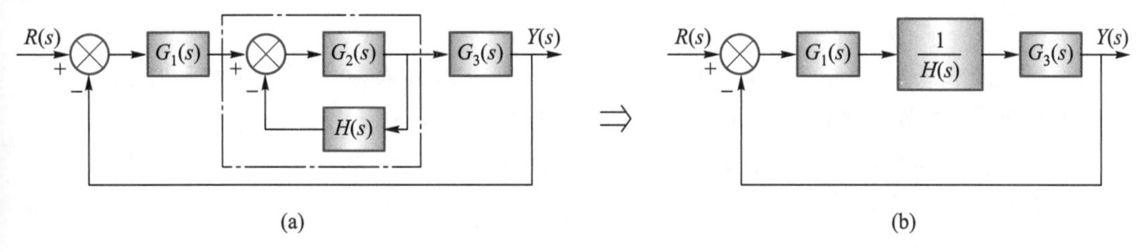

图 6-31 并联校正

反馈校正前,系统的开环传递函数

$$G_0(s)=G_1(s)G_2(s)G_3(s) \tag{6-41}$$

反馈校正后,系统的开环传递函数

$$G_0(s)=G_1(s)\frac{G_2(s)}{1+G_2(s)H(s)}G_3(s) \tag{6-42}$$

若选择反馈网络 $H(s)$,能使

$$|G_2(j\omega)H(j\omega)|\gg1 \tag{6-43}$$

则

$$\frac{G_2(j\omega)}{1+G_2(j\omega)H(j\omega)}\approx\frac{G_2(j\omega)}{G_2(j\omega)H(j\omega)}=\frac{1}{H(j\omega)} \tag{6-44}$$

由式(6-44)可见,局部反馈闭环的特性只与反馈环节特性 $H(s)$ 有关,与 $G_2(s)$ 环节的特性无关,于是有

$$G_0(s)=G_1(s)\frac{G_2(s)}{1+G_2(s)H(s)}G_3(s)=\frac{G_1(s)G_3(s)}{H(s)} \tag{6-45}$$

若再实施上面介绍的串联校正措施,则等效系统如图6-32所示,能使系统达到更好的性能。

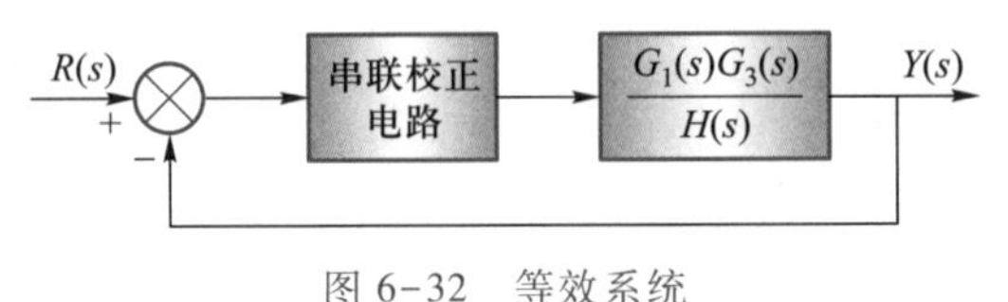

图6-32 等效系统

反馈校正对校正元部件 $H(s)$ 的质量要求很高,否则将达不到应有的效果。

本章要点

控制系统校正是设计过程中的一个重要环节。通过引入或调整系统结构和参数,能达到全面满足系统性能的要求。频率法校正采用开环频域性能指标,主要包括稳态误差、开环截止频率和相位裕度。

频率法校正的目的是以改变原频率特性形状,使校正后低频段的斜率和高度能满足稳态误差的要求;中频段的斜率和宽度能满足相位裕度和截止频率的要求。

校正主要有串联校正、并联(局部反馈)校正两种形式。串联校正最常用。串联超前校正能提高相位裕度和截止频率,但抗干扰能力下降;串联滞后校正能提高相位裕度和控制精度,但截止频率下降,快速性变慢。由于运算放大器性能好、参数调整方便,故工程上几乎都用有源PI、PD或PID串联校正装置。并联校正能改变或削弱不良特性环节对系统性能的影响,常处于靠近功率级处,并用无源校正装置。

思考练习题

6-1 什么叫控制系统的校正?校正方法有哪几种?

6-2 串联相位校正有几种?简述其校正原理及所起的作用。

6-3 什么是P、I、D调节器?各代表什么样的控制率?有何效果?

6-4 已知某单位反馈控制系统,其被控对象 $G_0(s)$ 和串联校正装置 $G_c(s)$ 的对数幅频特性分别如图6-33(a)、(b)中 L_0 和 L_c 所示。要求:

(1) 写出系统校正前、校正装置和校正后系统的传递函数;

（2）绘制校正后系统的对数幅频特性；

（3）分析各 $G_c(s)$ 对系统的校正作用，并比较其优缺点。

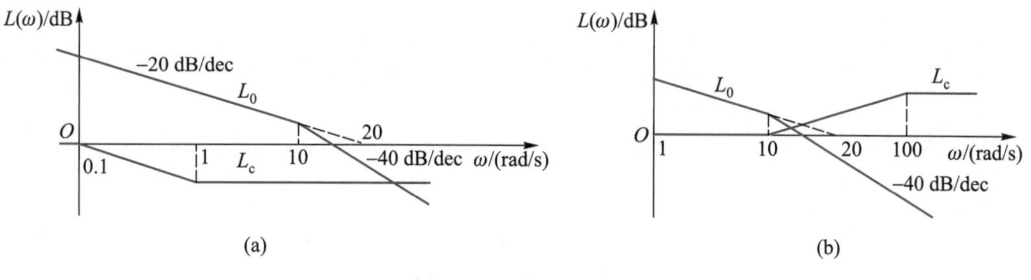

图 6-33　题 6-4 图

6-5　设单位反馈系统的开环传递函数为

$$G_k(s)=\frac{K}{s(s+1)}$$

试设计串联超前校正装置，使系统满足如下指标：

（1）在单位斜坡输入下的稳态误差 $e_{ss}\leqslant\frac{1}{15}$；

（2）截止频率 $\omega_c\geqslant 7.5\ \mathrm{rad/s}$；

（3）相位裕度 $\gamma\geqslant 45°$。

6-6　设单位反馈系统的开环传递函数为

$$G_k(s)=\frac{K}{s(s+1)(0.25s+1)}$$

要求校正后系统的静态速度误差系数 $K_v\geqslant 5\ \mathrm{rad/s}$，相位裕度 $\gamma\geqslant 45°$，试设计串联滞后校正装置。

6-7　残疾人使用的遥控驾驶车辆的辅助装置系统如图 6-34 所示。按最佳 Ⅰ 型系统设计控制器。

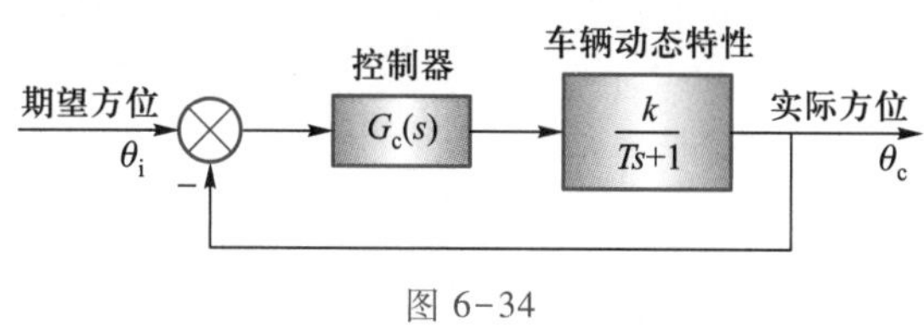

图 6-34

6-8　现代汽车生产车间广泛采用焊接机器人。焊接头的位置控制系统如图 6-35 所示，按最佳 Ⅰ 和 Ⅱ 型系统设计控制器。

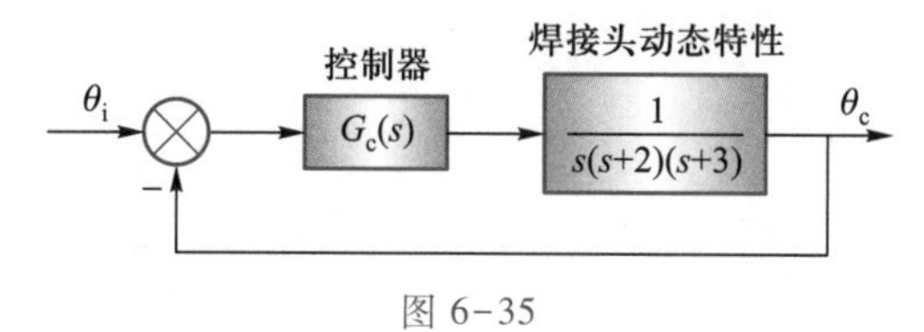

图 6-35

*第7章

线性离散控制系统分析与设计

前几章介绍、讨论的均为线性连续控制系统的内容。本章介绍线性离散控制系统的分析和设计方法。

7.1 离散控制系统概述

系统中有一处或几处的信号是脉冲序列或数码形式，这样的系统称为离散控制系统。其中，若信号是脉冲序列，这样的系统又称为采样（或脉冲）系统；若信号是数码序列，这样的系统又称为数字（或计算机）系统。

采样控制系统的典型结构如图 7-1 所示。

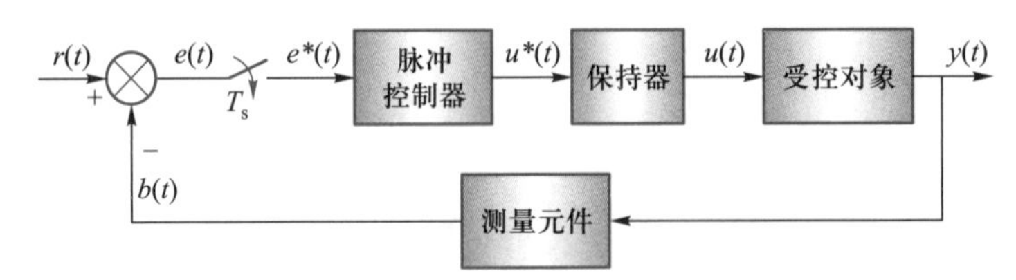

图 7-1 采样控制系统的典型结构

图 7-1 中，脉冲控制器起校正装置的作用。输入信号 $r(t)$ 与反馈信号 $b(t)$ 比较后得到误差信号 $e(t)$，经采样开关以一定的周期（T_s）重复开、闭作用后（采样），连续信号 $e(t)$ 变换为脉冲序列信号 $e^*(t)$。脉冲控制器对信号 $e^*(t)$ 进行某种运算，再经保持器变换为连续控制信号 $u(t)$ 去控制被控对象。

数字控制系统的典型结构如图 7-2 所示。

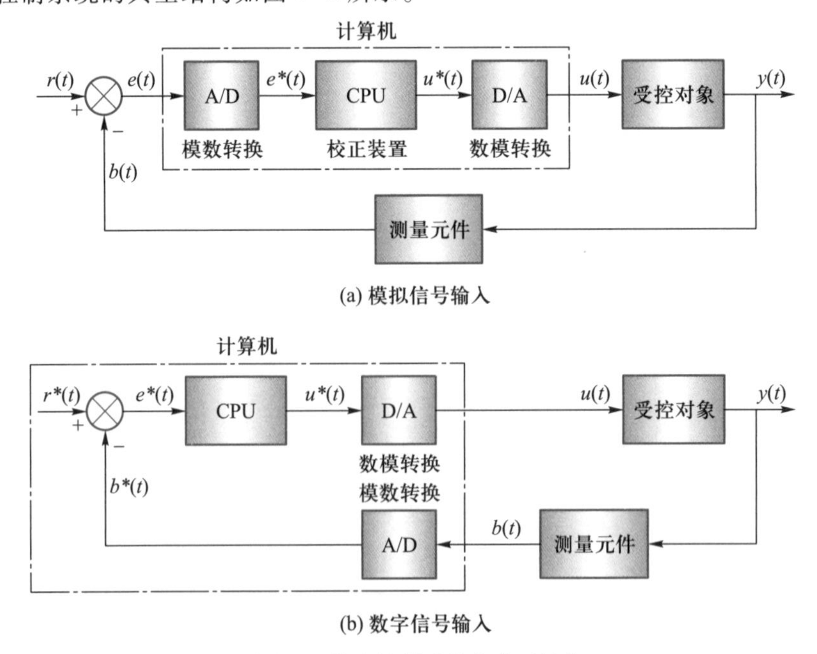

图 7-2 数字控制系统的典型结构

图 7-2 中,计算机作为控制器,起校正装置的作用。当输入和反馈信号均是连续信号时,误差信号 $b(t)$ 经过 A/D 转换器进行采样、编码转换成数字(码)信号 $b^*(t)$,经计算机进行某种运算处理后输出数字控制信号 $u^*(t)$。在工程系统中,由于绝大多数被控对象不能接受离散信号,所以,要再经 D/A 转换器转成连续控制信号 $u(t)$ 后才输送给受控对象。

图 7-1 和图 7-2 中,不带"＊"的是连续(即模拟)信号,带"＊"的是离散信号。

经典控制理论中,离散系统的分析和设计方法与连续控制系统的方法极为相似,而且大多数方法也是从连续控制系统方法中引申或转移过来的。不同的是,连续控制系统的方法是建立在拉氏变换的数学基础上,而离散控制系统的方法是建立在 z 变换的数学基础上。

7.2 连续信号的采样与复现

一、采样及数学描述

1. 采样过程

连续信号(模拟信号)转换成离散信号的过程,称为"采样",实现这一转换的部件,称为"采样开关"或"模数转换器"。图 7-3 为周期性采样示意图。

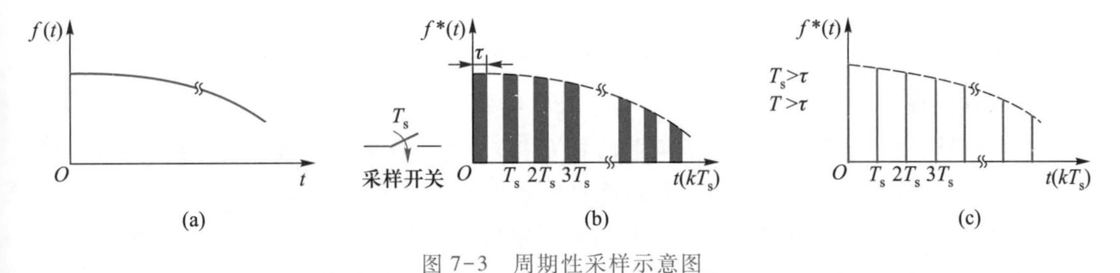

图 7-3 周期性采样示意图

图 7-3(a)中,$f(t)$ 是连续信号。设采样开关每隔时间 T_s(称为采样周期)闭合一次,每次闭合的持续时间为 τ。开关闭合期间,$f(t)$ 通过采样开关出现在输出端;开关断开期间,采样开关的输出为 0。于是,采样开关输出端的信号是宽度为 τ 的一串脉冲序列,如图 7-3(b)的 $f^*(t)$。

工程系统中,τ 不但比 T_s 小得多,而且也比系统中的其他时间常数要小得多,可认为 τ 的宽度近似为 0,因此,可视为是"理想的采样"。这样,离散信号 $f^*(t)$ 的幅值就等于原连续信号在各采样时刻的幅值,即 $f(0T_s)$,$f(1T_s)$,$f(2T_s)$,…,如图 7-3(c)所示。

在"信号处理"中,为了对采样和采样信号进行数学上的描述,可把"采样开关"看成是信号的"幅值调制器",周期性的开闭相当于产生出一串以 T_s 为周期的"单位理想脉冲序列"$\delta_T(t)$,如图 7-4 所示。

工程上,$\delta_T(t)$ 的数学表达式为

$$\delta_T(t)=\delta(t-0T_s)+\delta(t-T_s)+\delta(t-2T_s)+\cdots=\sum_{k=0}^{\infty}\delta(t-kT_s) \tag{7-1}$$

理想采样认为是单位脉冲序列 $\delta_T(t)$ 被输入信号 $f(t)$ 进行"幅值调制"的过程,其中,

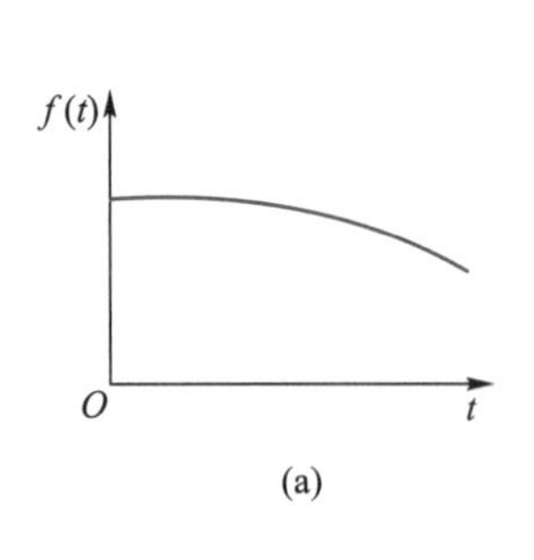

(a)

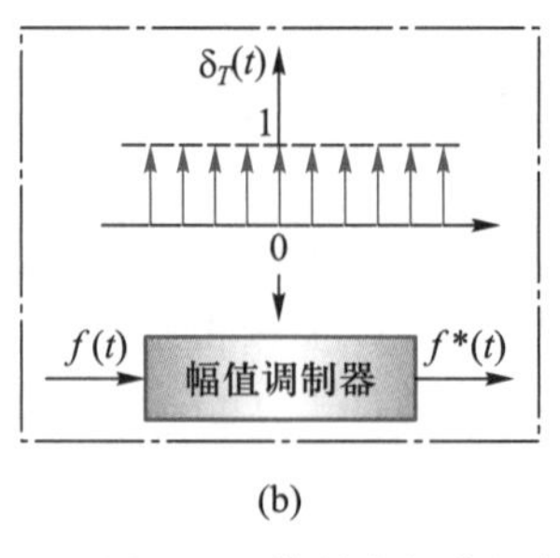

(b)

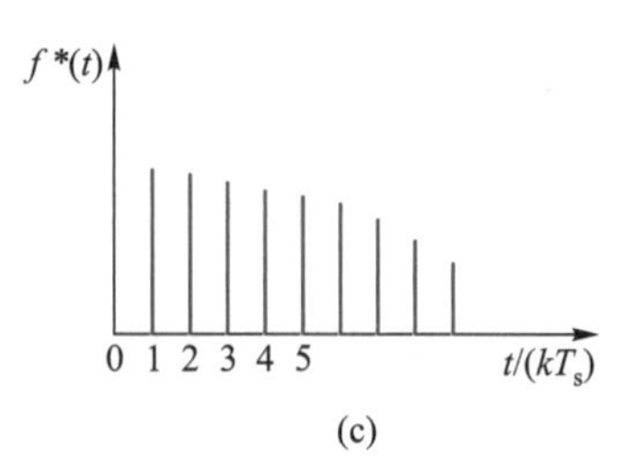

(c)

图 7-4　信号的幅值调制

$\delta_T(t)$为载波信号，$f(t)$为调制信号，在数学上表示为"$f(t)$"与"$\delta_T(t)$"两信号相乘。考虑到工程上，$t<0$ 时，$f(t)=0$，于是，采样信号$f^*(t)$的数学表达式为

$$\begin{aligned} f^*(t)=f(t)\times\delta_T(t)=f(t)\sum_{k=0}^{\infty}\delta(t-kT_s)=f(0)\delta(t)+f(T_s)\delta(t-T_s)\\ +f(2T_s)\delta(t-2T_s)+f(3T_s)\delta(t-3T_s)+\cdots,k=0,1,2,\cdots \end{aligned} \tag{7-2}$$

由上式看出，$f^*(t)$中的每个脉冲在数学上都是两个函数的乘积。其中，脉冲的强度$f(kT_s)$是输入信号$f(t)$在各个采样时刻的幅值，而$\delta(t-kT_s)(k=0,1,2,\cdots)$视为出现该脉冲的时间。

需要注意的是，采样输出信号$f^*(t)$未能给出连续信号$f(t)$在采样间隔之间的信息。

2. **采样定理**

连续信号$f(t)$经采样后变成了离散信号$f^*(t)$。为了使离散信号仍能保持有原信号的基本特性，著名学者香农(Shannon)从两者的频谱特性角度出发指出：对于连续信号$f(t)$，其频谱通常是一个孤立的连续频谱。但是，如果以均匀周期对该连续函数进行理想采样，则采样信号$f^*(t)$的频谱将与采样频率有关，而且是以采样频率为周期的无限多个频谱之和，如图 7-5 所示。

从图 7-5 可以看出，若采样频率$\omega_s<2\omega_{max}$，$f^*(t)$的各频谱重叠，不再具有原连续信号的频谱；若采样频率$\omega_s\geqslant2\omega_{max}$，各个频谱并不会重叠，会含有原连续信号的频谱，这样就有可能通过某种低通滤波器把高频滤掉，使原信号的频谱保留下来。所以，只要采样频率大于或等于连续信号频谱中最高频率的两倍，采样后的信号频谱中就能出现原连续信号的频谱，即要求

$$\omega_s\geqslant2\omega_{max} \tag{7-3}$$

这就是著名的"香农定理"。

可见，采样频率的选取在离散控制系统中是一个重要的参数。然而，采样定理给出的只是选择采样频率的基本原则。要想离散信号能尽可能保存原连续信号的信息，就要求采样频率应尽可能高，但这就要求采样器件，如计算机的配置也必须提高。

国内外有文献介绍，对于一般的恒值控制系统，采样周期可近似取 $T_s=\dfrac{t_s}{35\sim40}$。对于随动系统，尤其是要求快速性高的随动系统，可近似取采样频率 $\omega_s=10\omega_c$，即采样周期

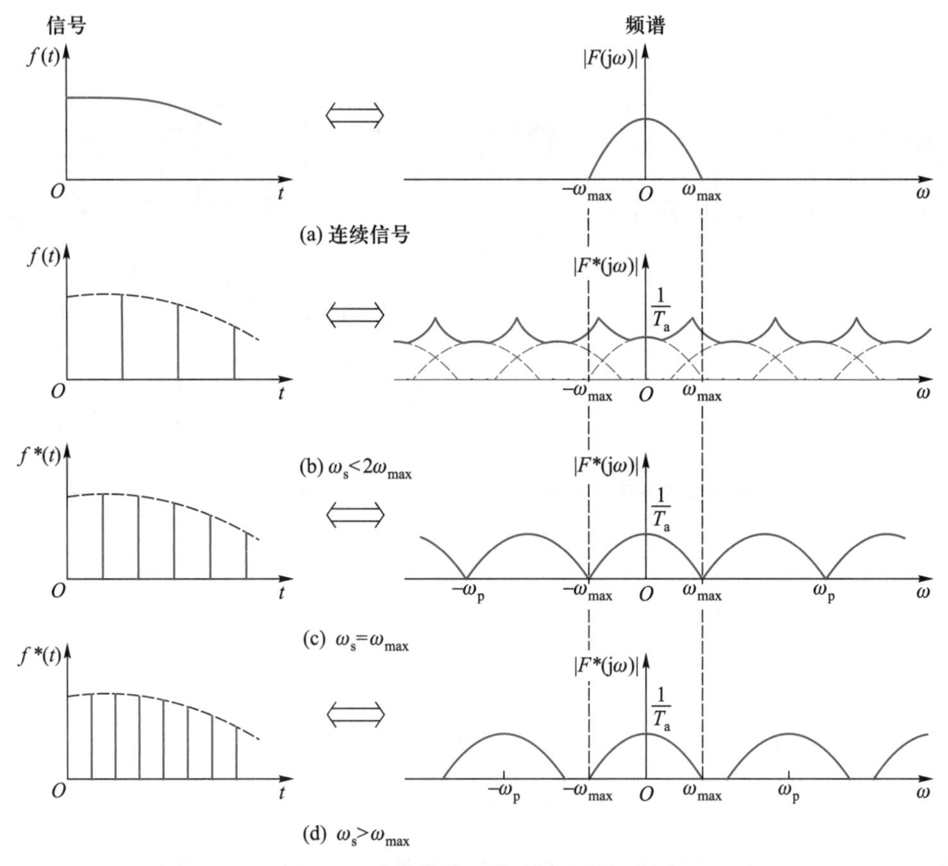

图 7-5　连续信号及其采样后的频谱图

$$T_s=2\pi f_s=\frac{2\pi}{\omega_s}=\frac{\pi}{5\omega_c}$$

二、信号的复现及装置

采样周期的选择是离散信号能否复现连续信号的前提条件。在工程系统中,由于绝大部分被控对象要求输入的是连续信号,所以,还需要把 CPU 输出的离散信号较好地恢复为连续信号。“D/A”(保持器)就是实现这种转换且具有低通滤波功能的部件。工程上最常用的就是“零阶保持器”。

“零阶保持器”使采样信号 $f^*(t)$ 在每一个采样瞬时的采样值 $f(kT_s)(k=0,1,2,\cdots)$ 一直保持到下一个采样瞬时,这样,离散信号 $f^*(t)$ 变成了阶梯信号 $f_h(t)$,如图 7-6 所示。因为 $f_h(t)$ 在每个采样区间内的值均为常数,其导数为零,故称它为“零阶保持器”。

在系统中,零阶保持器视为系统中的一个元部件,下面讨论其数学模型。在零阶保持器输入端加入一个单位理想脉冲 $\delta(t)$,其输出应是幅值为 1、持续时间为 T_s 的脉冲响应函数 $g(t)$,如图 7-7(a)所示。

为了求出零阶保持器的传递函数,可把 $g(t)$ 分解为两个单位阶跃函数之差,如图 7- 7(b),即

$$g(t)=1(t)-1(t-T_s) \tag{7-4}$$

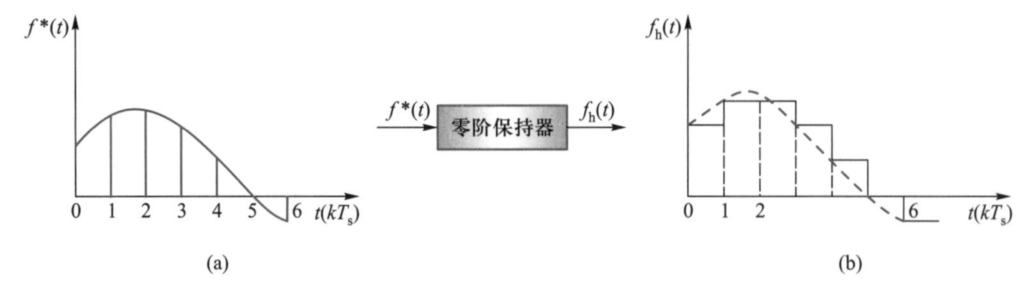

图 7-6 零阶保持器恢复连续信号

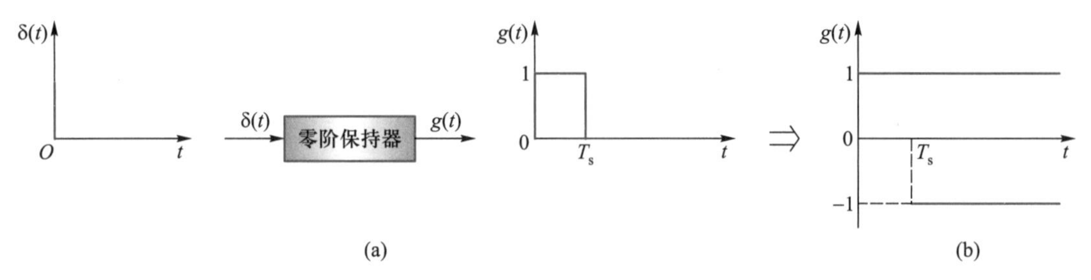

图 7-7 零阶保持器输入输出信号

对式(7-4)两边取拉氏变换,则零阶保持器的传递函数为

$$G_h(s)=\frac{1}{s}-\frac{e^{-T_s s}}{s}=\frac{1-e^{-T_s s}}{s} \tag{7-5}$$

由于采样周期较小,零阶保持器的传递函数也常视为"惯性环节",即

$$G_h(s)\approx\frac{1}{0.5T_s+1} \tag{7-6}$$

7.3 z 变换与反变换

分析线性离散系统时采用 z 变换能使分析得到简化。本节介绍有关 z 变换的要点。

一、z 变换

1. 定义

前节指出,一个连续信号 $f(t)$ 经采样后变成了离散信号,其表达式为

$$f^*(t)=f(t)\sum_{k=0}^{\infty}\delta(t-kT_s)=\sum_{k=0}^{\infty}f(kT_s)\delta(t-kT_s)\,(k=0,1,2,3,\cdots)$$

对上式两边取拉氏变换,可得

$$F^*(s)=L\Big[\sum_{k=0}^{\infty}f(kT_s)\delta(t-kT_s)\Big]=\sum_{k=0}^{\infty}f(kT_s)e^{-kT_s s} \tag{7-7}$$

式(7-7)含有指数项,是超越函数,运算不方便。为此,引入算子"z",即

$$z=\mathrm{e}^{T_s s} \quad 或 \quad s=\frac{1}{T_s}\ln z \tag{7-8}$$

代入式(7-7)后,采样信号的拉氏变换式为

$$F(z)=F^*(s)\big|_{z=\mathrm{e}^{T_s s}}=\sum_{k=0}^{\infty}f(kT_s)z^{-k}=f(0)z^0+f(T_s)z^{-1}+f(2T_s)z^{-2}+f(3T_s)z^{-3}+\cdots \tag{7-9}$$

变成了以 z 为变量的代数方程式,且每一项具有明确的物理意义:$f(kT_s)$ 表示采样脉冲的强度,z 的幂次表示该采样脉冲出现的时刻。

2. z 变换方法

z 变换有多种方法,下面介绍最常用的两种方法。

方法一:级数求和法。求出各采样瞬时的值,直接代入式(7-9)。

例 7-1 求单位阶跃函数的 z 变换。

解 由于单位阶跃函数 $1(t)$ 在各个采样瞬时的值均为 1,即

$$f^*(kT_s)=1(kT_s)=1(k=0,1,2,\cdots)$$

代入式(7-9),有

$$F(z)=Z[f^*(kT_s)]=1z^0+1z^{-1}+1z^{-2}+1z^{-3}+\cdots=z^0+z^{-1}+z^{-2}+z^{-3}+\cdots$$

上式是开放式,不方便应用。为了得到闭合式,应将上式两边同乘 z^{-1},有

$$z^{-1}F(z)=z^{-1}+z^{-2}+z^{-3}+\cdots$$

两式再相减,可得

$$F(z)-z^{-1}F(z)=1$$

于是有

$$F(z)=\frac{1}{1-z^{-1}}=\frac{z}{z-1}$$

例 7-2 求指数函数 $\mathrm{e}^{-at}(a>0)$ 的 z 变换。

解 指数函数 e^{-at} 在各采样时刻的值,令 $t=kT_s$。

$$f(kT_s)=\mathrm{e}^{-akT_s}=\mathrm{e}^0+\mathrm{e}^{-aT_s}+\mathrm{e}^{-2aT_s}+\mathrm{e}^{-3aT_s}+\cdots$$

代入式(7-9),有

$$F(z)=\sum_{k=0}^{\infty}\mathrm{e}^{-akT_s}z^{-k}=1+\mathrm{e}^{-aT_s}z^{-1}+\mathrm{e}^{-2aT_s}z^{-2}+\mathrm{e}^{-3aT_s}z^{-3}+\cdots$$

为了求闭合式,将上式两边同乘 $\mathrm{e}^{-aT_s}z^{-1}$

$$\mathrm{e}^{-aT_s}z^{-1}F(z)=\mathrm{e}^{-aT_s}z^{-1}+\mathrm{e}^{-2aT_s}z^{-2}+\mathrm{e}^{-3aT_s}z^{-3}+\cdots$$

两式相减,得

$$F(z)-\mathrm{e}^{-aT_s}z^{-1}F(z)=1$$

于是有

$$F(z)=\frac{1}{1-\mathrm{e}^{-aT_s}z^{-1}}=\frac{z}{z-\mathrm{e}^{-aT_s}}$$

方法二:部分分式法(查表法)。先求出连续函数的拉氏变换式 $F(s)$;再将 $F(s)$ 展开成部分分式之和,且每个分式都是 z 变换表中所对应的函数形式,最后通过查常用函数的 z 变

换表。附录A列出了常用时间函数的 z 变换式。

例7-3 已知拉氏变换式为 $F(s)=\dfrac{1}{s(s+1)}$,求其 z 变换。

解 把 $F(s)$ 用部分分式展开为

$$F(s)=\frac{1}{s}-\frac{1}{s+1}$$

查 z 变换表得

$$F(z)=\frac{z}{z-1}-\frac{z}{z-\mathrm{e}^{-T_s}}=\frac{z(1-\mathrm{e}^{-T_s})}{(z-1)(z-\mathrm{e}^{-T_s})}$$

二、z 变换的基本定理

1. 线性定理

设 $f_1(t)$、$f_2(t)$ 的 z 变换分别为 $F_1(z)$, $F_2(z)$,则

$$Z[f_1(t)+f_2(t)]=F_1(z)+F_2(z)$$

$$Z[af_1(t)]=aF_1(z)$$

2. 延迟(滞后)定理

设 $f(t)$ 的 z 变换为 $F(z)$,且 $t<0$, $f(t)=0$,则

$$Z[f(t-kT_s)]=z^{-k}F(z)$$

延迟定理说明,函数 $f(t)$ 在时域中延迟了 k 个采样周期,相当于该函数的 $F(z)$ 乘以 z^{-k}。因此,算子 z^{-k} 表示时域中的时滞环节,它把脉冲延迟了 k 个采样周期。

例7-4 求 $f(t)=1(t-T_s)$ 的 z 变换。

解 函数可看成是延迟一个采样周期 T_s 的单位阶跃函数。

根据延迟定理分式

$$Z[1(t-T_s)]=z^{-1}Z[1(t)]=z^{-1}\frac{z}{z-1}=\frac{1}{z-1}$$

3. 超前定理

设 $f(t)$ 的 z 变换为 $F(z)$, 超前定理用公式表示为

$$Z[f(t+mT_s)]=z^m\left[F(z)-\sum_{k=0}^{m-1}f(kT_s)z^{-k}\right]$$

$m=1$ 时, $z[f(t+T_s)]=z[F(z)-f(0)]$;

$m=2$ 时, $z[f(t+2T_s)]=z^2F(z)-z^2f(0)-zf(T_s)$

滞后定理和超前定理又常称为实数位移定理,其应用相当于拉氏变换中的微分和积分定理,可将描述的差分方程转换为 z 域的代数方程。

4. 复位移定理

设 $f(t)$ 的 z 变换为 $F(z)$, 复位移定理用公式表示为

$$Z[\mathrm{e}^{-aT_s}f(t)]=F(z\mathrm{e}^{aT_s})$$

复位移定理的含义是:函数乘以指数序列的 z 变换,等于在 $f(t)$ 的 z 变换式 $F(z)$ 中,以“$z\mathrm{e}^{aT_s}$”取代原算子“z”。

5. 初值定理

设$f(t)$的 z 变换为 $F(z)$，且$\lim\limits_{z\to\infty}F(z)$存在，则有

$$f(0)=\lim_{t\to 0}f(t)=\lim_{z\to\infty}F(z)$$

6. 终值定理

设$f(t)$的 z 变换为 $F(z)$，且$\lim\limits_{z\to\infty}F(z)$存在，则有

$$f(\infty)=\lim_{t\to\infty}f(t)=\lim_{k\to\infty}f(kT_s)=\lim_{z\to 1}\frac{z-1}{z}F(z)=\lim_{z\to 1}(z-1)F(z)$$

在分析离散系统的稳态误差时，常用终值定理求稳态误差。

例 7-5 设 z 变换函数为

$$F(z)=\frac{0.792z^2}{(z-1)(z^2-0.416z+0.208)}$$

求该函数的终值。

解 由终值定理得

$$f(\infty)=\lim_{z\to 1}(z-1)\frac{0.792z^2}{(z-1)(z^2-0.416z+0.208)}=\lim_{z\to 1}\frac{0.792z^2}{z^2-0.416z+0.208}=1$$

三、z 反变换

z 反变换就是根据 $F(z)$求出其离散函数$f^*(t)$，记为

$$Z^{-1}[F(z)]=f^*(t)$$

下面介绍常用的两种方法。

方法一：部分分式法（查表法）。先将 $F(z)$展开成部分分式之和，然后直接查 z 变换表，找出各部分分式的反变换后相加。

需要注意的是，从变换表中会发现，所有 z 变换函数 $F(z)$的分子都有因子“z”。因此，在进行部分分式展开前，应先把 $F(z)$除以“z”，对“$\frac{F(z)}{z}$”展开成部分分式；然后，对部分分式后的每一项再都乘以“z”，便得到 $F(z)$的部分分式展开式，即

$$\frac{F(z)}{z}=\frac{A_1}{z-p_1}+\frac{A_2}{z-p_2}+\cdots=\sum_{i=1}^{n}\frac{A_i}{z-p_i}\Rightarrow F(z)=\frac{zA_1}{z-p_1}+\frac{zA_2}{z-p_2}+\cdots=\sum_{i=1}^{n}\frac{zA_i}{z-p_i}$$

通过查 z 变换表，可得

$$f^*(kT_s)=Z^{-1}\left[\sum_{i=1}^{n}\frac{A_iz}{z-p_i}\right]=A_1Z^{-1}\left[\frac{z}{z-p_1}\right]+A_2Z^{-1}\left[\frac{z}{z-p_2}\right]+\cdots+A_nZ^{-1}\left[\frac{z}{z-p_n}\right]$$

例 7-6 已知 $F(z)=\dfrac{10z}{(z-1)(z-2)}$，求离散函数。

解 首先将 $F(z)$除以“z”变为$\dfrac{F(z)}{z}$，然后展开成部分分式形式，即

$$\frac{F(z)}{z}=\frac{10}{(z-1)(z-2)}=\frac{-10}{z-1}+\frac{10}{z-2}$$

上式两边每项乘上因子 z，可得

$$F(z)=\frac{-10z}{z-1}+\frac{10z}{z-2}$$

查 z 变换表有

$$Z^{-1}\left[\frac{z}{z-1}\right]=1,Z^{-1}\left[\frac{z}{z-2}\right]=2^k$$

于是可得

$$f^*(t)=f^*(kT_s)=10(-1+2^k)(k=0,1,2,3,\cdots)=\sum_{k=0}^{\infty}(-10+10\times 2^k)\delta(t-kT_s)$$

方法二：幂级数法（长除法）。首先要把 $F(z)$ 的分子、分母表示为 z^{-1} 的升幂级数多项式后，然后相除，即

$$F(z)=\frac{b_0+b_1z^{-1}+b_2z^{-2}+\cdots+b_mz^{-m}}{a_0+a_1z^{-1}+a_2z^{-2}+\cdots+a_nz^{-n}}=c_0+c_1z^{-1}+c_2z^{-2}+\cdots+c_nz^{-n}$$

式中的 c_n 便是各采样时刻信号的幅值。于是，离散函数为

$$f^*(t)=c_0\delta(t)+c_1\delta(t-T_s)+c_2\delta(t-2T_s)+\cdots+c_n\delta(t-nT_s)$$

注意：z 变换只反映了连续信号在采样点的信息，而没有采样点之间信号的状态信息；不同的连续信号用同一采样周期进行采样，若其各采样值均相等，则具有相同的 z 变换式。因此，z 反变换的结果存在不唯一性；z 反变换得到的只是离散序列的 $f^*(t)$，不是连续函数 $f(t)$。常见函数的拉氏变换和 z 变换见附录 A。

7.4 离散系统的数学模型

为了对离散系统进行分析、设计，需要建立系统的数学模型。离散系统的数学模型主要有差分方程和脉冲传递函数。

一、差分方程

1. “差分”的概念

差分方程与微分方程有对应关系。例如，一阶线性常系数微分方程为

$$\frac{dy(t)}{dt}+ay(t)=u(t) \tag{7-10}$$

若对系统的输入量 $u(t)$、输出量 $y(t)$ 进行等周期采样，在采样时刻，其采样值分别为 $u(kT_s)$，$y(kT_s)$ $(k=0,1,2,\cdots)$。今后，为了书写方便，均简写为 $u(k)$，$y(k)$。

如果采样周期足够小，“微分”便可近似等于两个采样值之差，即“差分”，并有两种表达形式

前向差分
$$\frac{dy}{dt}\approx\frac{y(k+1)-y(k)}{T_s} \tag{7-11}$$

后向差分
$$\frac{dy}{dt}\approx\frac{y(k)-y(k-1)}{T_s} \tag{7-12}$$

2. 差分方程

将式(7-11)代入式(7-10),"微分"用"差分"代替,微分方程转化的"前向差分方程",即

$$y(k+1)+(aT_s-1)y(k)=T_s u(k)$$

将式(7-12)代入式(7-10),"微分"用"差分"代替,微分方程转化的"后向差分方程",即

$$y(k)-\frac{1}{aT_s+1}y(k-1)=\frac{1}{aT_s+1}u(k)$$

对于单输入单输出的 n 阶线性离散定常系统,差分方程的表达式同样也有两种,即

$$y(k+n)+a_1y(k+n-1)+\cdots+a_ny(k)=b_0u(k+m)+b_1u(k+m-1)+\cdots+b_mu(k) \quad (7-13)$$

$$y(k)+a_1y(k-1)+\cdots+a_ny(k-n)=b_0u(k)+b_1u(k-1)+\cdots+b_mu(k-m) \quad (7-14)$$

式(7-13)称为"前向差分方程",式(7-14)称为"后向差分方程",两种表达式没有本质上的差别。经典控制理论中,常用"后向差分方程",今后简称为"差分方程"。

3. 差分方程的解法

常用解法有两种,一是递推(迭代)法,二是 z 变换法。

例 7-7 已知差分方程 $y(k)-5y(k-1)+6y(k-2)=r(k)$,输入为单位阶跃 $r(k)=1(k=0,1,2,3,\cdots)$,初始值 $y(0)=0;y(1)=1$。用递推法求输出序列。

解 先把差分方程改写成输出 $y(k)$ 的迭代式,即

$$y(k)=r(k)+5y(k-1)-6y(y-2)$$

分别以 $k=0,1,2,3,\cdots$,以及初始值代入迭代式,有

$k=0,y(0)=0$;

$k=1,y(1)=1$;

$k=2,y(2)=r(2)+5y(1)-6y(0)=1+5=6$;

$k=3,y(3)=r(3)+5y(2)-6y(1)=1+5\times6-6=25$;

$k=4,y(4)=r(4)+5y(3)-6y(2)=1+5\times25-6\times6=90$;

$k=5,y(5)=r(5)+5y(4)-6y(3)=1+5\times90-6\times25=301$;

$\vdots$

继续求解下去,于是可得出输出序列各采样点的值,即

$$y^*(kT_s)=1\delta(t-T_s)+6\delta(t-2T_s)+25\delta(t-3T_s)+\cdots$$

例 7-8 已知差分方程 $y(k)+y(k-1)=r(k)+2r(k-1)$,求输入为斜坡信号时,输出信号的各采样点的值,采样周期 $T_s=1$ s。

解 差分方程两边取 z 变换,即

$$y(z)+z^{-1}y(z)=R(z)+2z^{-1}R(z)$$

斜坡信号的 z 变换为

$$R(z)=\frac{zT_s}{(z-1)^2}$$

于是输出信号的 z 反变换为

$$y(z)=\frac{1+2z^{-1}}{1+z^{-1}}R(z)=\frac{1+2z^{-1}}{1+z^{-1}}\cdot\frac{z}{(z-1)^2}=\frac{z^2+2z}{z^3-z^2-z+1}=\frac{z^{-1}+2z^{-2}}{1-z^{-1}-z^{-2}+z^{-3}}$$

用长除法可得

$$y(z)=z^{-1}+3z^{-2}+4z^{-3}+6z^{-4}+\cdots$$

于是,各采样点的值为

$$y(0)=0;y(1T_s)=1;y(2T_s)=3;y(3T_s)=4;y(4T_s)=6;\cdots$$

二、脉冲传递函数

脉冲传递函数是线性定常离散系统(简称离散系统)的重要数学模型。

1. 定义

初始条件为零时,输出信号的 z 变换 $Y(z)$ 与输入信号的 z 变换 $R(z)$ 之比,称为该环节或系统的脉冲传递函数,用符号 $G(z)$ 表示,数学表达式为式(7-15),结构图如图 7-8 所示。

$$G(z)=\frac{Y(z)}{R(z)} \tag{7-15}$$

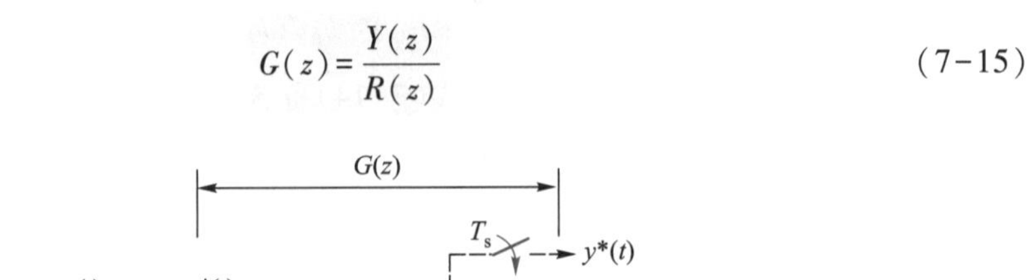

图 7-8　脉冲传递函数的结构图

要注意的是,离散系统中,输入端因有采样开关,所以输入信号是离散的,但绝大多数被控对象的输出信号都是连续信号,如图 7-8 的 $r^*(t)$ 和 $y(t)$。当求系统或部件的脉冲传递函数时,应假设其输出端存在一个虚拟采样开关,且要求采样频率与输入端采样开关的频率完全相同,如图 7-8 中的虚线所示。但实际上,这个虚拟的采样开关是不存在的。

2. 脉冲传递函数求法

(1) 开环系统的脉冲传递函数

求多个环节串联的离散系统的开环脉冲传递函数时,须注意各环节之间有无采样开关,如图 7-9 所示。

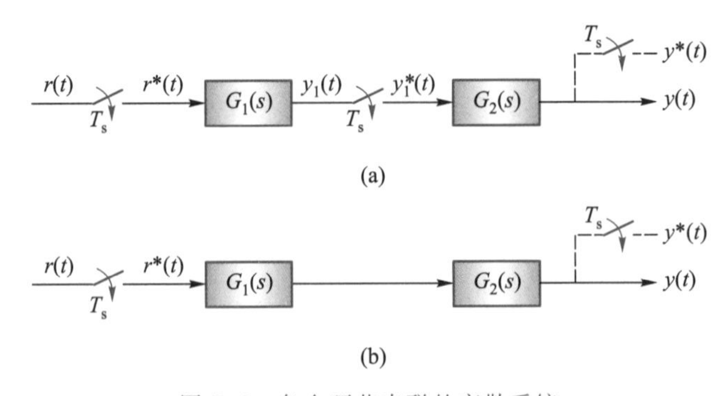

图 7-9　各个环节串联的离散系统

① 串联环节之间有采样开关

图 7-9(a)表示两个串联环节之间有采样开关的情况。由结构图可列出各信号之间的关系,即

$$Y_1(z)=G_1(z)R(z) \tag{7-16}$$

$$Y(z)=G_2(z)Y_1(z) \tag{7-17}$$

将式(7-16)代入式(7-17),有 $Y(z)=G_1(z)G_2(z)R(z)$,于是,脉冲传递函数为

$$\frac{Y(z)}{R(z)}=G_1(z)G_2(z) \tag{7-18}$$

式(7-18)表明,串联环节之间有采样开关时,脉冲传递函数等于每个环节的脉冲传递函数的乘积。此结论可推广到 n 个串联环节之间有采样开关的情况。

② 串联环节之间无采样开关

图 7-9(b)中,两个线性环节 $G_1(s)$和 $G_2(s)$之间没有采样开关,因此,按脉冲传递函数的定义,应当把它们等效为一个环节,其传递函数为“$G_1(s)G_2(s)$”相乘,即

$$G(s)=G_1(s)G_2(s)=G_1G_2(s)$$

由脉冲传递函数的定义,有

$$Y(z)=Z[G_1(s)G_2(s)]R(z)=G_1G_2(z)R(Z) \tag{7-19}$$

由式(7-19)可得脉冲传递函数为

$$\frac{Y(z)}{R(z)}=G_1G_2(z) \tag{7-20}$$

上式表明,串联环节之间无采样开关的脉冲传递函数,等于各环节传递函数乘积后的 z 变换。同理,这一结论也可以推广到 n 个相互间无采样开关分隔的情况。

需要注意的是,式(7-18)与式(7-20)是完全不同的,即

$$G_1(z)G_2(z)\neq G_1G_2(z)$$

例 7-9 在图 7-9 中,$G_1(s)$,$G_2(s)$如下,求两种情况下的脉冲传递函数。

(1) $G_1(s)=\dfrac{1}{s}$;

(2) $G_2(s)=\dfrac{5}{s+5}$。

解 对于图 7-9(a)的情况,脉冲传递函数为

$$G(z)=G_1(z)G_2(z)$$

其 $$G_1(z)=Z\left[\frac{1}{s}\right]=\frac{z}{z-1};\quad G_2(z)=Z\left[\frac{5}{s+5}\right]=\frac{5z}{z-\mathrm{e}^{-5T_s}}$$

于是

$$G(z)=G_1(z)G_2(z)=\frac{z}{z-1}\cdot\frac{5z}{z-\mathrm{e}^{-5T_s}}=\frac{5z^2}{(z-1)(z-\mathrm{e}^{-5T_s})}$$

对于图 7-9(b)的情况

$$G_1G_2(s)=\frac{1}{s}\cdot\frac{5}{s+5}=\frac{5}{s(s+5)}=\frac{1}{s}-\frac{1}{s+5}$$

于是

$$G_1G_2(z)=Z\left[\frac{1}{s}-\frac{1}{s+5}\right]=\frac{z}{z-1}-\frac{z}{z-\mathrm{e}^{-5T_s}}=\frac{z(1-\mathrm{e}^{-5T_s})}{(z-1)(z-\mathrm{e}^{-5T_s})}$$

③ 带零阶保持器的开环脉冲传递函数

带零阶保持器的开环离散系统如图7-10(a),图7-10(b)是其等效结构图。由等效结构图有

$$G_k(s)=\frac{1-\mathrm{e}^{-T_s s}}{s}G_0(s)=(1-\mathrm{e}^{-T_s s})\frac{G_0(s)}{s} \tag{7-21}$$

两边取 z 变换,则带零阶保持器的开环脉冲传递函数为

$$G_k(z)=Z[G_k(s)]=(1-z^{-1})Z\left[\frac{G_0(s)}{s}\right] \tag{7-22}$$

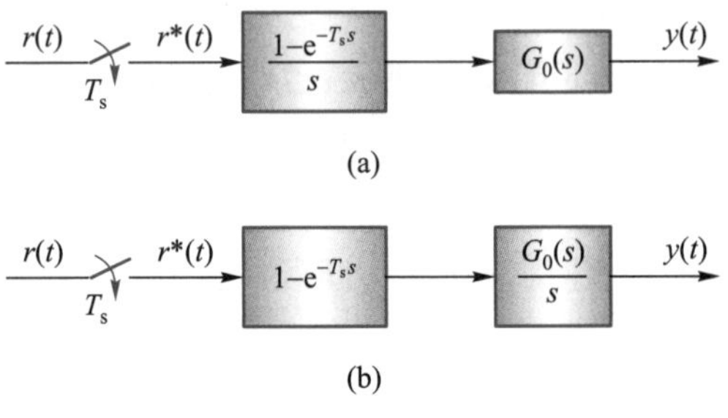

(a)

(b)

图7-10 带零阶保持器的开环离散系统及等效结构图

(2) 闭环系统的脉冲传递函数

因为采样开关在闭环系统中的位置有不确定性,所以闭环离散系统没有固定的结构形式。某些结构的系统,可以求出其闭环脉冲传递函数,但有些结构的系统,只能求出其输出信号的 z 变换式。

图7-11是典型的对误差信号进行采样的离散系统结构图。

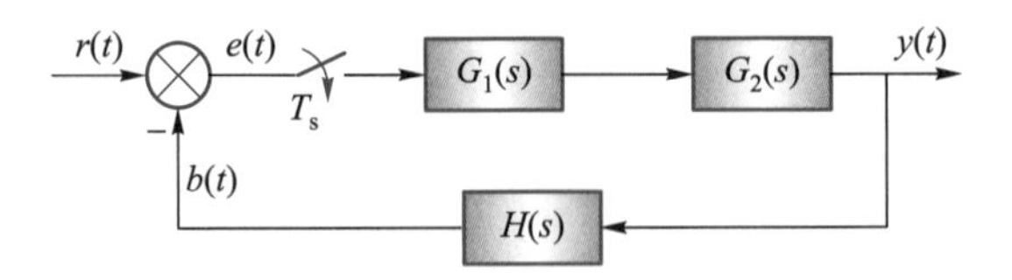

图7-11 典型的离散系统结构图

由图7-11有

$$E(z)=R(z)-B(z) \tag{7-23}$$

由于 $G_1(s)$、$G_2(s)$、$H(s)$之间无采样开关,于是有

$$B(z)=E(z)G_1G_2H(z) \tag{7-24}$$

将式(7-24)代入式(7-23),有

$$E(z)=R(z)-B(z)=R(z)-E(z)G_1G_2H(z) \tag{7-25}$$

由上式可得误差的 z 变换为

$$E(z)=\frac{R(z)}{1+G_1G_2H(z)} \tag{7-26}$$

系统输出的 z 变换为

$$Y(z)=E(z)G_1G_2(z) \tag{7-27}$$

将式(7-26)代入式(7-27),有

$$Y(z)=\frac{R(z)G_1G_2(z)}{1+G_1G_2H(z)} \tag{7-28}$$

于是给定输入下系统的脉冲传递函数为

$$\Phi(z)=\frac{Y(z)}{R(z)}=\frac{G_1G_2(z)}{1+G_1G_2H(z)}=\frac{G_1G_2(z)}{1+G_k(z)} \tag{7-29}$$

由式(7-26)可得,给定输入下系统的误差脉冲传递函数为

$$\Phi_e(z)=\frac{E(z)}{R(z)}=\frac{1}{1+G_1G_2H(z)}=\frac{1}{1+G_k(z)} \tag{7-30}$$

上两式中, $G_1G_2(z)=Z[G_1(s)G_2(s)]$; $G_1G_2H(z)=Z[G_1(s)G_2(s)H(s)]$。

若不对误差信号进行采样,如图 7-12 所示,则求不出系统的闭环脉冲传递函数的"$\frac{Y(z)}{R(z)}$"式,只能求出输出信号的 z 变换式。

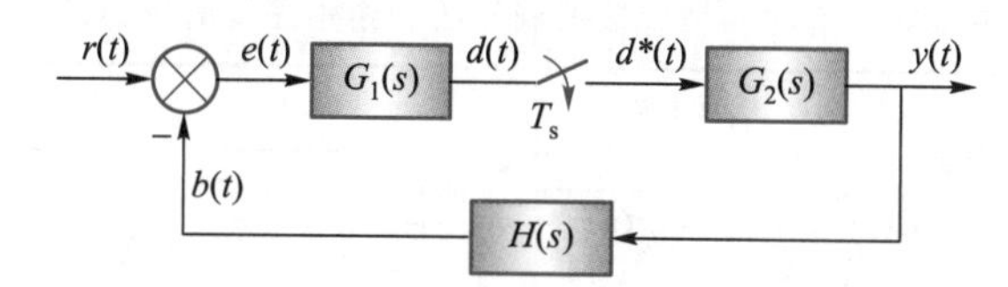

图 7-12 不对误差信号进行采样的离散系统

由图可写出 $G_1(s)$ 的输出信号拉氏变换式(采样开关前)为

$$D(s)=[R(s)-B(s)]G_1(s)=G_1(s)R(s)-G_1(s)B(s) \tag{7-31}$$

而反馈信号的拉氏变换式为

$$B(s)=G_2(s)H(s)\times D^*(s) \tag{7-32}$$

将式(7-32)代入式(7-31),有

$$D(s)=G_1(s)R(s)-G_1(s)G_2(s)H(s)\times D^*(s)$$

对上式离散化处理(采样),有

$$D^*(s)=[G_1(s)R(s)]^*-[G_1(s)G_2(s)H(s)]^*\times D^*(s) \tag{7-33}$$

对式(7-33)取 z 变换,有

$$Z[D^*(s)]=Z[G_1(s)R(s)]^*-Z[G_1(s)G_2(s)H(s)]^*\cdot Z[D^*(s)]$$

于是有

$$D(z)=G_1R(z)-G_1G_2H(z)\times D(z) \tag{7-34}$$

由式(7-34)可得

$$D(z)=\frac{G_1R(z)}{1+G_1G_2H(z)} \tag{7-35}$$

而输出的拉氏变换式为

$$Y(s)=G_2(s)\times D^*(s)$$

对上式进行离散化(采样)可得

$$Y^*(s)=G_2^*(s)\times D^*(s) \tag{7-36}$$

对式(7-36)取 z 变换可得

$$Y(z)=G_2(z)\times D(z) \tag{7-37}$$

将式(7-35)代入式(7-37),可得输出的 z 变换式为

$$Y(z)=\frac{G_1R(z)\times G_2(z)}{1+G_1G_2H(z)} \tag{7-38}$$

从式(7-38)可见,$R(z)$没有单独出现在输出的分子项,所以求不出脉冲传递函数$\frac{Y(z)}{R(z)}$,只能求出 $Y(z)$。

表 7-1 列出了几种不同结构的典型离散控制系统的结构图及对应的输出信号 $Y(z)$。

表 7-1 几种不同结构的典型离散控制系统的结构图及对应的输出信号 $Y(z)$

序号	结构图	$Y(z)$
1	$r(t)$ + − T_s $G(s)$ $y(t)$ $H(s)$	$\frac{G(z)R(z)}{1+GH(z)}$
2	$r(t)$ + − T_s $G_1(s)$ T_s $G_2(s)$ $y(t)$ $H(s)$	$\frac{G_1(z)G_2(z)R(z)}{1+G_1(z)G_2H(z)}$
3	$r(t)$ + − $G_1(s)$ T_s $G_2(s)$ $y(t)$ $H(s)$	$\frac{G_2(z)RG_1(z)}{1+G_1G_2H(z)}$
4	$r(t)$ + − T_s $G(s)$ T_s $y(t)$ $H(s)$	$\frac{G(z)R(z)}{1+G(z)H(z)}$
5	$r(t)$ + − $G(s)$ $y(t)$ $H(s)$ T_s	$\frac{RG(z)}{1+GH(z)}$

续表

序号	结构图	$Y(z)$
6	$r(t)$, +, −, T_s, $G_1(s)$, T_s, $G_2(s)$, $y(t)$, $H(s)$, T_s	$\dfrac{G_1(z)G_2(z)R(z)}{1+G_1(z)G_2(z)H(z)}$

7.5 离散系统的稳定性分析

一、稳定的充分必要条件

1. s 平面与 z 平面的映射

第 3 章指出，线性连续定常系统稳定的充分必要条件是闭环特征方程的根都必须具有负的实部，即处于 s 平面的左半平面。本章 z 变换中指出，s 域与 z 域之间的关系为

$$z=\mathrm{e}^{Ts} \tag{7-39}$$

理论可证明，上式反映的 s 平面与 z 平面的映射（对应）关系是，s 平面的左半边与 z 平面的单位圆内相对应；虚轴对应的是 z 平面上的单位圆弧；右半边对应的是 z 平面的单位圆外，如图 7-13 所示。

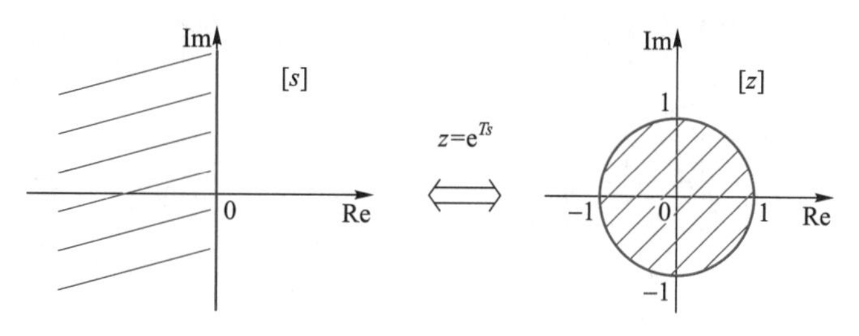

图 7-13　s 平面与 z 平面的对应关系

2. z 平面上稳定的充分必要条件

基于 s、z 平面的映射关系，对于图 7-11 所示的闭环离散控制系统，稳定的充分必要条件是闭环特征方程的根都必须处于 z 平面的单位圆内，即其模必须小于 1；若有一个方程的根处于 z 平面的单位圆弧上，则系统临界稳定；若有一个方程的根处于 z 平面的单位外，则闭环系统不稳定。

例 7-10　离散控制系统如图 7-14 所示，采样周期 $T_s=1$ s，判别系统是否稳定。

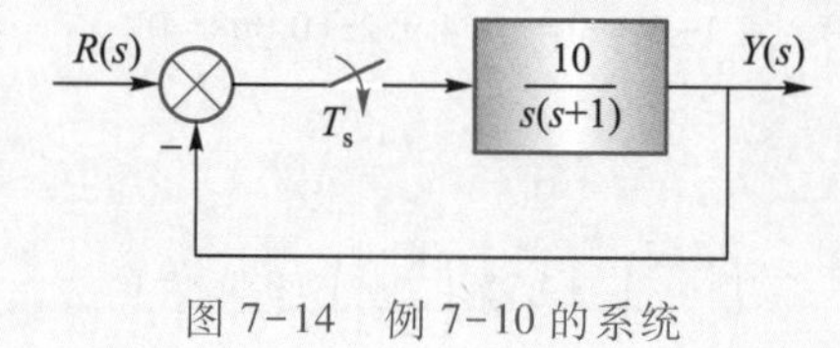

图 7-14　例 7-10 的系统

解 系统的开环脉冲传递函数为

$$G_k(z)=Z\left[\frac{10}{s(s+1)}\right]=\frac{10z(1-e^{-1})}{(z-1)(z-e^{-1})}$$

闭环系统的特征方程

$$1+G_k(z)=z^2+4.952z+0.368=0$$

特征方程的根为 $$z_1=-0.076;z_2=-4.876$$

因为 $|z_2|=4.876>1$,所以闭环系统不稳定。

二、代数判据

判别连续系统稳定性时,为了避免求解高次特征方程的根,采用了劳斯稳定判据。在离散控制系统中,由于稳定性取决于特征根是否全在 z 平面中的单位圆内,可见无法直接应用劳斯稳定判据。如果将 z 平面再复原到 s 平面,则特征方程又将出现超越函数,仍无法应用劳斯稳定判据。

为了在离散控制系统的稳定性判别中能应用劳斯稳定判据,需要再引入一种新的变换关系,能使 z 平面上的单位圆弧映射为新平面的虚轴;单位圆内对应着虚轴的左半平面;单位圆外对应着虚轴的右半平面。能满足上述要求的坐标变换式为

$$z=\frac{w+1}{w-1} \quad 或 \quad w=\frac{z+1}{z-1} \tag{7-40}$$

这种变换也被称为 w 变换。经这种变换后,z 平面与 w 平面的映射关系如图 7-15 所示。

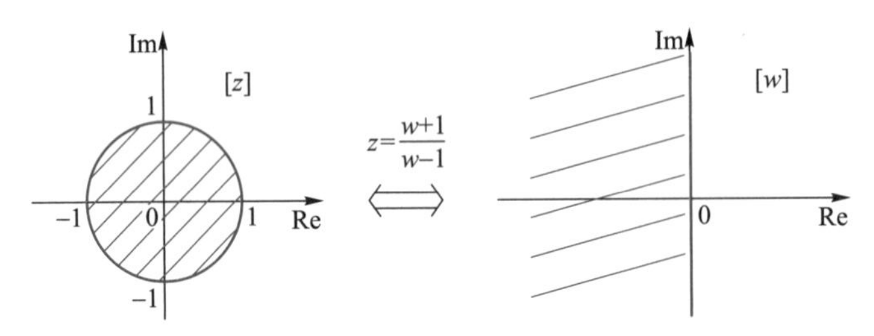

图 7-15 z 平面与 w 平面的映射关系

通过 w 变换后便可在 w 平面上应用劳斯稳定判据了,具体的步骤、方法如下:先求出离散控制系统的闭环特征方程 $D(z)=1+G_k(z)$;然后作 w 变换,令"$z=\frac{w+1}{w-1}$",特征方程转为含"w"的代数方程;最后用劳斯稳定判据去判别。

例 7-11 用劳斯稳定判据判别例 7-10 系统的稳定性。

解 例 7-10 已求出闭环系统的特征方程为

$$1+G_k(z)=z^2+4.952z+0.368=0$$

令 $z=\frac{w+1}{w-1}$,代入上式,可得

$$\left(\frac{w+1}{w-1}\right)^2+4.952\left(\frac{w+1}{w-1}\right)+0.368=0$$

即

$$6.32w^2+1.264w-0.368=0$$

上式的常数项为负值,据劳斯稳定判据,不满足稳定的必要条件,闭环系统不稳定。

例 7-12 已知系统如图 7-16 所示,采样周期为 0.1 s,求系统稳定时,k 的取值范围。

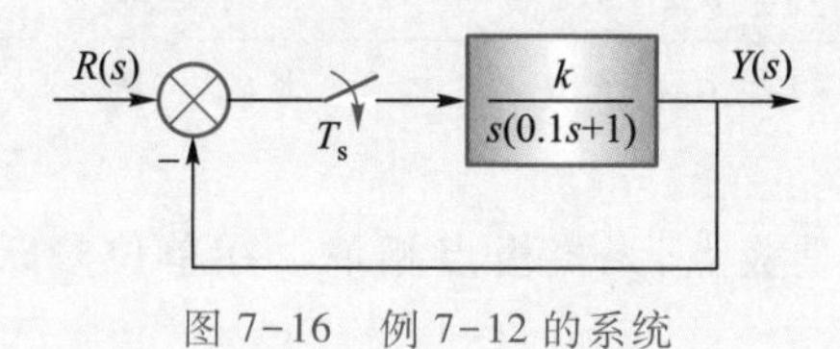

图 7-16 例 7-12 的系统

解 系统开环传递函数为

$$G_k(s)=\frac{k}{s(0.1s+1)}=k\left[\frac{1}{s}-\frac{1}{s+10}\right]$$

z 变换(查表)为

$$G_k(z)=k\left[\frac{z}{z-1}-\frac{z}{z-e^{-10T_s}}\right]=\frac{0.632kz}{z^2-1.368z+0.368};\quad T_s=0.1\ \text{s}$$

闭环特征方程为

$$D(z)=1+G_k(z)=z^2+(0.632k-1.368)z+0.368=0$$

w 变换,把 $z=\dfrac{w+1}{w-1}$代入特征方程,可得

$$\left(\frac{w+1}{w-1}\right)^2+(0.632k-1.368)\left(\frac{w+1}{w-1}\right)+0.368=0$$

化简上式,可得

$$0.632kw^2+1.264w+(2.736-0.632k)=0$$

列劳斯表

$$\begin{array}{c|cc} w^2 & 0.632k & 2.736-0.632k \\ w^1 & 1.264 & 0 \\ w^0 & 2.736-0.632k & \end{array}.$$

稳定的条件

$$k>0;2.736-0.632k>0$$

于是有

$$0<k<4.32$$

注意:若没有采样开关,例 7-10 和例 7-12 的系统为二阶连续系统,从第 3 章的内容可知,只要 $k>0$,系统都是稳定的。变成离散系统后,对 k 值有限制了。此外,采样周期不同,特征方程的系数也不同。

7.6 离散系统的动态性能分析

离散系统的动态特性,与闭环脉冲传递函数的零、极点有关,通过单位阶跃输入下的系统输出的脉冲序列,可求出超调量、调节时间等指标。

一、闭环特征根与动态响应特性

闭环脉冲传递函数一般式为

$$\Phi(z)=\frac{M(z)}{D(z)}=\frac{b_0z^m+b_1z^{m-1}+\cdots+b_m}{a_0z^n+a_1z^{n-1}+\cdots+a_n}=\frac{b_0}{a_0}\cdot\frac{\sum\limits_{i=1}^{m}(z-z_i)}{\sum\limits_{j=1}^{n}(z-p_j)} \tag{7-41}$$

式中,$n\geqslant m$。假设 $\Phi(z)$ 无重极点、无零极点相消。在单位阶跃输入下,系统输出的 z 变换为

$$Y(z)=\Phi(z)R(z)=\frac{M(z)}{D(z)}\cdot\frac{z}{z-1}=C_0\frac{z}{z-1}+\sum_{j=1}^{n}C_j\frac{z}{z-p_j} \tag{7-42}$$

式中,$p_j(j=0,1,2,\cdots)$ 为闭环特征根,即极点,有

$$C_0=\left.\frac{M(Z)}{D(Z)}\right|_{z=1}$$

$$C_j=\left.\frac{M(z)(z-p_j)}{D(z)(z-1)}\right|_{z=p_j}$$

对式(7-42)进行 z 反变换,输出的脉冲序列为

$$y(kT_s)=C_{01}(nk)+\sum_{j=1}^{n}C_jp_j^k \tag{7-43}$$

由式(7-43)看出,系统输出由两部分组成:第一部分与采样时间无关,即为稳态分量;第二部分与采样时间有关,即为瞬态分量,而且,它是各闭环极点对应的瞬态分量的线性叠加。下面分析闭环特征根在 z 平面单位圆内的不同位置时,系统的动态特性。

1. p_j 在正实轴($0<p_j<1$)。p_j 对应的瞬态分量为

$$y_j(k)=C_jp_j^k(k=0,1,2,\cdots) \tag{7-44}$$

由于 $0<p_j<1$,故 $y_j(k)$ 为单调衰减的脉冲序列,并且 p_j 越小(即越靠近原点),瞬态分量衰减得越快。

2. p_j 在负实轴($-1<p_j<0$)。p_j 对应的瞬态分量为

$$y_j(k)=C_jp_j^k(k=0,1,2,\cdots) \tag{7-45}$$

由于 $-1<p_j<0$,瞬态过程是正、负交替衰减的脉冲序列。同样,极点越靠近原点,其瞬态分量衰减得越快。

3. 极点为一对共轭复数。设单位圆内的两个极点为

$$p_j(k)=|p_j|e^{j\theta_j},\quad \bar{p}_j=|p_j|e^{-j\theta_j}$$

对应的瞬态分量为

$$y_j(k)=2|C_j||p_j|^k\cos(k\theta_j+\phi_j)(k=0,1,2,\cdots) \tag{7-46}$$

由于$|p_j|<1$，瞬态过程是呈周期性衰减的振荡序列。同样，$|p_j|$越小，即复数极点越靠近原点，瞬态分量衰减得越快。

闭环极点在单位圆内的分布与相应的动态响应之间的关系如图 7-17 所示。

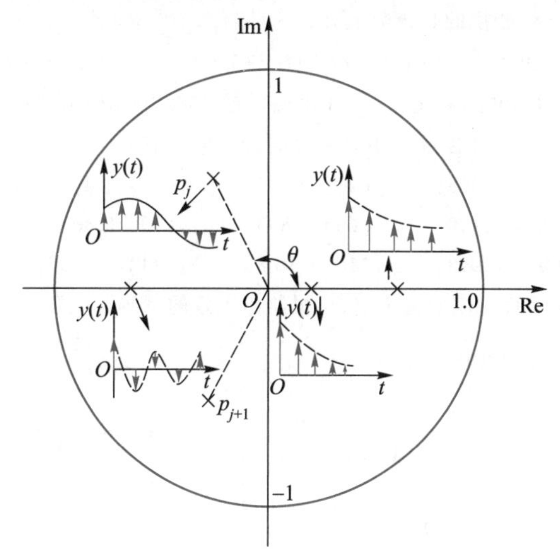

图 7-17 闭环极点在单位圆内的分布与相应的动态响应之间的关系

由图 7-17 看出，为了使离散控制系统具有较好的动态响应，系统的闭环极点最好是分布在 z 平面单位圆内的右半平面且靠近原点的位置。

二、性能指标的计算

求出单位阶跃输入下系统输出的时间响应 $y^*(kT_s)$后，根据在各采样时刻的值，可大致描绘出系统单位阶跃响应的近似曲线；再依线性系统的超调量、调节时间等定义，可得出指标值。

例 7-13 带零阶保持器的采样系统结构图，如图 7-18 所示。采样周期为 1 s，求超调量和调节时间。

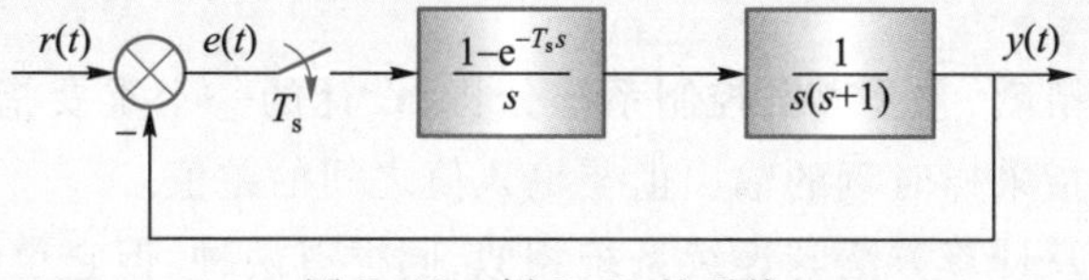

图 7-18 例 7-13 的系统

解 系统的开环脉冲传递函数为

$$G_k(s)=\frac{1-e^{-T_s s}}{s}\cdot\frac{1}{s(s+1)}=(1-e^{-T_s s})\frac{1}{s^2(s+1)}$$

式中，$T_s=1$ s，进行 z 变换可得

$$G_k(z)=Z[1-e^{-T_s s}]\times Z\left[\frac{1}{s^2(s+1)}\right]=\frac{0.368z+0.264}{z^2-1.368z+0.368}$$

系统的闭环脉冲传递函数为

$$\Phi(z)=\frac{Y(z)}{R(z)}=\frac{G_k(z)}{1+G_k(z)}=\frac{0.368z+0.264}{z^2-z+0.632}$$

单位阶跃输入时,系统输出的 z 变换为

$$Y(z)=\frac{0.368z+0.264}{z^2-z+0.632}R(z)=\frac{0.368z+0.264}{z^2-z+0.632}\cdot\frac{z}{z-1}=\frac{0.368z^2+0.264z}{z^3-2z^2+1.632z-0.632}$$

用长除法,求出输出 z 变换的幂级数展开式为

$$Y(z)=0.368z^{-1}+z^{-2}+1.4z^{-3}+1.147z^{-4}+1.149z^{-5}+0.895z^{-6}+0.863z^{-7}+0.87z^{-8}$$
$$+0.998z^{-9}+1.082z^{-10}+1.085z^{-11}+1.035z^{-12}+1.010z^{-13}+\cdots$$

由上式可得,系统在单位阶跃输入下各采样时刻的输出值为

$y(0)=0$, $y(1)=0.368$, $y(2)=1$, $y(3)=1.4$,

$y(4)=1.147$, $y(5)=1.149$ $y(6)=0.895$ $y(7)=0.863$,

$y(8)=0.87$, $y(9)=0.998$, $y(10)=1.082$, $y(11)=1.085,\cdots\cdots$

根据以上系统在各采样时刻的输出值,可描绘出大致的系统单位阶跃响应曲线,如图 7-19 所示。

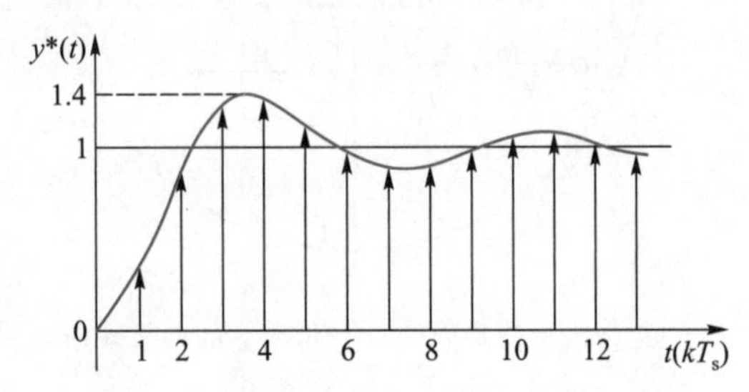

图 7-19 例 7-13 系统的单位阶跃响应曲线

根据超调量和调节时间的定义,由图求得,系统的近似性能为

$$\sigma\%\approx40\%$$
$$t_s\approx12T_s$$

7.7 离散系统的稳态性能分析

稳态误差即控制精度,它是离散控制系统分析、设计的一个重要指标。要注意的是,离散控制系统的误差是指采样时刻的输出值与输入值之间的差值。

稳态误差的分析及计算方法与连续系统相似,同样有两种,但它也同样取决于系统的结构参数和输入信号的形式。

一、应用 z 变换的终值定理

由于采样开关的位置不同,离散控制系统没有固定的一种结构,所以,通常都采用 z 变换的终值定理计算稳态误差。

设离散控制系统的结构图如图 7-20 所示。系统的误差脉冲传递函数为

$$\Phi_e(z)=\frac{E(z)}{R(z)}=\frac{1}{1+G(z)}$$

式中, $G(z)=Z[G_1(s)G_2(s)H(s)]=G_1G_2H(z)$

误差信号的 z 变换式为

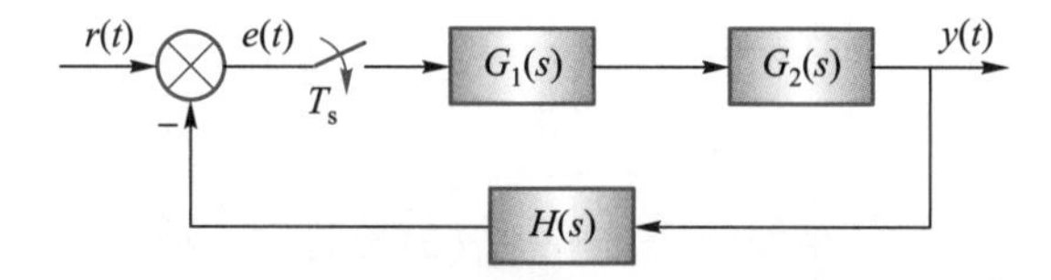

图 7-20 离散控制系统的结构图

$$E(z)=\Phi_e(z)R(z)=\frac{1}{1+G(z)}R(z) \tag{7-47}$$

在系统稳定的条件下，用终值定理可求出采样时刻处的稳态误差为

$$e_{ssr}=e(\underset{k\to\infty}{k})=\lim_{z\to1}(z-1)E(z)=\lim_{z\to1}(z-1)\frac{1}{1+G(z)}R(z) \tag{7-48}$$

例 7-14 求例 7-13 系统单位阶跃输入下的稳态误差。

解 (1) 判定系统的稳定性。

由例 7-13 可知，系统是稳定的。

(2) 求误差传递函数。

$$\Phi_e(z)=\frac{E(z)}{R(z)}=\frac{R(z)-Y(z)}{R(z)}=1-\frac{Y(z)}{R(z)}=1-\Phi(z)=1-\frac{0.368z+0.264}{z^2-z+0.632}=\frac{z^2-1.368z+0.368}{z^2-z+0.632}$$

(3) 求单位阶跃输入下误差的 z 变换式。

$$E(z)=\Phi_e(z)R(z)=\frac{z^2-1.368z+0.368}{z^2-z+0.632}\cdot\frac{z}{z-1}$$

(4) 由终值定理，可得稳态误差为

$$e_{ss}=\lim_{z\to1}(z-1)\frac{z^2-1.368z+0.368}{z^2-z+0.632}\cdot\frac{z}{z-1}=0$$

二、静态误差系数方法

与连续系统相似，下面讨论系统典型输入下的误差系数及稳态误差的计算。离散控制系统开环传递函数的典型表达式为

$$G_k(z)=\frac{k\prod_{j=1}^{m}(z-z_j)}{(z-1)^v\prod_{i=1}^{n-v}(z-p_i)} \tag{7-49}$$

式中，k 为开环增益；$(z-1)^v$ 表示 $G_k(z)$ 在 $z=1$ 处的重极点数。与连续系统类似，v 为离散系统的无差度，且当 $v=0$ 时，称为 0 型系统；当 $v=1$ 时，为 Ⅰ 型系统；当 $v=2$ 时，为Ⅱ型系统。

1. 单位阶跃信号输入

单位阶跃信号为

$$r(t)=1(t),R(z)=\frac{z}{z-1}$$

由式(7-48)可知，稳态误差为

$$e_{ssr}=\lim_{z\to1}(z-1)\frac{1}{1+G_k(z)}\cdot\frac{z}{z-1}=\lim_{z\to1}\frac{1}{1+G_k(z)}$$

令

$$k_p=\lim_{z\to1}G_k(z) \tag{7-50}$$

称为静态位置误差系数,则稳态误差为

$$e_{ssr}=\frac{1}{1+k_p} \tag{7-51}$$

从静态误差系数式可看出,当 $G_k(z)$ 含有 1 个以上 $z=1$ 的极点时, $k_p=\infty$,稳态误差为零。所以,在单位阶跃信号输入下,无差系统的条件是, $G_k(z)$ 中至少要有 1 个 $z=1$ 的极点。

2. 单位速度(斜坡)信号输入

单位速度(斜坡)信号为

$$r(t)=t,R(z)=\frac{zT_s}{(z-1)^2}$$

由式(7-48)可知,稳态误差为

$$e_{ssr}=\lim_{z\to1}(z-1)\frac{1}{1+G_k(z)}\cdot\frac{zT_s}{(z-1)^2}=\lim_{z\to1}\frac{zT_s}{(z-1)[1+G_k(z)]}=\lim_{z\to1}\frac{T_s}{(z-1)G_k(z)}$$

令

$$k_v=\lim_{k\to1}(z-1)G_k(z) \tag{7-52}$$

称为静态速度误差系数,则稳态误差为

$$e_{ssr}=\frac{T_s}{k_v} \tag{7-53}$$

从静态速度误差系数式可看出,当 $G_k(z)$ 含有 2 个以上 $z=1$ 的极点时, $k_v=\infty$,稳态误差为零。所以,在单位速度信号输入下,无差系统的条件是 $G_k(z)$ 中至少要有 2 个 $z=1$ 极点。

3. 单位加速度(抛物线)信号输入

单位加速度信号为

$$r(t)=\frac{t^2}{2},R(z)=\frac{zT_s^2(z+1)}{2(z-1)^3}$$

由式(7-48)可知,稳态误差为

$$e_{ssr}=\lim_{z\to1}(z-1)\frac{1}{1+G_k(z)}\cdot\frac{zT_s(z+1)}{2(z-1)}=\lim_{z\to1}\frac{T_s^2}{(z-1)^2G_k(z)}$$

令

$$k_a=\lim_{z\to1}(z-1)^2G_k(z) \tag{7-54}$$

称为静态加速度误差系数,则稳态误差为

$$e_{ssr}=\frac{T_s^2}{k_a} \tag{7-55}$$

从静态加速度误差系数式可以看出，当 $G_k(z)$ 含有 3 个以上 $z=1$ 的极点时，$k_a=\infty$，稳态误差为零。所以，在单位加速度信号输入下，无差系统的条件是 $G_k(z)$ 中至少要有 3 个 $z=1$ 的极点。

总结上面讨论，列成表 7-2。可见，稳态误差的计算式，除了与采样周期有关外，其余的与连续系统的相同。这也说明，采样周期不但影响系统的稳定性，也会影响系统的动态和静态的性能。

表 7-2 采样时刻处的稳态误差

系统型号 \ 输入	$1(t)$	t	$\frac{1}{2}t^2$
0	$\frac{1}{1+k_p}$	∞	∞
Ⅰ	0	$\frac{T_s}{k_v}$	∞
Ⅱ	0	0	$\frac{T_s^2}{k_a}$

例 7-15 离散控制系统结构如图 7-21 所示。采样周期 $T_s=0.2$ s，输入信号为 $r(t)=1(t)+t+\frac{t^2}{2}$，求系统的稳态误差。

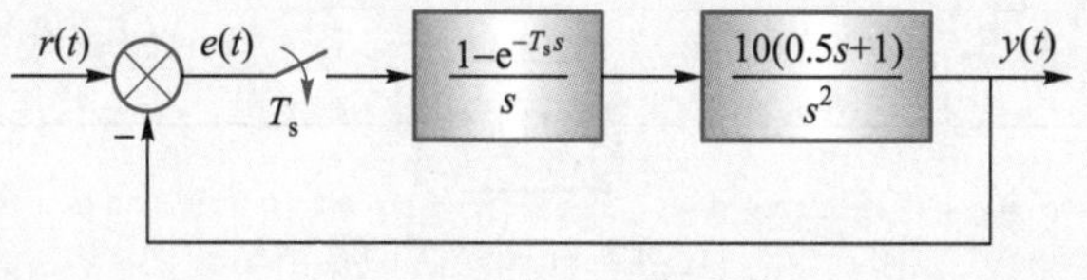

图 7-21 例 7-15 的系统

解 (1) 判别系统的稳定性。

根据系统结构，开环传递函数为

$$G_k(s)=(1-e^{-T_s s})\frac{10(0.5s+1)}{s^3}=(1-e^{-T_s s})\left[\frac{10}{s^3}+\frac{5}{s^2}\right]$$

对上式取 z 变换，开环脉冲传递函数为

$$G_k(z)=\frac{z-1}{z}\left[\frac{5T_s^2 z(z+1)}{(z-1)^3}+\frac{5T_s z}{(z-1)^2}\right]=\frac{1.2z-0.8}{(z-1)^2}$$

由上式可得闭环特征方程式“$1+G(z)=0$”，即

$$z^2-0.8z+0.2=0$$

令

$$z=\frac{w+1}{w-1}$$

特征方程式为

$$w^2+4w+5=0$$

由劳斯稳定判据可知，系统稳定。

（2）求静态误差系数。

$$k_p=\lim_{z\to1}[1+G_k(z)]=\infty$$

$$k_v=\frac{1}{T_s}\lim_{z\to1}[(z-1)G_k(z)]=\infty$$

$$k_a=\frac{1}{T_s^2}\lim_{z\to1}[(z-1)^2G_k(z)]=10$$

（3）求系统的稳态误差。

$$e(\infty)=\frac{1}{k_p}+\frac{1}{k_v}+\frac{1}{k_a}=0.1$$

7.8 数字控制器的设计

目前，工厂企业中的绝大多数设备都是采用计算机、微处理器或 DSP 控制的，是典型的离散系统。计算机控制系统的基本结构如图 7-22 所示。

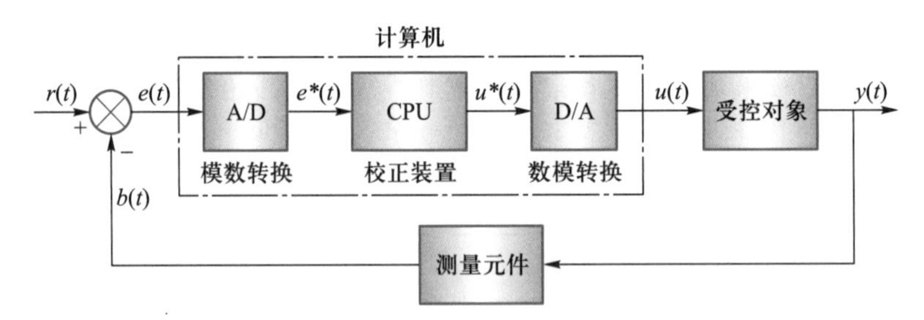

图 7-22 计算机控制系统的基本结构

由于绝大多数工业设备（被控对象）要求输入信号是连续的，即模拟信号，而控制器（校正装置）输出的信号是数字的，即离散信号。所以，基于系统中的信号类型，控制器的设计方法有两种，一是把整个系统视为连续系统，即模拟化设计方法；另一种是把整个系统视为离散系统，即数字化设计方法。

一、模拟化设计方法

模拟化设计首先将整个系统视为连续系统，完全根据前面章节介绍的时域分析法、根轨迹法、特别是第 6 章介绍的频率特性分析法设计出模拟控制器（校正装置）$G_c(s)$；然后，采用适当的方式$\left(常用线性变换，s=\frac{2}{T_s}\cdot\frac{1-z^{-1}}{1+z^{-1}}\right)$把模拟控制器 $G_c(s)$ 转化为数字控制器 $G_c(z)$。具体的设计方法和步骤示意图如图 7-23 所示。

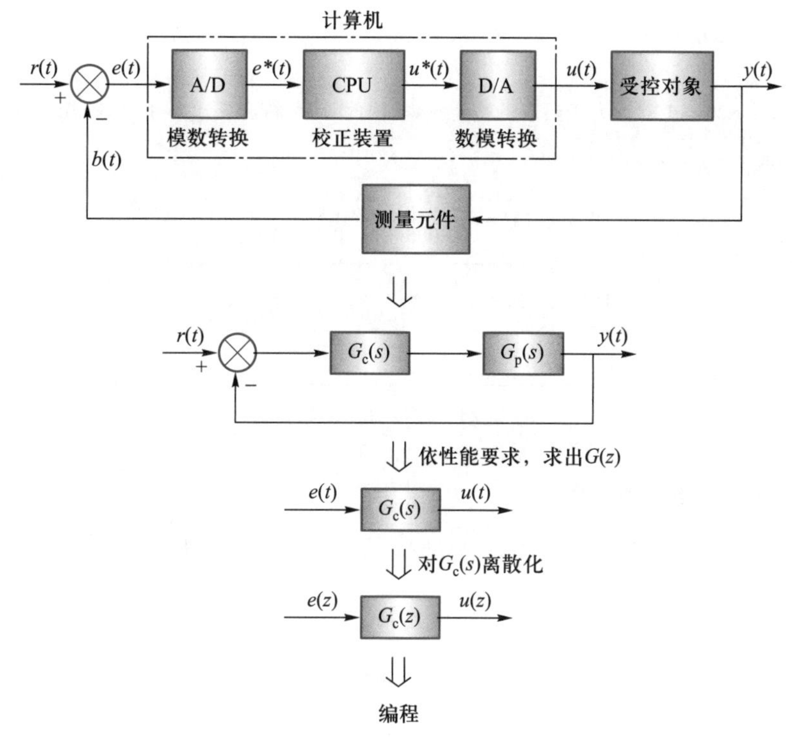

图 7-23　模拟设计的方法和步骤

例 7-16　计算机控制的位置随动系统结构图如图 7-24 所示。要求在单位速度信号输入下的稳态误差 $e_{ss}\leqslant 0.025$；开环截止频率 $\omega_c\geqslant 20\ \mathrm{rad/s}$，相位裕度 $\gamma\geqslant 45°$。试设计数字控制器。

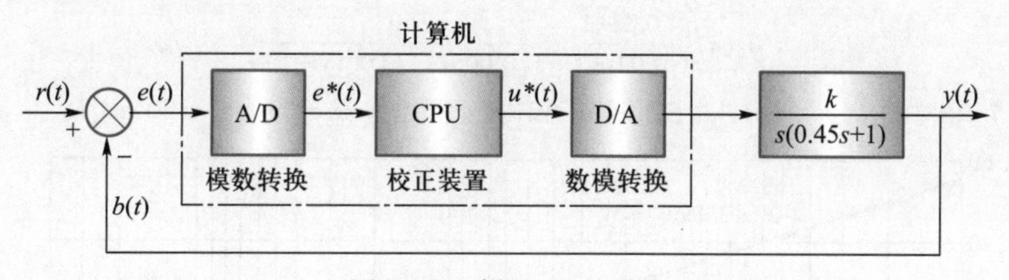

图 7-24　例 7-16 的系统

解　(1) 模拟化的数学模型。

因 A/D 转换的时间常数很小，常可忽略其传递函数；把 D/A 转换（零阶保持器）和受控对象结合在一起视为（广义）被控对象，传递函数为 $G_p(s)$；把数字控制器（校正装置）视为模拟控制器（校正装置）$G_c(s)$。

零阶保持器的传递函数通常可近似为惯性环节，即

$$G_h(s)\approx\frac{1}{0.5T_s+1}$$

于是，被控对象的传递函数为

$$G_p(s)=G_h(s)G_0(s)=\frac{k}{s(0.5T_s+1)(0.45s+1)}$$

由稳态误差 $e_{ss} \leqslant 0.025 = \frac{1}{k}$，可得 $k \geqslant 40$，取 $k = 50$。工程上常选 $T_s = 0.01$ s，则采样频率为 $\omega_s = \frac{2\pi}{T_s} = \frac{2\pi}{0.01} = 628.3$ rad/s≫20 rad/s，远大于要求的截止频率，因此，完全符合要求。于是，被控对象的结构如图 7-25 所示，其传递函数为

$$G_p(s) = \frac{50}{s(0.005s+1)(0.45s+1)}$$

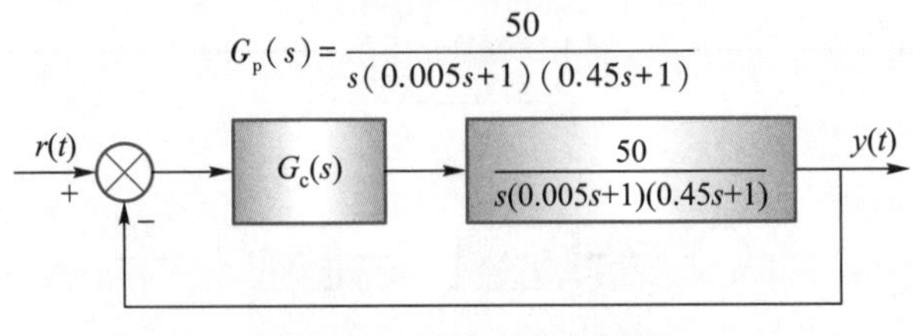

图 7-25　被控对象的结构

（2）绘制未校正系统的伯德图。

$20\lg k = 20\lg 50 = 34$ dB，低频段的斜率为−20 dB/dec，两个转折频率分别为 $\omega_1 = \frac{1}{0.45}$ rad/s≈2.22 rad/s，$\omega_2 = \frac{1}{0.005}$ rad/s = 200 rad/s。伯德图如图 7-26 中 L_p 所示。

由于中频段的斜率为−40 dB/dec，且宽度较长。由第五章的知识可判断，相位裕度肯定无法满足要求，动态性能也不会好。

（3）采用串联相位超前校正。

用第 6 章的频率特性校正方法，用相位超前校正装置，可得

$$G_c(s) = \frac{0.2s+1}{0.02s+1}$$

校正后系统的开环传递函数为

$$G_k(s) = \frac{0.2s+1}{0.02s+1} \cdot \frac{50}{s(0.005s+1)(0.45s+1)}$$

伯德图如图 7-26 中的 $L(\omega)$ 所示。由图可查出开环截止频率为 $\omega_c \approx 23$ rad/s>20 rad/s。

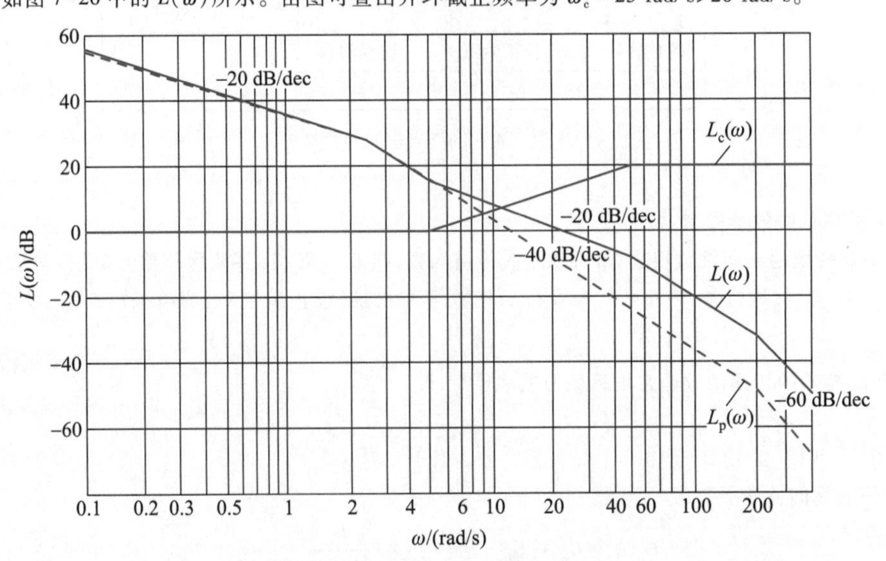

图 7-26　例 7-16 系统的伯德图

相位裕度为

$$\begin{aligned}\gamma &= 180°+\varphi(23)\\&= 180°-90°+\arctan(0.2\times23)-\arctan(0.02\times23)-\arctan(0.45\times23)-\arctan(0.005\times23)\\&= 53°>45°\end{aligned}$$

满足性能要求。

(4) 控制器离散化。

采用双线性变换,令

$$s=\frac{2}{T_s}\cdot\frac{1-z^{-1}}{1+z^{-1}}=200\times\frac{1-z^{-1}}{1+z^{-1}}$$

代入模拟控制器,则数字控制器的脉冲传递函数为

$$G_c(z)=\frac{u(z)}{e(z)}=\frac{41-39z^{-1}}{5-3z^{-1}}=\frac{8.2-7.8z^{-1}}{1-0.6z^{-1}}$$

(5) 求控制器的输入输出的差分方程。

由 $G_c(z)$ 有

$$u(z)-0.6z^{-1}u(z)=8.2e(z)-7.8z^{-1}e(z)$$

于是

$$u(z)=0.6z^{-1}u(z)+8.2e(z)-7.8z^{-1}e(z)$$

(6) 求 z 反变换。

数字控制器的方程为

$$u(k)=0.6u(k-1)+8.2e(k)-7.8e(k-1)$$

上式表明,当前的控制器输出值是前一次的控制器输出值、采样误差值和当前的采样误差值的代数和。

二、数字化设计方法

数字化设计方法是要将被控对象的传递函数 $G_p(s)$ 离散化成 $G_p(z)$,设计是在系统的离散化模型下进行。数字化设计的方法有多种,下面介绍一种“在典型输入下,系统快速性能最好,且又无采样误差”,即“最少拍系统”的设计方法。

最少拍系统的设计方法是:对系统的性能要求是通过系统的闭环脉冲传递函数 [$\Phi^*(z)$ 或 $\Phi_e^*(z)$] 去反映的。整个设计过程简单方便,只要根据被控对象的脉冲传递函数 $G_p(z)$,就可以通过公式求出数字控制器 $G_c(z)$。

1. 设计原理

离散控制系统的典型结构图如图 7-27 所示。

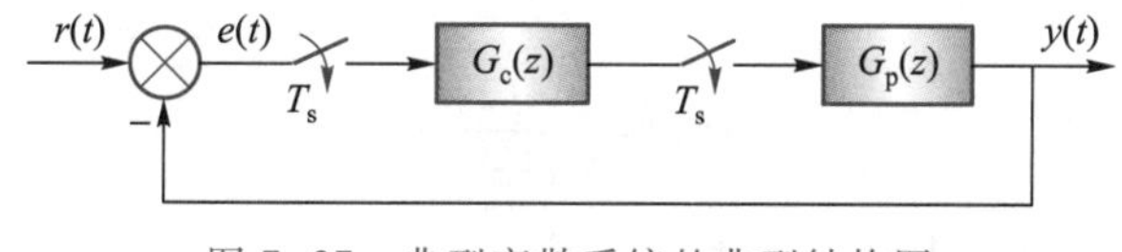

图 7-27 典型离散系统的典型结构图

设引入数字控制器(校正装置) $G_c(z)$ 后,能使系统具有“最小拍”性能的闭环脉冲传递函数为 $\Phi^*(z)$ 为

$$\Phi^*(z)=\frac{Y(z)}{R(z)}=\frac{G_c(z)G_p(z)}{1+G_c(z)G_p(z)} \tag{7-56}$$

由上式可得 $G_c(z)$ 的设计公式为

$$G_c(z)=\frac{\Phi^*(z)}{G_p(z)[1-\Phi^*(z)]} \tag{7-57}$$

数字控制器脉冲传递函数 $G_c(z)$ 的设计公式也可从误差脉冲传递函数 $\Phi_e^*(z)$ 求出，即

$$\Phi_e^*(z)=\frac{1}{1+G_c(z)G_p(z)} \quad \Rightarrow G_c(z)=\frac{1-\Phi_e^*(z)}{G_p(z)\Phi_e^*(z)} \tag{7-58}$$

2. 设计方法与步骤

设计步骤为：

(1) 求被控对象的 z 变换 $G_p(z)$。

(2) 查表 7-3，选取相应的最小拍系统的闭环脉冲传递函数 $\Phi^*(z)$ 或误差脉冲传递函数 $\Phi_e^*(z)$。

(3) 代入式(7-57)或式(7-58)，便可求出数字控制器 $G_c(z)$。

表 7-3 最少拍系统的闭环脉冲传递函数、误差脉冲传递函数及性能指标

典型输入信号		满足最小拍系统的闭环脉冲传递函数、误差脉冲传递函数		数字控制器的脉冲传递函数 $G_c(z)$	调节时间	稳态误差
$r(t)$	$R(z)$	$\Phi^*(z)$	$\Phi_e^*(z)$		t_s	e_{ss}
$1(t)$	$\frac{1}{1-z^{-1}}$	z^{-1}	$1-z^{-1}$	$\frac{z^{-1}}{(1-z^{-1})G_p(z)}$	$1T_s$	0
t	$\frac{z^{-1}T_s}{(1-z^{-1})^2}$	$2z^{-1}-z^{-2}$	$(1-z^{-1})^2$	$\frac{z^{-1}(2-z^{-1})}{(1-z^{-1})^2G_p(z)}$	$2T_s$	0
$\frac{1}{2}t^2$	$\frac{z^{-1}(1+z^{-1})T_s^2}{2(1-z^{-1})^3}$	$3z^{-1}-3z^{-2}+z^{-3}$	$(1-z^{-1})^3$	$\frac{z^{-1}(3-3z^{-1}+z^{-2})}{(1-z^{-1})^3G_p(z)}$	$3T_s$	0

最少拍系统的闭环脉冲传递函数及性能指标说明如下：

3 种典型输入信号的 z 变换式如表 7-3 所示。为了讨论方便，3 种典型输入信号的 z 变换式可表示为

$$R(z)=\frac{A(z)}{(1-z^{-1})^{\nu}}$$

式中，分子 $A(z)$ 不含有 $1-z^{-1}$ 因子；分母 $\nu=1,2,3$，其中，$\nu=1$ 表示单位阶跃函数输入；$\nu=2$ 表示单位速度函数输入；$\nu=3$ 表示单位加速度函数输入。

若要求系统的稳态误差为 0，由 z 变换的终值定理可得

$$e_{ssr}=\lim_{z\to 1}(1-z^{-1})E(z)=\lim_{z\to 1}(1-z^{-1})\frac{A(z)}{(1-z^{-1})^{\nu}}\cdot\Phi_e(z)=0$$

可见,只有 $\Phi_e(z)$ 含有因子 $(1-z^{-1})^{\nu}$ 时,才能达到稳态误差为 0。设

$$\Phi_e(z)=(1-z^{-1})^{\nu}F(z) \tag{7-59}$$

式中, $F(z)$ 是含 z 的多项式,有

$$\Phi(z)=\frac{Y(z)}{R(z)}=\frac{R(z)-E(z)}{R(z)}=1-\frac{E(z)}{R(z)}=1-\Phi_e(z)=1-(1-z^{-1})^{\nu}F(z) \tag{7-60}$$

为了使求出的数字控制器 $G_c(z)$ 最简单、阶数最低,应取 $F(z)=1$,则式(7-59)及式(7-60)应为

$$\Phi_e(z)=(1-z^{-1})^{\nu} \tag{7-61}$$

$$\Phi(z)=\frac{Y(z)}{R(z)}=1-(1-z^{-1})^{\nu} \tag{7-62}$$

(1) 单位阶跃函数输入时, $\nu=1$,于是,误差脉冲函数为

$$\Phi_e(z)=\frac{E(z)}{R(z)}=1-z^{-1}$$

稳态误差为

$$e_{ssr}=\lim_{z\to1}(1-z^{-1})E(z)=\lim_{z\to1}(1-z^{-1})=\lim_{z\to1}\frac{z-1}{z}=0$$

闭环脉冲函数为

$$\Phi(z)=\frac{Y(z)}{R(z)}=z^{-1}$$

于是

$$Y(z)=z^{-1}R(z)=z^{-1}\frac{1}{1-z^{-1}}=z^{-1}+z^{-2}+z^{-3}+\cdots$$

对上式进行 z 反变换,可得单位阶跃输入下,系统输出的脉冲序列为

$$y(k)=0+y(k-1)+y(k-2)+y(k-3)+\cdots$$

即

$$y(0)=0,y(1)=1,y(2)=1,y(3)=1,\cdots$$

以上叙述表明,稳态误差为 0,调节时间只需“1 拍”,即一个采样周期,系统就进入稳态。

控制器的脉冲传递函数,由式(7-57)、式(7-58)有

$$G_c(z)=\frac{\Phi^*(z)}{G_p(z)[1-\Phi^*(z)]}=\frac{1-\Phi_e^*(z)}{G_p(z)\Phi_e^*(z)}=\frac{z^{-1}}{(1-z^{-1})G_p(z)}$$

(2) 单位速度函数输入时, $\nu=2$。通过与上面类似的方法可证明:

$$G_c(z)=\frac{\Phi^*(z)}{G_p(z)[1-\Phi^*(z)]}=\frac{1-\Phi_e^*(z)}{G_p(z)\Phi_e^*(z)}=\frac{z^{-1}(2-z^{-1})}{(1-z^{-1})^2G_p(z)}$$

(3) 单位加速度函数输入时, $\nu=3$。通过与上面类似的方法可证明:

$$G_c(z)=\frac{\Phi^*(z)}{G_p(z)[1-\Phi^*(z)]}=\frac{1-\Phi_e^*(z)}{G_p(z)\Phi_e^*(z)}=\frac{z^{-1}(3-3z^{-1}+z^{-2})}{(1-z^{-1})^3G_p(z)}$$

例 7-17　数字控制系统结构图如图 7-28 所示。系统的采样周期为 1 s,输入信号为单位阶跃函数。试设计数字控制器,使系统为最小拍系统。

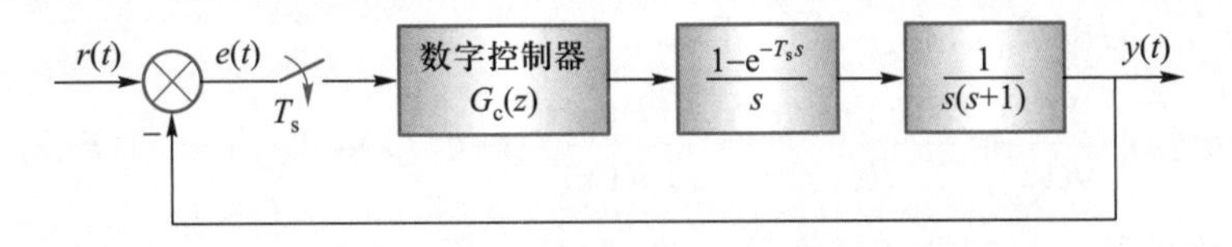

图 7-28　数字控制系统结构图

解　(1) 求受控对象的 z 变换

$$G_p(z)=Z[1-e^{-T_s s}]\times Z\left[\frac{1}{s^2(s+1)}\right]=\frac{0.368z+0.264}{z^2-1.368z+0.368}$$

(2) 由表 7-3 可知,数字控制器为

$$G_c(z)=\frac{z^{-1}}{(1-z^{-1})G_p(z)}=\frac{z^{-1}(z^2-1.368z+0.368)}{(1-z^{-1})(0.368z+0.264)}=\frac{z-1.368+0.368z^{-1}}{0.368z-0.104-0.264z^{-1}}$$

$$=\frac{1-1.368z^{-1}+0.368z^{-2}}{0.368-0.104z^{-1}-0.264z^{-2}}=\frac{2.7-3.7z^{-1}+z^{-2}}{1-0.283z^{-1}-0.72z^{-2}}$$

系统响应只需 1 拍(即 1 s)便可进入稳态,且无采样误差。

注意,最小拍系统的设计方法虽然简单方便,但是也存在局限性,一是被控对象必须是最小相位系统;二是对输入信号的适应性差,换句话说,按阶跃函数所设计的最小拍系统,当输入信号为其他函数时,稳态及动态性能都很差;三是对参数的变化较敏感;四是采样点上虽然无误差,但采样点之间的系统输出常会出现波动。

本章要点

离散控制系统包括采样系统和数字系统两类。把连续信号转换成离散信号的过程称为采样。为了无失真地复现原连续信号,除了采样频率必须满足香农定理外,还应引入零阶保持器。z 变换是分析离散控制系统的重要数学工具。

离数系统的数学模型主要有差分方程和脉冲传递函数。要注意的是,采样开关的位置不同,脉冲传递函数也不同,甚至有的结构只能求出系统输出的 z 变换式。

离数系统的性能分析。稳定性方面,稳定的充要条件是闭环特征根即极点必须都在 z 平面的单位圆内。利用 z 平面到 w 平面的双线性变换后,可利用劳斯稳定判据的方法判别系统稳定性。要注意的是,稳定性除了与系统的结构、参数有关外,还与采样周期有关;系统的动态性能主要通过求解系统输出的差分方程,为使系统有较好的动态性能,闭环特征根即极点应处于 z 平面单位圆的右边,且靠近原点的地方;稳态误差的计算中,判别稳定性后常用终值定理计算。数字控制器的模拟设计方法获得更广泛的应用。

思考练习题

7-1 什么是离散控制系统？它与连续系统主要有什么不同？

7-2 采样定理的内容是什么？该定理有什么意义？

7-3 离散系统数学模型与连续系统数学模型有什么相同与相异的地方？

7-4 离散系统为什么不能直接用劳斯稳定判据判稳？

7-5 离散系统稳态误差的计算与连续系统有什么相同与相异的地方？

7-6 离散系统动态性能与极点位置关系是什么？动态性能要好，其极点应处于 z 平面上的什么位置？

7-7 试求下列函数的 z 变换。

(1) $e(t)=t^2e^{-3t}$ (2) $E(s)=\dfrac{s+3}{(s+1)(s+2)}$ (3) $E(s)=\dfrac{1}{(s+a)^2}$

7-8 试分别用部分分式法、长除法求以下函数的 z 反变换。

$$E(z)=\frac{-3+z^{-1}}{1-2z^{-1}+z^{-2}}$$

7-9 已知差分方程为 $c(k)-4c(k+1)+c(k+2)=0$，初始条件：$c(0)=0, c(1)=1$。试用迭代法求输出序列。

7-10 用 z 变换法求解差分方程。

$$c(k+2)-6c(k+1)+8c(k)=r(k);r(k)=1(k),c(k)=0 \quad (k\leqslant 0)$$

7-11 已知两个传递函数，求 $G_1(z)G_2(z)$；$G_1G_2(z)$。

(1) $G_1(s)=\dfrac{2}{s+2}$ (2) $G_2(s)=\dfrac{5}{s+5}$

7-12 求图 7-29 系统闭环脉冲传递函数。

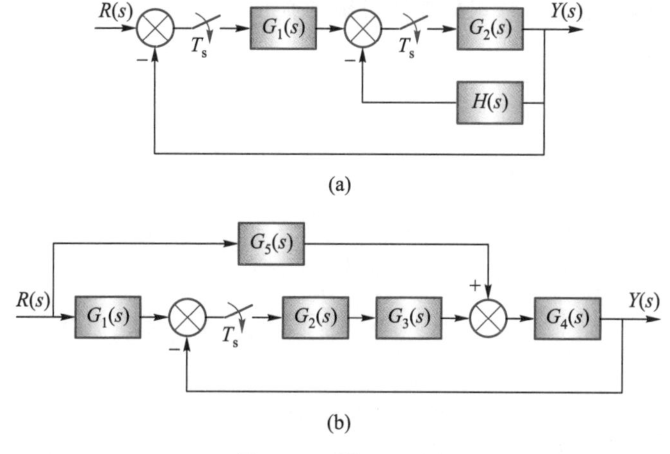

图 7-29 题 7-12 图

7-13 已知离散系统的特征方程,试判断系统的稳定性。

(1) $D(z)=(z+1)(z+0.5)(z+2)=0$

(2) $D(z)=z^4+0.2z^3+z^2+0.36z+0.8=0$

7-14 离散系统如图 7-30 所示,采样周期 $T=1$ s,$G_h(s)$ 为零阶保持器。

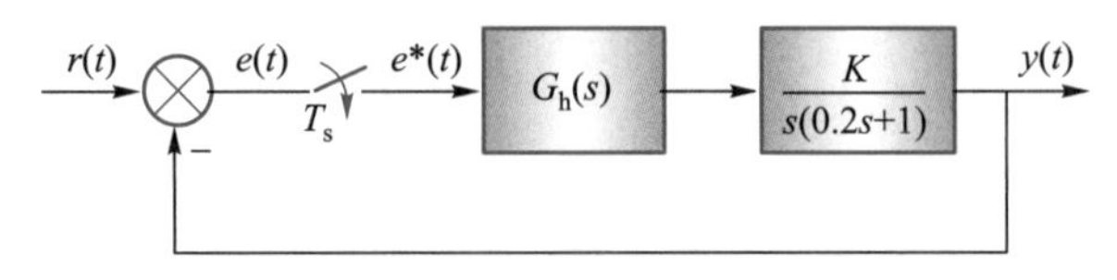

图 7-30 题 7-14 图

要求:(1) 当 $K=5$ 时,分析系统的稳定性;(2) 确定使系统稳定的 K 值范围。

7-15 设离散系统如图 7-31 所示,其中 $T_s=0.1$ s,$K=1$,试求:(1) 静态误差系数;(2) $r(t)=t$ 作用下的稳态误差 $e^*(\infty)$。

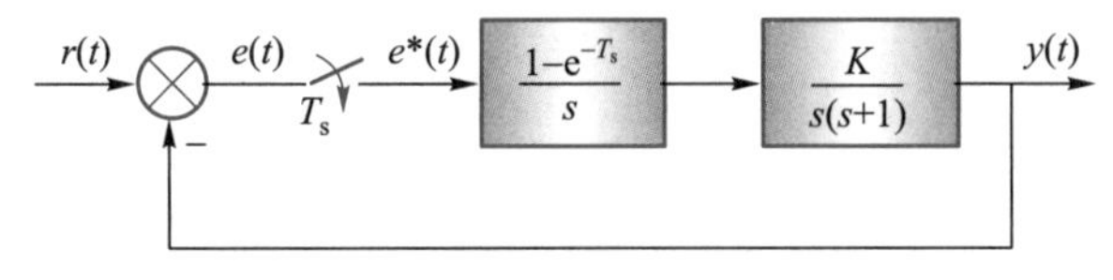

图 7-31 题 7-15 图

7-16 已知离散系统如图 7-32 所示。其中,采样周期 $T=1$ s。

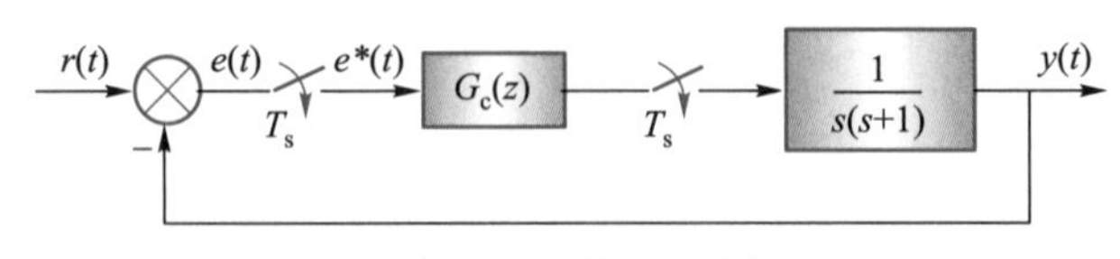

图 7-32 题 7-16 图

试求:当 $r(t)=1(t)$ 时,最少拍系统的数字控制器 $G_c(z)$。

*第8章

非线性控制系统分析

前面章节讨论的都是有关线性控制系统的内容。本章将要讨论非线性控制系统的主要内容。

8.1 非线性控制系统概述

一、非线性控制系统的定义

系统中具有本质非线性(不能线性化)部件的系统,称为非线性控制系统。

对于本质非线性控制系统,若采用线性系统理论去分析、设计,将会产生很大的误差,甚至出现严重错误的结果。因此,必须有专门理论和方法对这类控制系统进行分析。

二、非线性控制系统的特征

1. 描述控制系统的数学模型,是非线性方程。
2. 非线性控制系统不具有可叠加性和齐次性。
3. 非线性系统的稳定性和输出响应不但与系统的结构、参数有关,还与系统的初始值有关。
4. 非线性系统有可能在没有输入信号情况下,在系统内部产生稳定的自激振荡。

三、非线性控制系统的分析方法

到目前为止,理论上还没有统一的方法进行非线性控制系统分析,只有适用于某些特定类型的非线性控制系统的近似方法。例如,描述函数法、相平面法、分段线性近似法、李雅普诺夫法等。工程上最普通使用的是描述函数法,它适用于任何阶次的系统。本章介绍描述函数法。

8.2 典型非线性特性

典型非线性特性有4种,分别是饱和特性、死区特性、间隙特性和继电特性。

一、饱和特性

饱和特性如图8-1(a)所示。当输入信号达到某一数值后,输出信号不再随输入信号变化,而是保持某一数值。控制系统中的运算放大器就具有饱和特性。饱和特性的存在会使系统的开环增益下降,从而使系统的快速性和跟踪精度变差,但也会使超调量降低,提高系统的平稳性。

二、死区特性

死区特性如图8-1(b)所示。当输入信号较小时,输出信号为零。死区特性的存在会使系统的精度变差,并造成系统输出滞后,影响跟踪精度。但如果干扰信号处于死区区域内,也会使系统的抗干扰性能变强。

三、间隙特性

间隙特性如图 8-1(c)所示。在机械传动中,运动部件之间总会存在间隙,例如,齿轮与齿轮之间存在间隙是不可避免的。由于间隙的存在,当传动机构由正向运动改为反向运动时,主动部件要经过空隙行程后,才能和从动部件相接触,此后才能带动从动部件运动。间隙特性降低了系统的定位精度,增大了系统的稳态误差,会使系统的动态性能变坏,振荡加剧。

四、继电特性

继电特性有很多种,包括理想继电特性、带死区继电特性、滞环继电器特性等。理想继电特性如图 8-1(d)所示。继电特性常常会使系统产生振荡现象。

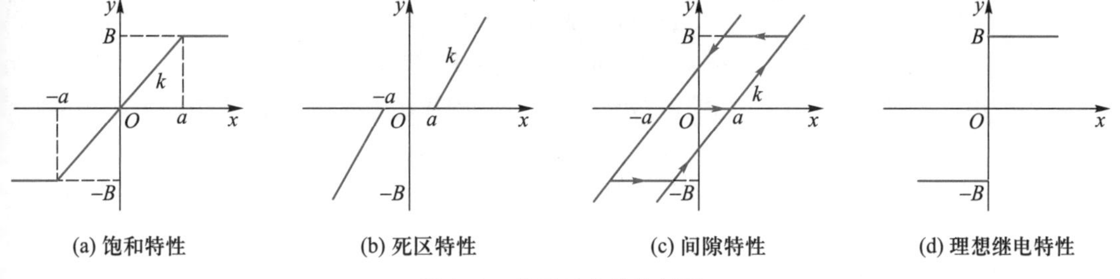

图 8-1 典型的非线性特性

8.3 描述函数及其计算

一、描述函数定义

当非线性元件的输入为正弦波时,其输出为非正弦波。将输出非正弦波的一次谐波(即基波,正弦波)与输入正弦波的复数比定义为非线性元件的描述函数。

设一个非线性元件的输入信号为正弦信号,即

$$x(t)=A\sin\omega t \tag{8-1}$$

输出信号一般为非正弦周期信号,其傅里叶级数展开式可表示为

$$y(t)=A_0+\sum_{n=1}^{\infty}(A_n\cos n\omega t+B_n\sin n\omega t) \tag{8-2}$$

式中

$$A_n=\frac{1}{\pi}\int_0^{2\pi}y(t)\cos n\omega t\mathrm{d}(\omega t)\quad (n=0,1,2,\cdots) \tag{8-3}$$

$$B_n=\frac{1}{\pi}\int_0^{2\pi}y(t)\sin n\omega t\mathrm{d}(\omega t)\quad (n=0,1,2,\cdots) \tag{8-4}$$

式(8-2)表明,非线性元件输出信号中含有直流分量、基波及高次谐波。若非线性特性具有中心对称性,则输出为对称奇函数,即直流分量为 0;如果非线性元件后的线性部件

都具有低通滤波特性(工程系统均能满足),则输出信号中高次谐波分量将衰减到很小。此时,非线性元件的输出可认为是只有基波分量了,于是有

$$y(t)\approx y_1(t)=A_1\cos\omega t+B_1\sin\omega t$$
$$=Y_1\sin(\omega t+\varphi_1)\tag{8-5}$$

式中

$$Y_1=\sqrt{A_1^2+B_1^2}$$
$$\varphi_1=\arctan\frac{A_1}{B_1}\tag{8-6}$$

这时,非线性元件的输入、输出信号为

$$x(t)=A\sin\omega t=A\mathrm{e}^{\mathrm{j}0^\circ}$$
$$y(t)=Y_1\sin(\omega t+\varphi_1)=Y_1\mathrm{e}^{\mathrm{j}\varphi_1}$$

于是,由以上两式求出复数比,便得到该非线性元件的描述函数,常用符号“$N(A)$”表示,即

$$N(A)=\frac{\sqrt{A_1^2+B_1^2}}{A}\mathrm{e}^{\mathrm{j}\varphi_1}=\frac{B_1+\mathrm{j}A_1}{A}\tag{8-7}$$

二、描述函数的计算

根据描述函数的定义,求非线性元件的描述函数常用作图方法,具体步骤如下:

(1) 根据非线性特性,画出在正弦输入下的输出波形图。

(2) 根据输出波形图,写出其数学表达式。

(3) 按式(8-3)、式(8-4)计算 A、B。

(4) 按式(8-7)计算出描述函数 $N(A)$。

下面以求饱和非线性特性的描述函数为例,具体说明方法与步骤。

例 8-1 求饱和特性的描述函数。

解 根据饱和非线性特性,画出在正弦输入下的输出波形图,如图 8-2 所示。

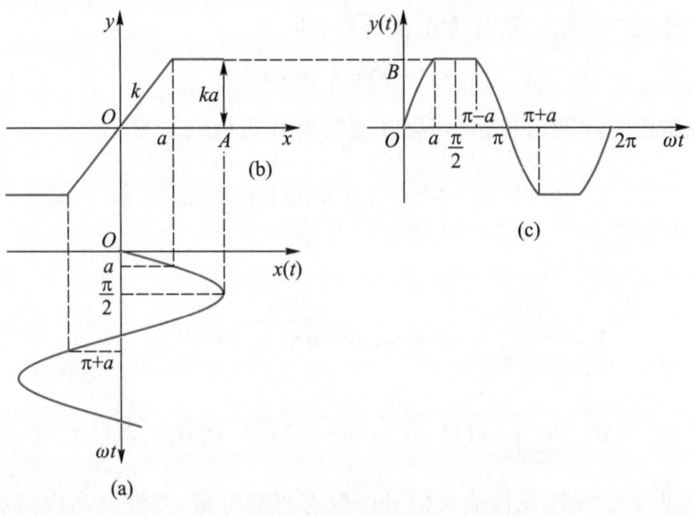

图 8-2 饱和特性的输入输出波形

根据输出波形图，写出其数学表达式，即

$$y(t)=\begin{cases} kA\sin\ \omega t & (0<\omega t<a_1) \\ B & (a_1<\omega t<\pi-a_1) \\ kA\sin\ \omega t & (\pi-a_1<\omega t<\pi) \end{cases}$$

式中，k 为饱和特性线性段的斜率；a 为饱和特性线性段的宽度；$a=\arcsin\dfrac{a}{A}$。

计算 A、B。由于 $y(t)$ 为单值对称函数，故有

$$A_1=0,A_0=0$$

$$\begin{aligned} B_1&=\frac{1}{\pi}\int_0^{2\pi}y(t)\sin\ \omega t\mathrm{d}(\omega t)\ =\frac{4}{\pi}\int_0^{\frac{\pi}{2}}y(t)\sin\ \omega t\mathrm{d}(\omega t) \\ &=\frac{4}{\pi}\left[\int_0^{a}kA\ \sin^2\omega t\mathrm{d}(\omega t)\ +\int_a^{\frac{\pi}{2}}ka\sin\ \omega t\mathrm{d}(\omega t)\right] \\ &=\frac{2kA}{\pi}\left(\arcsin\ \frac{a}{A}+\frac{a}{A}\cos\ a\right) \\ &=\frac{2kA}{\pi}\left[\arcsin\ \frac{a}{A}+\frac{a}{A}\sqrt{1-\left(\frac{a}{A}\right)^2}\right] \end{aligned}$$

计算描述函数 $N(A)$，即

$$N(A)=\frac{B_1}{A}=\frac{2k}{\pi}\left[\arcsin\ \frac{a}{A}+\frac{a}{A}\sqrt{1-\left(\frac{a}{A}\right)^2}\right],A\geqslant a$$

负倒描述函数为

$$-\frac{1}{N(A)}=\frac{-\pi}{2k\left[\arcsin\ \dfrac{a}{A}+\dfrac{a}{A}\sqrt{1-\left(\dfrac{a}{A}\right)^2}\right]}$$

其他典型非线性特性描述函数的计算方法大致相同。表 8-1 列出了一些典型非线性特性和描述函数及负倒描述函数曲线。

表 8-1 典型非线性特性和描述函数及负倒描述函数曲线

序号	类型	非线性特性	描述函数 $N(A)$	负倒描述函数曲线 $[-1/N(A)]$
1	理想继电特性	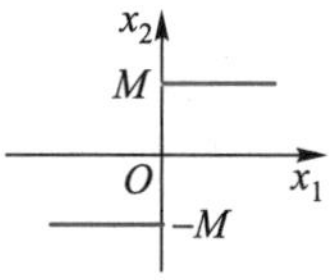 x_2, M, O, x_1, $-M$	$\dfrac{4M}{\pi A}$	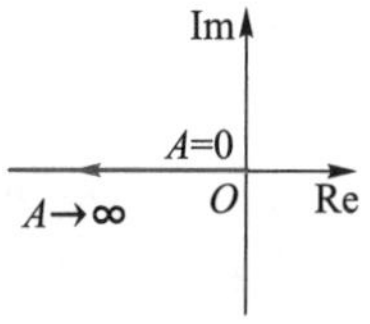 Im, $A=0$, $A\to\infty$, O, Re
2	带死区的继电特性	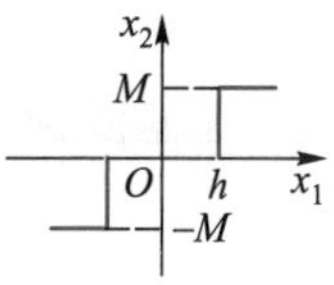 x_2, M, O, h, x_1, $-M$	$\dfrac{4M}{\pi A}\sqrt{1-\left(\dfrac{h}{X}\right)^2},A\geqslant h$	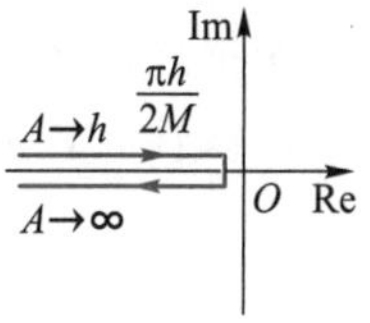 Im, $\dfrac{\pi h}{2M}$, $A\to h$, $A\to\infty$, O, Re
3	带滞环的继电特性	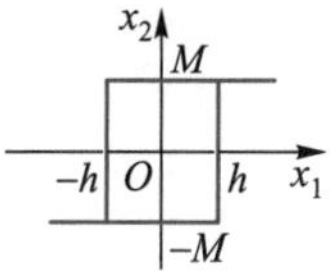 x_2, M, $-h$, O, h, x_1, $-M$	$\dfrac{4M}{\pi A}\sqrt{1-\left(\dfrac{h}{X}\right)^2}-\mathrm{j}\dfrac{4Mh}{\pi A^2},A\geqslant h$	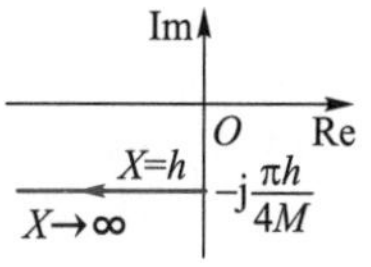 Im, O, Re, $X=h$, $-\mathrm{j}\dfrac{\pi h}{4M}$, $X\to\infty$

续表

序号	类型	非线性特性	描述函数 $N(A)$	负倒描述函数曲线 $[-1/N(A)]$
4	带死区和滞环的继电特性	x_2, M, O, mh, h, x_1, $-M$	$\frac{2M}{\pi A}\left[\sqrt{1-\left(\frac{mh}{A}\right)^2}+\sqrt{1-\left(\frac{h}{A}\right)^2}\right]-\mathrm{j}\frac{2Mh}{\pi A^2}(m-1), A\geqslant h$	Im, Re, O, 0.5, 0, −0.5, $m=-1$, $-\mathrm{j}\frac{\pi h}{4M}$
5	饱和特性、幅值限制	x_2, k, O, a, x_1	$\frac{2k}{\pi}\left[\arcsin\frac{a}{A}+\frac{a}{A}\sqrt{1-\left(\frac{a}{A}\right)^2}\right], A\geqslant a$	Im, Re, O, $-\frac{1}{k}$, $A\to\infty, A=a$
6	死区特性	x_2, k, $-\Delta$, O, Δ, x_1	$\frac{2k}{\pi}\left[\frac{\pi}{2}-\arcsin\frac{\Delta}{A}-\frac{\Delta}{A}\sqrt{1-\left(\frac{\Delta}{A}\right)^2}\right], A\geqslant\Delta$	Im, Re, O, $-\frac{1}{k}$, $A\to\Delta, A\to\infty$
7	间隙特性	x_2, k, O, h, x_1	$\frac{k}{\pi}\left[\frac{\pi}{2}+\arcsin\left(1-\frac{2b}{A}\right)+2\left(1-\frac{2b}{A}\right)\sqrt{\frac{b}{A}\left(1-\frac{2b}{A}\right)}\right]+\mathrm{j}\frac{4kb}{\pi A}\left(1-\frac{2b}{A}\right),$ $A\geqslant b$	Im, Re, O, $-\frac{1}{k}$, $A\to\infty$, $A\to b$
8	带死区的饱和特性	x_2, k, $-a$, $-\Delta$, O, Δ, a, x_1	$\frac{2k}{\pi}\left[\arcsin\frac{a}{A}-\arcsin\frac{\Delta}{A}+\frac{a}{A}\sqrt{1-\left(\frac{a}{A}\right)^2}-\frac{\Delta}{A}\sqrt{1-\left(\frac{a}{A}\right)^2}\right], A\geqslant a$	$n=\frac{a}{\Delta}$, Im, Re, O, $n=2$, $n=3$, $n=5$

说明:(1) 实际应用中,常用描述函数的负倒特性“$-\frac{1}{N(A)}$”。

(2) 两个并联非线性特性的总描述函数,等于其相应描述函数之和。

(3) 两个非线性环节串联的总描述函数,先要通过作图求出等效特性,然后按上面的方法和步骤求出总描述函数。

8.4 非线性系统的描述函数分析方法

用描述函数分析非线性系统,是基于如图 8-3 所示的典型非线性系统结构。而且,图中的非线性元件能用描述函数表示,线性部件也应具有良好的低通滤波特性。

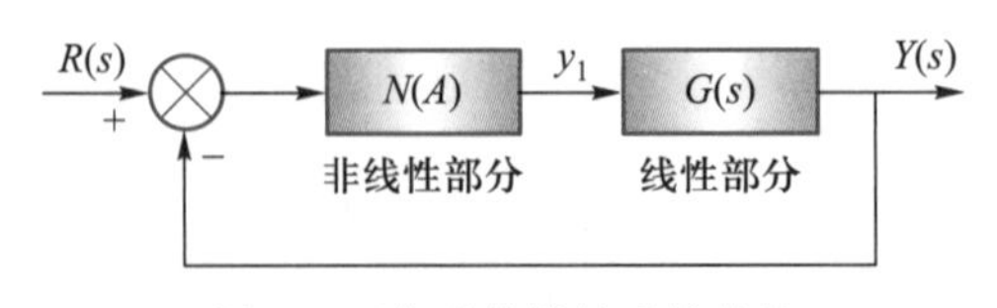

图 8-3 典型非线性系统结构

一、系统性能分析

对非线性控制系统的性能而言,关心的不是系统时域的瞬态解,而是系统的稳定性以及系统是否会产生稳定的自激振荡。

1. 稳定性分析

非线性元件用描述函数表示,本质上是通过谐波线性化的方法,将非线性特性近似地表示为线性特性,于是可以借助线性系统频率法中的奈氏判据,对非线性控制系统的稳定性进行分析。

由图 8-3 可知,系统的闭环传递函数为

$$\Phi(s)=\frac{Y(s)}{R(s)}=\frac{N(A)G(s)}{1+N(A)G(s)}$$

闭环频率特性为

$$\Phi(\mathrm{j}\omega)=\frac{Y(\mathrm{j}\omega)}{R(\mathrm{j}\omega)}=\frac{N(A)G(\mathrm{j}\omega)}{1+N(A)G(\mathrm{j}\omega)} \tag{8-8}$$

特征方程式为

$$1+N(A)G(\mathrm{j}\omega)=0 \tag{8-9}$$

式(8-9)又可写为

$$G(\mathrm{j}\omega)=-\frac{1}{N(A)} \tag{8-10}$$

式中,称$-\dfrac{1}{N(A)}$为非线性特性的“负倒描述函数”。

式(8-10)中 ,若 $N(A)=1$,则表示系统中不含有非线性元件,完全是线性系统,这时,式(8- 10)变为 $G(\mathrm{j}\omega)=-1$,正是判定线性系统稳定性的奈氏判据表达式,即对于线性系统,负实轴上的点“(-1,j0) ”是判别系统稳定性的参考点。若系统的开环幅相频率特性曲线包围点“(-1,j0)”, 则闭环系统不稳定; 若开环幅相频率特性曲线不包围“(-1,j0) ”点,则闭环系统稳定; 若开环幅相频率特性曲线穿过“(-1,j0) ”点,则闭环系统处于临界稳定。

对于非线性系统,$N(A)\neq 1$,但可以借助线性系统的奈氏判据判断其稳定性,只不过判断系统稳定性的不是负实轴上的参考点“(-1,j0) ”,而是一条参考曲线“$-\dfrac{1}{N(A)}$ ”。由此,可以利用“$-\dfrac{1}{N(A)}$” 特性曲线与 $G(\mathrm{j}\omega)$特性曲线的相对位置来判别系统的稳定性。稳定性的判据总结如下:

(1) 当线性部分的幅相频率特性 $G(\mathrm{j}\omega)$ 曲线不包围$-\dfrac{1}{N(A)}$时, 系统是稳定的,如图 8-4(a)所示;

(2) 当线性部分的幅相频率特性曲线 $G(\mathrm{j}\omega)$ 包围$-\dfrac{1}{N(A)}$时,系统是不稳定的,如图 8-4(b)所示;

（3）当线性部分的幅相频率特性 $G(\mathrm{j}\omega)$ 与 $-\dfrac{1}{N(A)}$ 相交时，系统可能产生自激振荡，如图 8-4(c)所示。

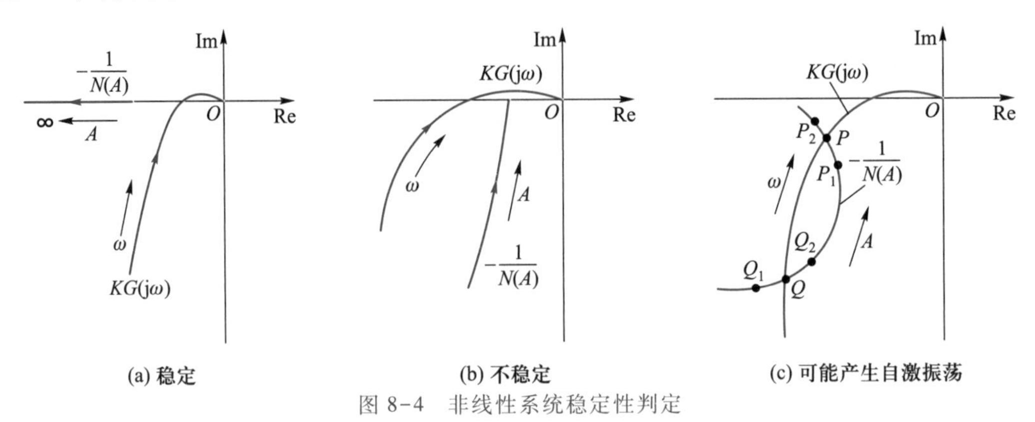

图 8-4 非线性系统稳定性判定

例 8-2 饱和非线性系统如图 8-5 所示。

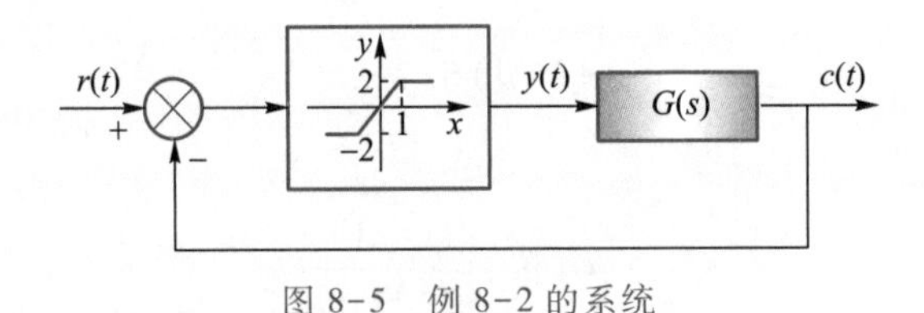

图 8-5 例 8-2 的系统

其中，饱和非线性元件参数 $a=1, b=2$；线性传递函数

$$G(s)=\frac{K}{s(0.1s+1)(0.2s+1)}$$

试分析线性环节的放大系数 K 对系统稳定性的影响。

解 （1）求饱和非线性的负倒描述函数。由例 8-1 可知

$$-\frac{1}{N(A)}=\frac{-\pi}{2k\left[\arcsin\dfrac{a}{A}+\dfrac{a}{A}\sqrt{1-\left(\dfrac{a}{A}\right)^2}\right]}=\frac{-\pi}{4\left[\arcsin\dfrac{a}{A}+\dfrac{a}{A}\sqrt{1-\left(\dfrac{a}{A}\right)^2}\right]}$$

当 $A=a$ 时，$-\dfrac{1}{N(A)}=-\dfrac{1}{2}$；当 $A\to\infty$，$-\dfrac{1}{N(A)}\to\infty$。

因此，负倒描述函数曲线的起点在负实轴的(−0.5, j0)点，终止于负无穷。

（2）求线性环节的频率特性 $G(\mathrm{j}\omega)$。

$$G(\mathrm{j}\omega)=\frac{K}{\mathrm{j}\omega(0.1\mathrm{j}\omega+1)(0.2\mathrm{j}\omega+1)}=\frac{K[-0.3\omega-\mathrm{j}(1-0.02\omega^2)]}{\omega(1+0.01\omega^2)(1+0.04\omega^2)}$$

实部
$$\mathrm{Re}[G(\mathrm{j}\omega)]=\frac{-0.3\omega K}{\omega(1+0.01\omega^2)(1+0.04\omega^2)}$$

虚部
$$\mathrm{Im}[G(\mathrm{j}\omega)]=\frac{-K(1-0.02\omega^2)}{\omega(1+0.01\omega^2)(1+0.04\omega^2)}$$

图 8-6 为饱和负倒特性与线性特性(与 K 有关)的极坐标图。

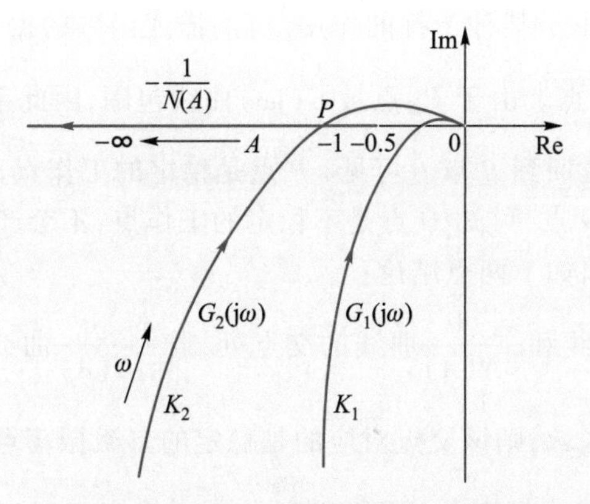

图 8-6 饱和负倒特性与线性特性

要使系统临界稳定,线性部分的频率特性曲线应与负倒描述函数的起点(-0.5,j0)相交。于是,令线性特性的虚部为零,即

$$\text{Im}[G(j\omega)]=\frac{-K(1-0.02\omega^2)}{\omega(1+0.01\omega^2)(1+0.04\omega^2)}=0$$

可得线性频率特性与负实轴交点的频率值为

$$\omega=\sqrt{50}\ \text{rad/s}$$

代入线性频率特性的实部,可得与实轴交点的值为

$$\text{Re}[G(j\omega)]=\frac{-0.3K}{4.5}$$

令其与实轴交点的值

$$\frac{-0.3K}{4.5}=-0.5$$

于是有 $K=7.5$。

根据稳定性判据,当 $K=7.5$ 时,系统临界稳定;当 $K<7.5$ 时,系统稳定;当 $K>7.5$ 时,系统不稳定。

2. 自激振荡分析

自激振荡是指系统无输入信号作用时,系统内部有周期变化的交流信号在流通。自激振荡可以是稳定的,也可以是不稳定的。实际上,稳定的自激振荡并非是正弦的,但往往用一个固定频率和振幅的正弦信号来近似;而不稳定的自激振荡,实际上是不存在的。

(1) 产生自激振荡的条件

产生自激振荡的条件是线性部分的幅相频率特性 $G(j\omega)$ 曲线与负倒描述函数"$-\frac{1}{N(A)}$"特性曲线有相交点,如图 8-4(c)所示。

(2) 判定稳定自激振荡的方法

可用抗干扰的方法确定是稳定的自激振荡,还是不稳定的自激振荡(实际中并不存在)。下面通过图 8-4(c)解释说明。

分析 P 点的自激振荡稳定性:

若由于某种干扰,负倒描述函数的振幅 A 变大,即工作点 P 将沿$-\frac{1}{N(A)}$曲线移到 P_2 点。由于 P_2 点不被 $G(j\omega)$ 曲线包围,因此系统是稳定的,故振幅会被衰减,工作点 P_2 会自

动返回到 P 点；相反，若由于某种干扰的作用，负倒描述函数的振幅 A 变小，即工作点 P 将沿 $-\frac{1}{N(A)}$ 曲线前移到 P_1 点。由于 P_1 点被 $G(\mathrm{j}\omega)$ 曲线包围，因此系统是不稳定的，故振幅 A 会增大，工作点 P_1 又会退回到 P 点。可见，P 点是稳定的工作点，会产生稳定的自激振荡。

用同样的方法分析 Q 点，可知 Q 点是不稳定的工作点，不会产生稳定的自激振荡。

由上面的分析可得出如下两点结论：

结论一：在 $G(\mathrm{j}\omega)$ 曲线和 $-\frac{1}{N(A)}$ 曲线的交点处，若 $-\frac{1}{N(A)}$ 曲线沿着振幅 A 增加的方向由不稳定区域进入稳定区域，则该交点对应的是稳定的自激振荡点；反之，若 $-\frac{1}{N(A)}$ 曲线沿着振幅 A 增加的方向由稳定区域进入不稳定区域，则该交点对应的是不稳定的自激振荡点，不会产生自激振荡。

结论二：当 $G(\mathrm{j}\omega)$ 曲线和 $-\frac{1}{N(A)}$ 曲线有多个交点时，必须逐个分析每个交点的工作情况后才能确定系统是否能产生稳定的自激振荡。

（3）自激振荡的计算

自激振荡被视为正弦信号，因此，涉及频率和振幅的计算，计算方法有两种。

方法一：查图法。图中，“交点处”$G(\mathrm{j}\omega)$ 曲线的频率值，为振荡的频率值；“交点处” $-\frac{1}{N(A)}$ 曲线的振幅 A 值，为振荡的幅值。本方法要求绘制的图形准确。

方法二：解析法。求解特征方程的两个等式，即

$$\begin{aligned} \angle G(\mathrm{j}\omega)N(A) &= -\pi \\ |G(\mathrm{j}\omega)N(A)| &= 1 \end{aligned} \tag{8-11}$$

得到振荡的频率值 ω 和振荡的幅值 A，代入正弦表达式，即

$$x(t)=A\sin\omega t$$

二、非典型结构的典型化处理

上面提及，用描述函数分析非线性系统是基于典型非线性系统结构的，如图 8-3 所示。当所要分析的系统不是典型结构时，必须要把非典型结构转化为典型结构，一般的处理方法如下：

首先，视非线性环节为线性环节，并按线性系统方块图变换法则化简系统，求出系统的特征方程式。

其次，对特征方程式进行处理，得到 $1+N(A)G(\mathrm{j}\omega)=0$ 的表达式。

最后，由 $1+N(A)G(\mathrm{j}\omega)=0$，写出等效的线性部分的传递函数。

例 8-3 已知非线性系统结构图如图 8-7 所示，试写出等效的线性系统表达式。

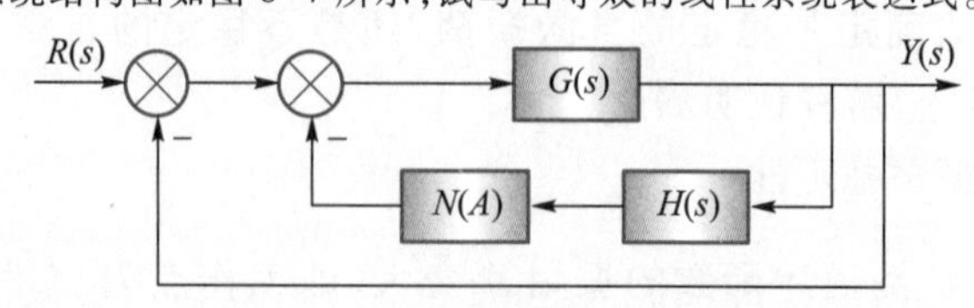

图 8-7 例 8-3 的非线性系统结构图

解 系统的开环传递函数为

$$G_{k}(s)=\frac{G(s)}{1+N(A)G(s)H(s)}$$

特征方程式为

$$1+G_{k}(s)=1+\frac{G(s)}{1+N(A)G(s)H(s)}=0$$

$$1+N(A)G(s)H(s)+G(s)=0$$

$$N(A)G(s)H(s)+[G(s)+1]=0$$

两边除以 $G(s)+1$,可得

$$N(A)\frac{G(s)H(s)}{G(s)+1}=-1$$

于是,等效的线性系统为

$$G^{*}(s)=\frac{G(s)H(s)}{G(s)+1}$$

例 8-4 已知继电非线性系统如图 8-8 所示,试求:

(1) 系统发生自激振荡时,参数 K_1,K_2,T_1,T_2,M 之间应满足的条件。

(2) 自激振荡频率及其振幅。

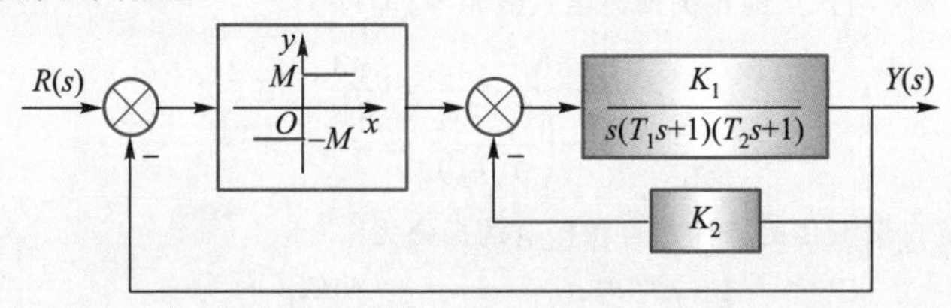

图 8-8 例 8-4 的继电非线性系统

解 (1) 继电特性的描述函数为

$$N(A)=\frac{4M}{\pi A}$$

负倒描述函数为

$$-\frac{1}{N(A)}=-\frac{\pi A}{4M}$$

当 $A=0$ 时,$-\frac{1}{N(A)}=0$ 为坐标的原点;A 为无穷时,$-\frac{1}{N(A)}$为负无穷,可知,负倒描述函数是整条负实轴。

(2) 求线性部分的幅相频率特性曲线。

系统线性部分的传递函数为

$$G(s)=\frac{K_1}{s(T_1s+1)(T_2s+1)+K_1K_2}$$

频率特性

$$G(j\omega)=\frac{K_1}{K_1K_2-(T_1+T_2)\omega^2+j(1-T_1T_2\omega^2)\omega}$$

线性部分是 0 型 3 阶系统,频率特性与负实轴必有交点。幅相频率特性曲线与负倒描述函数曲线(负实轴)如图 8-9 所示。由判据可知,两曲线的交点是稳定的自激振荡点。

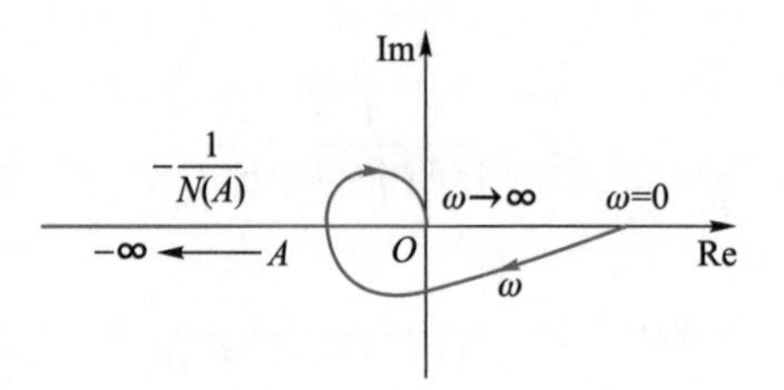

图 8-9 幅相频率特性曲线与负倒描述函数曲线

令幅相频率特性的虚部为零，即

$$(1-T_1T_2\omega^2)\omega=0$$

由此得到自激振荡的频率为

$$\omega=\frac{1}{\sqrt{T_1T_2}}$$

幅相频率特性的实部值为

$$|G(\mathrm{j}\omega)|=\frac{K_1}{K_1K_2-\left(\frac{T_1+T_2}{T_1T_2}\right)}$$

令幅相频率特性的实部值与该点的负倒描述函数值相等，即

$$\frac{K_1}{K_1K_2-\left(\frac{T_1+T_2}{T_1T_2}\right)}=-\frac{\pi A}{4M}$$

因此，使系统产生稳定自激振荡的条件及自激振荡的振幅为

$$K_1K_2<\left(\frac{T_1+T_2}{T_1T_2}\right);\quad A=\frac{4MK_1}{\pi\left(\frac{T_1+T_2}{T_1T_2}-K_1K_2\right)}$$

例 8-5 死区继电非线性系统如图 8-10 所示。

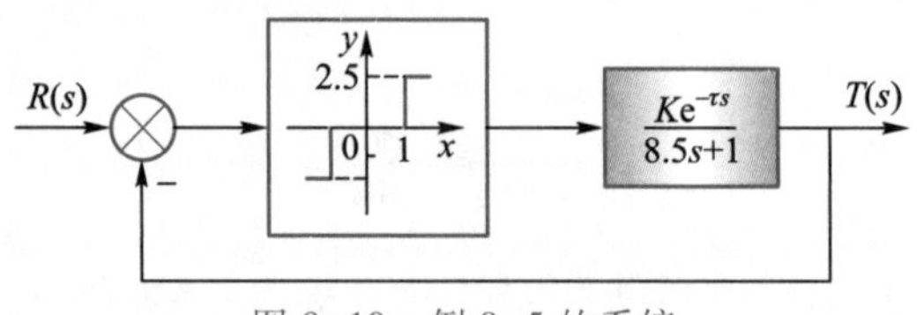

图 8-10 例 8-5 的系统

(1) 分析线性部分的特性参数(K,τ)对系统稳定性的影响；

(2) 当系统临界稳定时，确定线性部分的特性参数关系式；

解 死区继电描述函数及负倒描述函数分别为

$$N(A)=\frac{4M}{\pi A}\sqrt{1-\left(\frac{a}{A}\right)^2},\quad a=1,M=2.5\ (A\geqslant a)$$

$$-\frac{1}{N(A)}=-\frac{\pi A}{4M\sqrt{1-\left(\frac{a}{A}\right)^2}}=\frac{-\pi A}{10\sqrt{1-\left(\frac{1}{A}\right)^2}}$$

当 $A=a$ 时，$-\frac{1}{N(A)}=-\infty$；当 $A=\infty$ 时，$-\frac{1}{N(A)}=-\infty$，故$-\frac{1}{N(A)}$必存在极值。令

$$\frac{\mathrm{d}}{\mathrm{d}A}\left[-\frac{1}{N(A)}\right]=0$$

可得极值

$$A=\sqrt{2}\ ,-\frac{1}{N(A)}=\frac{-\pi a}{2M}=-\frac{\pi}{5}$$

负倒描述函数曲线如图 8-11 所示。

线性部分的频率特性：

线性部分传递函数

$$G(s)=\frac{K\mathrm{e}^{-\tau s}}{8.5s+1}$$

频率特性

$$G(\mathrm{j}\omega)=\frac{K\mathrm{e}^{-\tau \mathrm{j}\omega}}{8.5\mathrm{j}\omega+1}=\frac{K}{\sqrt{(8.5\omega)^2+1}}\mathrm{e}^{-\mathrm{j}[\arctan(8.5\omega)+\tau\omega]}$$

线性部分的特性曲线如图 8-11 所示。

(1) 由上式可见，随着 K 增大，幅值 $|G(\mathrm{j}\omega)|$ 也增大，τ 增大，相角 $\angle G(\mathrm{j}\omega)$ 也增大。

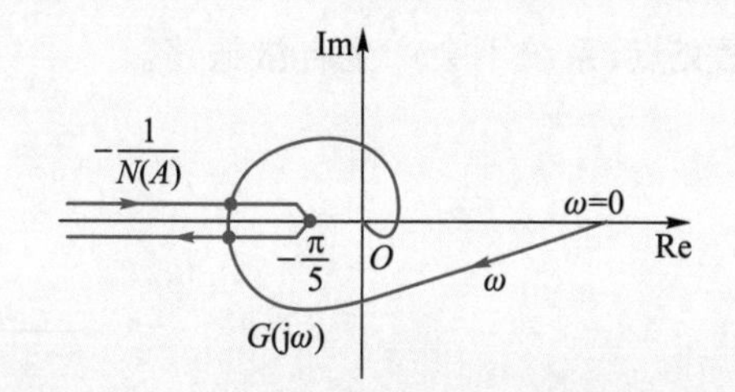

图 8-11　例 8-5 系统的特性曲线及负倒描述函数曲线

当 $G(\mathrm{j}\omega)$ 曲线与负实轴的交点位于$\left(0,-\frac{\pi}{5}\right]$之间时，系统稳定；

当 $G(\mathrm{j}\omega)$ 曲线与负实轴的交点位于 $\left[-\frac{\pi}{5},-\infty\right]$ 之间时，有两个交点分别对应稳定的自激振荡和不稳定的自激振荡；

(2) 当 $G(\mathrm{j}\omega)$ 曲线通过$-\frac{1}{N(A)}$的转折点$-\frac{\pi}{5}$时，系统处于临界稳定状态，线性部分的特性参数满足方程

$$G(\mathrm{j}\omega)=\frac{K}{\sqrt{(8.5\omega)^2+1}}=\frac{\pi}{5}$$

$$-\arctan 8.5\omega-\tau\omega=-\pi$$

8.5 改善非线性系统性能的方法

改善非线性系统的性能，没有通用的一般方法，应具体问题具体分析，通常从两个方面进行考虑。

一、改变线性部分的参数或对线性部分进行校正

1. 减小线性部分的放大系数 K 值，使两特性曲线不产生相交点，从而避免系统产生自激振荡。例如，在例题 8-2 中，把线性部分的放大系数减小到 7.5 以下，系统就不会产生自激振荡。

2. 对线性部分进行串联校正，使两特性曲线不产生交点。带“串联一阶微分”校正的理想继电特性的非线性系统如图 8-12 所示。其中，理想继电特性的负倒描述函数为 $-\dfrac{1}{N(A)}=-\dfrac{\pi A}{4}$，负倒描述函数曲线与负实轴重合。

校正前的系统，继电特性的负倒描述函数曲线和线性部分 $G_1(s)=\dfrac{K}{s(s+1)^2}$ 的频率特性曲线有相交（如图 8-13 所示），且是稳定的自激振荡点。

校正后的系统，若微分常数取 $\tau=1$，则继电特性的负倒描述函数曲线和线性部分 $G_2(s)=\dfrac{K}{s(s+1)}$ 的频率特性曲线已无交点，系统不会产生自激振荡。

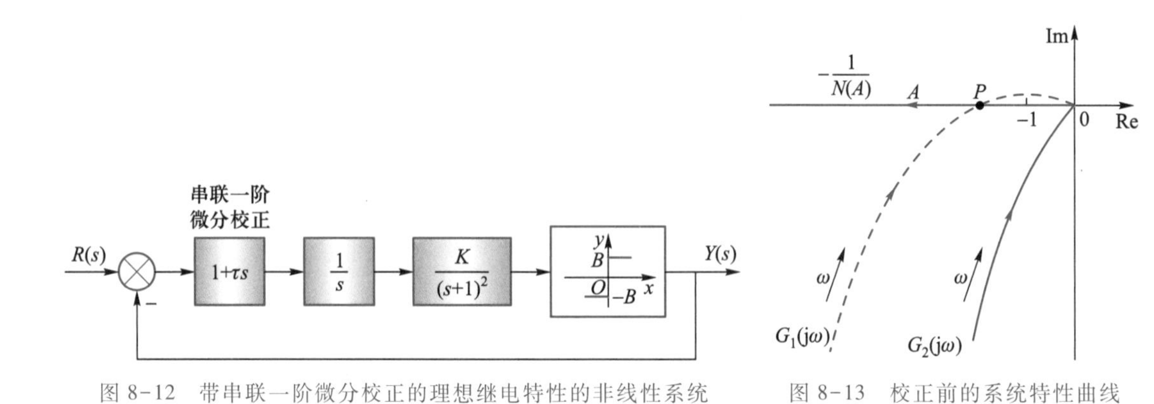

图 8-12　带串联一阶微分校正的理想继电特性的非线性系统　　图 8-13　校正前的系统特性曲线

3. 对线性部分进行局部反馈校正，使两特性曲线不产生交点。带局部反馈校正的死区特性的非线性系统如图 8-14 所示。其中，死区特性的负倒描述函数曲线是负实轴上的 $(-\infty\sim-1)$。

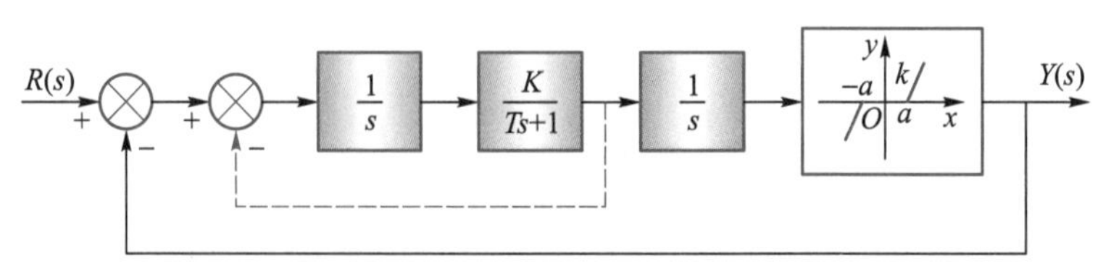

图 8-14　带局部反馈校正的死区特性的非线性系统

校正前的系统，线性部分 $G_1(s)=\dfrac{K}{s^2(Ts+1)}$ 的频率特性曲线包围了死区的负倒描述函数

曲线,如图 8-15 所示,系统不稳定。

校正后的系统,线性部分 $G_2(s)=\dfrac{K}{s(Ts^2+s+K)}$的频率特性曲线和死区的负倒描述函数曲线无相交,系统稳定。

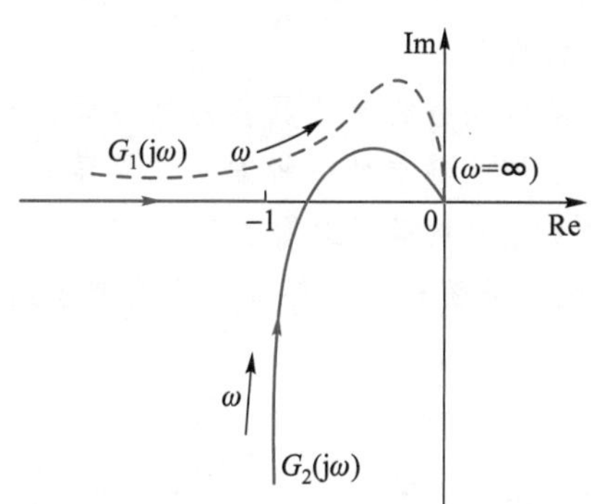

图 8-15 校正前的系统特性曲线

二、改变非线性特性

1. 改变非线性元件的参数。例如,在例 8-1 中,当取 $K>7.5$ 的某一值时,系统不稳定。通过改变非线性部分的参数 a 或 b,可以使负倒描述函数曲线往左移,从而使两特性曲线不相交,使原有系统变为稳定。

2. 引入新的非线性元件。例如,一个饱和非线性元件并入一合适的死区非线性元件后,变成了线性比例元件,如图 8-16 所示。

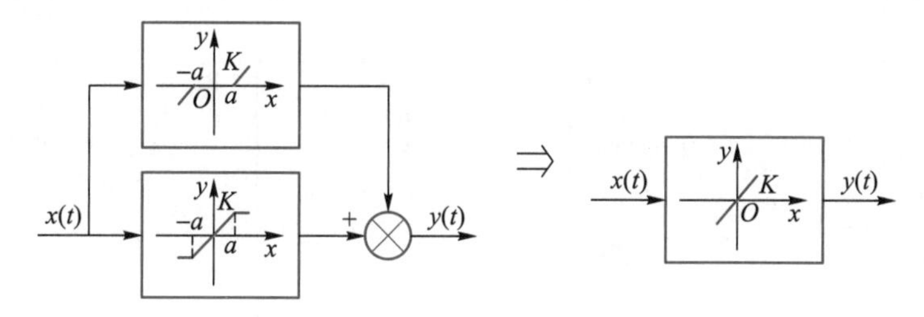

图 8-16 引入新的非线性元件

本章要点

描述函数法在经典控制理论中是分析非线性系统最常用的方法。本质上,它是把非线性元部件(谐波)线性化后,再利用频率法去分析系统。

非线性系统性能指的是系统的"稳定性"和"是否产生自激振荡"。稳定性的判别借用"奈氏判据"。"自激振荡"产生的判别条件是非线性的"负倒描述函数曲线"与"线性部分的频率特性曲线"是否有"相交点"。稳定自激振荡点的判断可用"信号干扰法"。自激振荡信号用正弦函数表示,其振幅及频率可由交点的坐标值或求解特征方程得到。

思考练习题

8-1　什么是本质非线性特性？

8-2　非线性系统用描述函数法分析时应具备哪些条件？为什么？

8-3　非线性系统与线性系统的稳定性分析方法有何异同？

8-4　非线性系统产生自激振荡的条件是什么？

8-5　将图 8-17 所示非线性系统转化成环节串联的典型结构图形式，并写出线性部分的传递函数。

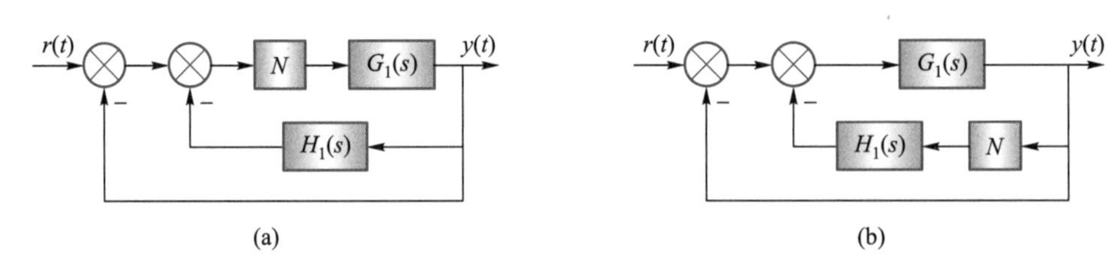

图 8-17　题 8-5 图

8-6　判断图 8-18 中各系统是否有稳定的自激振荡点？

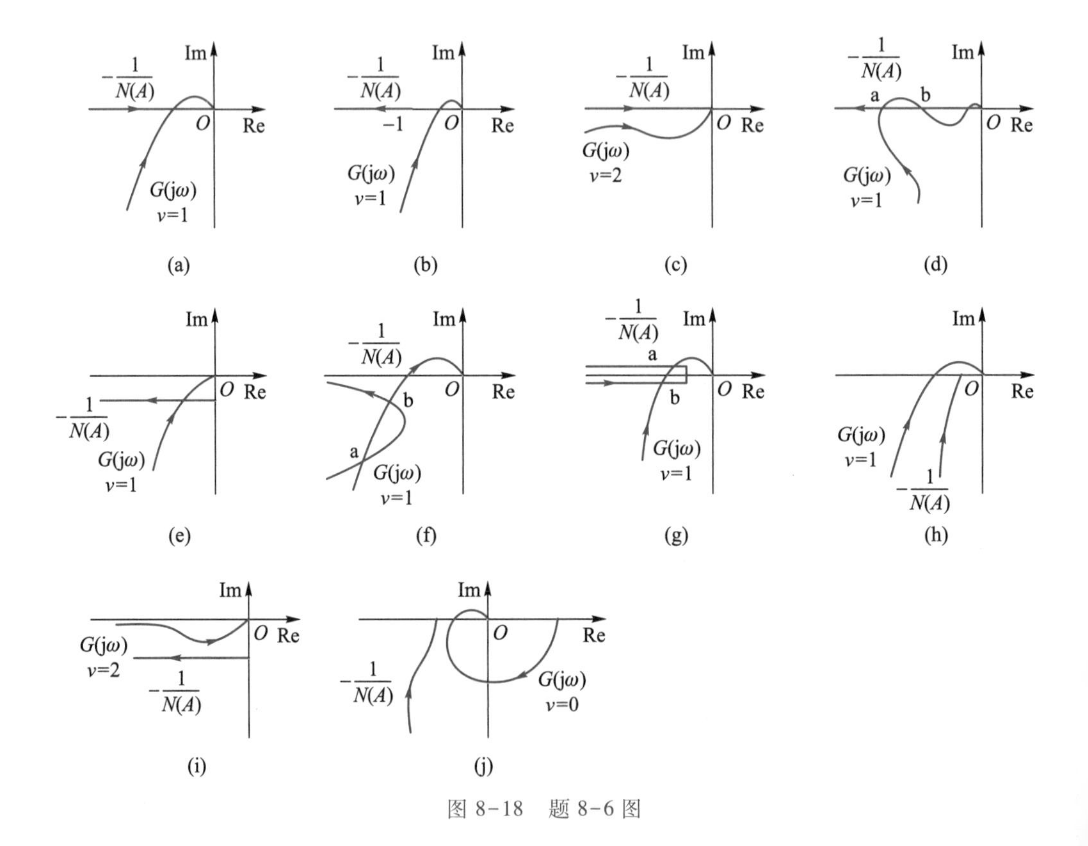

图 8-18　题 8-6 图

8-7 已知非线性系统的结构图如图 8-19 所示。

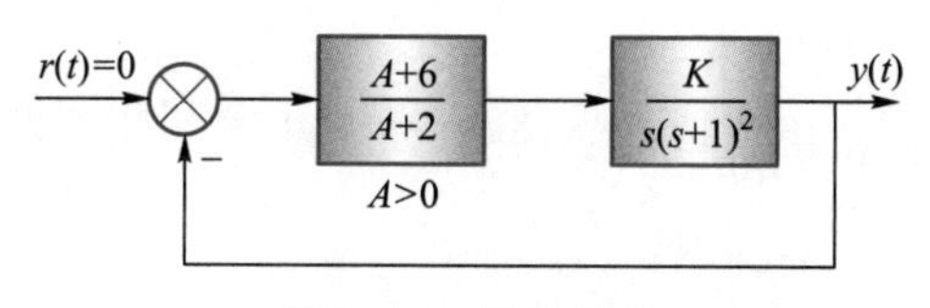

图 8-19 题 8-7 图

(1) 试用描述函数法确定使该非线性系统稳定、不稳定以及产生周期运动(稳定的自激振荡)时,线性部分的 K 值范围;

(2) 当系统产生稳定的自激振荡时,确定自激振荡参数(频率、振幅)。

附录A

常用函数的拉普拉斯变换与z变换对照表

附录B

各章部分习题参考答案

附录C

计算机辅助分析及仿真实验

参考文献

网络增值服务使用说明

一、注册/登录

访问 http://abook.hep.com.cn/，点击“注册”，在注册页面输入用户名、密码及常用的邮箱进行注册。已注册的用户直接输入用户名和密码登录即可进入“我的课程”页面。

二、课程绑定

点击“我的课程”页面右上方“绑定课程”，正确输入教材封底防伪标签上的20位密码，点击“确定”完成课程绑定。

三、访问课程

在“正在学习”列表中选择已绑定的课程，点击“进入课程”即可浏览或下载与本书配套的课程资源。刚绑定的课程请在“申请学习”列表中选择相应课程并点击“进入课程”。

如有账号问题，请发邮件至：abook@hep.com.cn。